AF341208

TRAITÉ ÉLÉMENTAIRE

DE

PHYSIOLOGIE

PHILOSOPHIQUE.

PARIS. — IMPRIMERIE DE BÉTHUNE,
RUE PALATINE, Nº 5.

TRAITÉ ÉLÉMENTAIRE

DE

PHYSIOLOGIE

PHILOSOPHIQUE,

OU

ÉLÉMENS DE LA SCIENCE DE L'HOMME,

RAMENÉE A SES VÉRITABLES PRINCIPES.

PAR P. BLAUD,

MÉDECIN EN CHEF DE L'HOPITAL CIVIL ET MILITAIRE DE BEAUCAIRE, MEMBRE CORRESPONDANT DE L'ACADÉMIE ROYALE DE MÉDECINE ET DE L'ATHÉNÉE DE MÉDECINE DE PARIS, DE LA SOCIÉTÉ ROYALE DE MÉDECINE DE MARSEILLE, DE LA SOCIÉTÉ DE MÉDECINE PRATIQUE DE MONTPELLIER, DE LA SOCIÉTÉ DE MÉDECINE DU GARD, DES ACADÉMIES DU GARD ET VAUCLUSE.

TOME DEUXIÈME.

—

PHYSIOLOGIE

INTELLECTUELLE ET MORALE.

A PARIS,

CHEZ J. B. BAILLIÈRE, LIBRAIRE,

RUE DE L'ÉCOLE-DE-MÉDECINE, Nº 13 BIS.

ET CHEZ ÉDOUARD BRICON, RUE DU VIEUX-COLOMBIER, Nº 19.

1830.

TABLEAU GÉNÉRAL DES FONCTIONS.

1°. FONCTIONS DE L'HOMME.

LIVRE I.
PRODUCTION DES IDÉES.

1°. PERCEPTIONS
- Visuelles.
- Tactiles.
- Auditives.
- Olfactives.
- Gustatives.
- des modifications organiques internes.

2°. COMPARAISON ET JUGEMENT.

3°. MÉMOIRE.

4°. IMAGINATION.

5°. DES IDÉES
- des rapports des êtres.
- APPRÉCIÉES { primitives. / secondaires. }

LIVRE II.
MANIFESTATION DES IDÉES.

1°. MOUVEMENS PHYSIONOMIQUES.

2°. GESTES ET ATTITUDES.

3°. VOIX.

4°. PAROLE.

5°. VÊTEMENS, CONSIDÉRÉS COMME MOYENS D'EXPRESSION.

6°. ÉCRITURE.

7°. ARTS INDUSTRIELS ET BEAUX-ARTS.

LIVRE III.
VOLONTÉ, DÉTERMINATIONS, MOUVEMENS, SUITE NATURELLE DES IDÉES.

1°. VOLONTÉ.

2°. DÉTERMINATIONS.

3°. MOUVEMENS
- GÉNÉRAUX.
  - Station.
  - Marche.
  - Saut.
  - Course.
  - Le Grimper.
  - La Reptation.
  - La Natation.
- PARTIELS.

4°. DU SOMMEIL.

2°. FONCTIONS DE SON ORGANISATION.

LIVRE I.
FONCTIONS QUI CONCOURENT A L'ENTRETIEN DE L'ORGANISATION.

1°. PRÉPARATION DU FLUIDE NOURRICIER.
- Préhension des Alimens.
- Mastication.
- Insalivation.
- Déglutition.
- Digestion gastrique.
- Formation du Chyle.
- Digestion intestinale.
- Action des Fluides biliaire et pancréatique.
- Fonction splénique.
- Séparation du Chyle des matières inutiles.
- Action des Intestins.
- Excrétion de ces matières.

2°. ABSORPTION DU FLUIDE NOURRICIER, ET SON TRANSPORT A LA SURFACE DE LA MUQUEUSE PULMONAIRE PAR LES VAISSEAUX.
- Chylifères.
- Lymphatiques.
- Veineux.

3°. MODIFICATION DU FLUIDE NOURRICIER A LA SURFACE DE LA MUQUEUSE PULMONAIRE.
- *A.* PHÉNOMÈNES MÉCANIQUES.
  - Dilatation et resserrement alternatifs des parois thoraciques, pour l'introduction et l'expulsion de l'air extérieur.
- *B.* PHÉNOMÈNES VITAUX.
  - Exhalation pulmonaire.
  - Absorption du gas oxygène.
  - Transformation du fluide nourricier en sang artériel.

4°. DISTRIBUTION DU FLUIDE NOURRICIER.
- Fonctions du Cœur.
- Fonctions des Artères.
- Fonctions des Capillaires sanguins.

5°. NUTRITION.
- Nutritions organiques diverses.

6°. FONCTIONS D'ÉLIMINATION.
- Exhalation cutanée.
- Secrétion et Excrétion urinaire.
- Exhalation adipeuse.

7°. CALORIFICATION.

LIVRE II.
FONCTIONS QUI CONCOURENT A LA REPRODUCTION DE L'ORGANISATION.

1°. DE LA PUBERTÉ.

2°. CONCEPTION.

3°. VIE UTÉRINE.

4°. EXPULSION DU FOETUS.

5°. DÉVELOPPEMENT DE LA VIE EXTRA-UTÉRINE DU FOETUS. MODIFICATIONS QU'IL ÉPROUVE.

6°. DE LA MORT DES ORGANES ET DE L'IMMORTALITÉ DE L'HOMME.

TRAITÉ ÉLÉMENTAIRE

DE PHYSIOLOGIE

PHILOSOPHIQUE.

PREMIÈRE PARTIE.

DES FONCTIONS DE L'HOMME.

CONSIDÉRATIONS GÉNÉRALES.

L'homme est né pour *connoître* ; il est donc né pour *penser*. L'homme est destiné à la vie sociale ; il est donc né pour *sentir*, et pour exprimer à ses semblables ses sentimens et ses pensées. On ne sauroit concevoir l'existence de l'homme sans l'exercice des fonctions de son entendement, et il ne pourroit y avoir pour lui de vie en société, sans affections morales, et sans fonctions d'expression.

II   I

Ces destinées, les rapports qu'elles offrent entre elles et avec les facultés qui rendent l'homme capable de les accomplir, les harmonies qui existent entre ces facultés et qui les mettent dans une dépendance mutuelle, tous ces objets importans, qui présentent l'homme sous son véritable point de vue, ont été suffisamment développés dans nos prolégomènes. Il ne nous reste ici qu'à exposer, d'une manière générale, avant de les étudier en particulier, ses facultés en activité, c'est-à-dire ses fonctions et les instrumens matériels qu'il emploie dans leur exercice.

Pour que l'homme puisse *connoître* ce qui l'entoure, il faut qu'il perçoive les qualités des objets extérieurs, qu'il les *compare* entre elles, et qu'il *juge* d'après ces comparaisons, car ce n'est que par ces opérations intellectuelles que se développe la connoissance, l'*idée* d'un objet.

Mais, pour percevoir les objets matériels sur lesquels l'homme doit, sur cette terre, exercer sa pensée, il faut nécessairement recevoir des impressions matérielles. Or, l'homme immatériel par essence ne peut en éprouver par lui-même; il lui faut donc des instrumens organiques qui soient des intermédiaires entre les corps extérieurs et lui, et qui lui transmettent par un autre intermédiaire, inconnu dans sa nature, les impressions qu'ils en reçoivent. Ces instrumens sont les *appareils sensitifs*, composés d'un ou de plusieurs nerfs qui en forment la partie essentielle, et d'organes accessoires destinés à favoriser les fonctions de ces prolongemens des centres nerveux intra-crâniens.

La pensée de l'homme seroit très-bornée sans la mémoire, car il n'auroit des idées que sur les objets présens, ou, pour mieux dire, cette pensée seroit nulle, puisque les idées s'évanouiroient à mesure qu'elles naîtroient; l'esprit demeureroit toujours vide, et l'homme ne pourroit exister, car il ne peut *être* sans la pensée; il faut donc *qu'il exerce le souvenir*.

Il faut aussi qu'il *imagine*. Rien ne pouvant le satisfaire sur cette terre qui n'est point sa patrie, qu'il n'habite qu'en voyageur, il lui falloit des illusions qui pussent répandre quelques douceurs sur sa destinée; sujet, dans ce lieu d'exil, sur cette terre d'épreuves, à des douleurs de toutes sortes, exposé, comme sur une mer orageuse, à mille tempêtes, il lui falloit au moins l'espérance dans ses maux; et ces douces illusions, et cette précieuse espérance, c'est l'imagination qui les fait naître.

Puisque l'homme doit exister et vivre en société, il faut qu'il éprouve des sentimens qui l'attachent à la vie, et l'entraînent vers ses semblables; sans cela rien ne le détermineroit à se rapprocher d'eux et à entretenir son existence.

Il faut donc que ces sentimens soient *agréables*, qu'il *aime* les objets qui les font naître, et cet amour, qu'il porte à ce qui l'entoure, et qu'il éprouve aussi pour lui-même et pour son organisation, qui en est la source par les sensations qu'elle fait naître, est le lien le plus fort, ou, pour mieux dire, l'unique chaîne qui le retient dans la vie, et qui maintient l'existence du corps social. C'est de ce sentiment primitif, général, que naissent toutes ses affections morales, comme nous le verrons par la suite.

Lorsque l'homme a *pensé* et senti, il faut qu'il exprime ses pensées et ses sentimens ; car, s'il ne pouvoit manifester ni ce qu'il sent, ni ce qu'il pense, à quoi lui serviroit de penser et de sentir ? Comment pourroient s'établir les relations sociales pour lesquelles il est né, et sans lesquelles il ne sauroit *être* ? C'est par l'expression physionomique, les gestes, les attitudes diverses, la voix, la parole, les arts industriels, et les beaux-arts, qu'il peint tout ce qui se passe dans son esprit et dans son âme.

Après avoir pensé, senti et exprimé ses sentimens et ses idées, il faut que l'homme se *détermine* à des actes, car il ne sauroit vivre sans agir ; qu'il *veuille* et qu'il *veuille librement*, car, sans une *volonté libre*, il ne sauroit non plus exister, puisqu'alors, soumis à mille circonstances fortuites, il ne pourroit, le plus souvent, ni atteindre ce qui lui est avantageux, ni éviter ce qui lui est nuisible, et sa vie seroit constamment livrée à la merci du hasard. Mais s'il ne peut vivre sans *vouloir*, il ne peut non plus conserver l'*être* sans *instinct moral* et sans *conscience*, car, sans ces deux puissans appuis des lois morales, sans ces deux grands régulateurs de ses rapports et de ses devoirs sociaux, ces lois seroient inutiles ou perdroient tout leur empire, ces rapports seroient altérés, pervertis, ces devoirs méconnus, et la société tout entière ne tarderoit pas à se dissoudre ; ce qui entraîneroit inévitablement la ruine de l'espèce, et par suite celle de l'individu.

Enfin, après s'être *déterminé*, il faut qu'il se livre aux actes que nécessite son existence, il faut qu'il provoque et dirige tous les mouvemens qu'exigent ses relations sociales et ses rapports avec les objets environnans.

Telles sont les fonctions que l'homme exerce, qui constituent son être ; *il pense, il sent, il exprime, il veut, il agit.* Nous allons les étudier en particulier dans cette première partie.

LIVRE PREMIER.

DE LA PRODUCTION DES IDÉES.

L'homme perçoit les impressions que ses organes éprouvent ; il compare les unes aux autres ces diverses perceptions, et de cette comparaison naissent les jugemens qu'il en porte. Il rappelle ensuite à son souvenir les perceptions qu'il a déjà formées, ou les idées qu'il a conçues. Enfin il les associe, il les combine les unes avec les autres, pour en créer de nouvelles idées ou de nouvelles perceptions. Il exerce donc quatre sortes de fonctions, savoir : 1° celle qui fait naître les élémens des idées, ou la *perception* ; 2° celles qui produisent les idées elles-même, ou la *comparaison* et le *jugement* ; 3° celle qui les rappelle à l'esprit, ou la *mémoire* ; 4° enfin celle qui les combine entre elles pour en créer des objets nouveaux, ou l'*imagination*.

Remarquons ici que les perceptions sont les seuls excitans de notre vie intellectuelle, morale et physique, que ce sont elles qui déterminent notre pensée, nos sentimens, et les actes qui les doivent suivre. Aussi ne pouvons-nous point nous y dérober, car, si nous avions pu ne pas percevoir, nous aurions pu volontairement cesser de vivre, et nous ne pouvons nous soustraire à une perception qu'au moyen d'une autre, présente ou passée. Sans la perception des objets extérieurs, point d'idées, point de sentiment, point de vie intellectuelle et morale. Sans la perception des modifications organiques internes, point de vie physique. Qui nous détermineroit à ingérer nos alimens, sans la sensation de la faim, à reproduire nos organes, sans celle qui nous y sollicite, à éviter leur lésion sans la douleur qu'elles développent? Les perceptions sont à l'homme, ce que la communication du mouvement est à la matière; et de même que sans mouvement, celle-ci, inerte par sa nature, resteroit constamment en repos, de même aussi, sans perception, l'homme, tout intelligent qu'il est, ne pourroit exercer les facultés qu'il possède, concourir à l'entretien et à la reproduction de ses organes, en un mot, il ne sauroit exister.

Mais de même que nous ne pouvons nous empêcher de percevoir, nous ne pouvons non plus ne pas comparer, ne pas juger, en un mot ne pas *penser*, car la pensée est la vie de l'homme, et l'on ne peut le concevoir sans l'exercice de la faculté qui la produit. Aussi pense-t-il sans cesse, et s'il manque de perceptions présentes, il en puise dans le passé par le secours de la mémoire, ou dans l'avenir par l'influence de l'imagination.

CHAPITRE PREMIER.

DES PERCEPTIONS.

Nous n'avons que six ordres de perceptions ; nous ne pouvons que *voir*, *toucher*, *entendre*, *percevoir* l'impression des odeurs, des saveurs, et enfin celle de certaines modifications qui surviennent dans le tissu de nos organes. Il n'y a donc que six ordres de choses matérielles dont nous puissions avoir la conscience, savoir, les qualités visibles des corps, les tactiles, les vibrations sonores, les émanations odorantes, les saveurs, et enfin certaines modifications organiques. Tel est notre domaine physique ; nous ne pouvons aller au-delà. Une infinité d'êtres, différens de ceux que nous voyons, existent sans doute, témoin le monde microscopique, que nous ne faisons qu'entrevoir malgré les instrumens dont nous nous aidons ; la matière a sans doute aussi des qualités différentes de celles que nous lui connoissons, comme, par exemple, celles qui déterminent les actions électives diverses que les corps exercent les uns sur les au-tres; les propriétés, inconnues dans leur nature, que l'on nomme *attraction de masse, attraction moléculaire, affinité.* Mais l'intelligence suprême a couvert toutes ces choses d'un voile que nous ne pouvons soulever, en nous donnant un instrument matériel qui ne pût pas dépasser, dans ses fonctions, les rapports qu'il devoit avoir avec les limites de notre intelligence.

Aussi notre appareil encéphalique n'offre-t-il que six ordres de prolongemens pour la trans-mission des six ordres d'objets qu'il nous est per-mis de percevoir. Ces prolongemens sont ceux qui forment les sens de la vue, du toucher, de l'ouie, de l'odorat, du goût, et l'appareil sensitif interne[1].

Au reste, les perceptions auxquelles les fonc-tions de ces prolongemens encéphaliques don-nent lieu, suffisent à notre existence, et attestent sans cesse la grandeur, l'intelligence, la bonté infinies de *l'être tout-puissant* qui nous en a doués.

---

[1] Quoique le système nerveux se développe de la circon-férence au centre (Serres, *Anatomie comparée du cerveau.*), et que l'encéphale et la moelle épinière soient les aboutissans des nerfs et non leur source, nous donnons à ceux-ci le nom de prolongemens, parce qu'ils semblent réellement provenir des centres nerveux, et que d'ailleurs cette dénomination n'est nullement en opposition avec les fonctions qu'ils exercent.

Au moyen de la *vision*, nous sommes les témoins de toutes ses merveilles, nous contemplons la voûte brillante des cieux, où des milliers de mondes célèbrent sa gloire; nous sommes ravis d'admiration à la vue des beautés et des richesses de cette terre que sa volonté a fécondée pour nous; nous voyons, nous distinguons nos semblables, les objets de nos affections, tout ce qui nous entoure. Le *toucher* confirme nos perceptions visuelles, et nous fait connoître dans les corps un grand nombre des qualités qui les rendent propres à la satisfaction de nos besoins. *L'audition*, un des principaux liens de la vie sociale, influe sur notre pensée par la parole, qu'elle nous fait percevoir, et sert ainsi à établir nos rapports avec nos semblables. L'*odorat* et le *goût* déterminent le choix de nos alimens. Enfin les *appareils sensitifs internes* nous donnent la conscience des modifications organiques qu'il est important que nous percevions pour la conservation de notre existence matérielle.

La possession de tous ces instrumens de notre intelligence ne suffit-elle pas pour remplir notre âme de reconnoissance et d'amour?

Entrons dans les détails de ces grands objets, et ces sentimens y puiseront une force nouvelle.

ARTICLE PREMIER.

Perceptions visuelles. [1]

LE prolongement encéphalique qui donne lieu à ces perceptions est celui qui constitue ce que l'on appelle la *rétine* [2].

Ce tronc nerveux qui naît des couches optiques, et se croise, au moins par ses fibres internes, avec son congénère, au-devant de la fosse sus-sphénoïdale, s'épanouit, comme l'on sait, après

---

[1] Dans tout ce que nous avons à dire sur les fonctions organiques dans le cours de cet ouvrage, nous supposerons connus les appareils qui les exercent. Nous ne ferons donc que les exposer d'une manière succincte, car les détails anatomiques nous éloigneroient trop de notre but. Nous supposerons connues aussi, dans cet article, les lois de dioptrique, applicables à la vision, et qui sont du domaine de la physique.

[2] Si le fait rapporté dans le Journal de Physiologie de M. Magendie est exact, il faudroit en conclure que le nerf trifacial est une des conditions matérielles de la vision. On a trouvé dans l'autopsie d'un individu atteint d'abord de cécité, et qui ensuite avoit recouvré la vue, les nerfs optiques, applatis et presque détruits par un kiste osseux au point de leur entre-croisement, et atrophiés dans le reste de leur trajet vers l'orbite (*Journal de Physiologie*; janvier 1828). Ne pourroit-on pas dire que l'impression lumineuse étoit transmise par ce qui étoit resté intact dans les nerfs désorganisés ? Quoi qu'il en soit, il est hors de doute que les nerfs optiques sont les agens essentiels de transmission des impressions lumineuses.

avoir pénétré dans l'orbite et percé la sclérotique et la choroïde, en une sorte de membrane molle, pulpeuse, grisâtre, comme gélatineuse, à peu près transparente. Il forme, au moyen du corps vitré qui lui sert de soutien, une cavité hémisphérique; ce qui donne au champ de la vision toute l'étendue qui lui est nécessaire. C'est sur la paroi interne de cette cavité que doit se peindre l'image des objets.

Mais pour que cet effet pût avoir lieu, il falloit

Si l'on coupe ces nerfs sur les animaux vivans, la vision est sur le champ abolie.

Sans doute l'Anatomie comparée nous montre des animaux tels que la taupe chrysochlore du cap, le zemni (Mus typhlus), la musaraigne musette, le rat taupe du cap, etc, qui sont privés du nerf optique sans l'être de la vision, et chez lesquels ce nerf est remplacé par un rameau de la 5ᵉ paire (Serres, *Anatomie comparée du cerveau*). Mais cela ne prouve point que ce dernier soit généralement et exclusivement l'instrument essentiel des transmissions visuelles; mais seulement qu'il remplace le nerf optique chez les animaux qui en sont privés. Et ce qui rend cette vérité évidente, c'est que toutes les fois que ce dernier nerf existe, c'est par lui seul que s'opère la vision. Le nerf de la 5ᵉ paire n'est qu'un agent accessoire de cette fonction; il est destiné à entretenir la vitalité des organes qui y concourent, et à les rendre susceptibles de transmettre les impressions de tact. Voilà pourquoi sa section artificielle ou son état pathologique (Serres, *Anatomie comparée du cerveau*, t. 2, p. 64 et suiv.), rendent ces organes insensibles, en même temps qu'ils y déterminent une inflammation chronique par une irritation de propagation.

que les rayons lumineux qui partent des objets éclairés arrivassent sur la rétine en quantité suffisante ; car sans cela l'image de ces objets n'auroit point été assez vivement colorée pour être nettement perçue, et son impression n'auroit point été assez intense pour être fidèlement transmise à l'être intelligent.

Or des milieux transparens, de densité différente, la *cornée transparente*, *l'humeur aqueuse*, le *cristallin* et le *corps vitré*, placés successivement entre la lumière et la rétine, renfermée dans une enveloppe consistante, fibreuse (la sclérotique), qui les soutient et qui, par sa forme globuleuse, rend convexe la surface antérieure de l'œil, réfrangent les rayons des cônes lumineux qui, partis de tous les points d'un objet éclairé, pénètrent dans cet organe, et cette réfraction les concentre sur la rétine de manière à y produire une assez forte impression [1].

Mais la réfraction des rayons lumineux n'étoit point suffisante pour que la vision s'opérât. La lumière pouvoit arriver sur cette membrane en quantité trop considérable, l'impressionner trop vivement, et s'opposer à sa fonction transmis-

---

[1] Voyez, dans le traité de physiologie de M. Magendie, t. 1, p. 60, les expériences qui prouvent que l'image des objets perd de sa netteté et de son éclat en augmentant d'étendue, lorsque l'on enlève à l'œil un ou seulement une partie d'un de ces milieux réfringens.

sive, comme cela a lieu lorsque les objets sont trop près de l'œil, ou qu'il s'en échappe une trop grande masse de rayons. Elle pouvoit aussi être trop rare, et ne pas agir avec assez d'intensité sur la rétine, comme lorsque les objets sont trop éloignés ou trop foiblement éclairés. Il falloit donc qu'il y eût à l'entrée de l'œil une sorte de régulateur qui proportionnât la masse du fluide lumineux, à l'impressionnabilité de la membrane nerveuse sur laquelle il doit agir.

Or ce régulateur, c'est l'*iris*, cloison placée de champ entre la cornée transparente et le cristallin, et au milieu de l'humeur aqueuse qui la baigne, percée dans son milieu d'une ouverture (*la pupille*) susceptible de rétrécissement et de dilatation, selon que la lumière qui arrive dans l'œil est plus ou moins abondante ou plus ou moins vive.

Cette cloison, qui est composée de fibres internes *circulaires* produisant par leur contraction le rétrécissement de la pupille, et de fibres externes *radiées* qui déterminent sa dilatation[1]; se

---

[1] M. Maunoir de Genève (voyez fig. 1.). D'autres expliquent le retrécissement de la pupille, par les fluides qu'une irritation sympathique, produite par la rétine, qu'une trop vive lumière excite, fait affluer sur l'iris; ce qui en dilate et en étend le tissu de manière à diminuer son ouverture. L'agrandissement de la pupille dépend, selon eux, de l'absorption des mêmes fluides, lorsque la lumière est rare ou a peu de

meut indépendamment de la volonté et par la seule réaction de la rétine plus ou moins vivement impressionnée. Lorsqu'une trop grande quantité de lumière tombe sur cette membrane nerveuse, les fibres circulaires de l'iris se contractent, la pupille se rétrécit, et il ne pénètre plus dans l'œil que le nombre de rayons qui suffit pour rendre l'objet visible. Ce sont, au contraire, les fibres radiées qui agissent, lorsque la lumière est rare ; la pupille dilatée permet alors l'accès dans l'œil à tous les rayons lumineux qui sont nécessaires pour que la vision s'effectue.

Lorsque la rétine est tellement impressionnable que la moindre quantité de lumière qui y arrive la fait réagir sur les fibres circulaires de l'iris, elle produit cette affection que l'on

---

vivacité. De sorte que, d'après cette théorie, il y auroit, dans l'iris, un afflux et un reflux alternatif et continuel, puisque continuellement aussi la pupille se retrécit et se dilate.

Le Dr Serres (*Anatomie comparée du cerveau dans les quatre classes d'animaux vertébrés*, t. 2. p. 651.) regarde les fibres de l'iris comme essentiellement nerveuses. Il se fonde d'abord sur l'inspection anatomique, et ensuite sur les expériences faites sur les animaux vivans. La dissection de l'œil lui a démontré la continuité immédiate des fibres de l'iris avec le nerf ciliaire, et ses expériences lui ont prouvé que l'irritation artificielle de ce nerf y détermine des contractions si rapides, en lui faisant former des spirales très-rapprochées, que dans moins de deux secondes il est réduit au vingtième de sa longueur.

II   2

nomme *nyctalopie;* les individus qui en sout atteints n'y voient que la nuit. Elle cause, au contraire, l'*héméralopie*, c'est-à-dire cet état où
l'on ne peut voir les objets qu'au grand jour,
lorsqu'elle a besoin d'une grande quantité de
rayons lumineux pour être impressionnée. Cette
affection peut être produite par l'action permanente ou trop fréquente d'une vive lumière,
comme la *nyctalopie* peut être le résultat d'une
habitation trop prolongée dans un lieu obscur.

Le rétrécissement et la dilatation de la pupille
produisent chacun un double effet, nécessaire
pour que la vision s'accomplisse. Le rétrécissement empêche non-seulement l'introduction
d'une trop abondante lumière, comme nous
venons de le dire, mais encore, et cela a lieu
lorsque l'objet est trop près de l'œil, celle des
rayons trop divergens, qui, ne pouvant être suffisamment réfractés, iroient impressionner la rétine en d'autres points que ceux où les rayons
du cône visuel doivent se réunir ; ce qui rendroit
la vue trouble[1]. Lorsque nous voulons voir nettement un petit objet placé très-près de l'œil, nous
suppléons au rétrécissement de la pupille, qui à
des limites, en regardant cet objet à travers une
petite ouverture, dont les bords s'opposent à
l'entrée des rayons trop divergens.

---

[1] Voyez fig. 2.

La contraction des fibres radiées de l'iris, ou la dilatation de la pupille, non-seulement favorise l'accès dans l'œil d'une quantité de lumière suffisante, mais encore, lorsque l'objet est éloigné, elle permet aux rayons les plus divergens de pénétrer dans cet organe, et augmente ainsi la masse du cône lumineux qui doit agir sur la rétine[1].

Mais ce n'est point là que se bornent les fonctions de l'iris ; non-seulement il diminue ou augmente selon les circonstances le nombre des rayons lumineux qui doivent impressionner cette membrane, non-seulement il refuse ou donne accès aux rayons divergens du cône visuel, mais encore il produit un phénomène important qui est la source du pouvoir que nous avons de distinguer avec la même netteté les objets situés à des distances différentes. Nous voulons parler de la *diffraction* qu'éprouve la lumière de la part des bords de la pupille, en traversant cette ouverture.

La vision distincte des objets à différentes distances ne peut provenir que de l'augmentation et de la diminution de la convexité de la cornée, ou de quelques mouvemens de la choroïde ou du cristallin qui se rapprocheroient ou s'éloigneroient de la surface antérieure du globe

---

[1] Voyez fig. 3.

de l'œil, ou bien des changemens de forme que subiroit le cristallin lui-même en devenant plus ou moins convexe, ou enfin de l'influence de l'iris.

Mais 1° si la cornée éprouvoit des variations dans sa convexité, ce ne pourroit être que par l'action des muscles de l'œil agissant simultané-ment; et il est évident qu'alors cet organe se-roit immobile pendant leur contraction, et que nous ne pourrions le diriger à notre gré. Mais l'œil jouit d'autant de mobilité lorsque l'objet que nous regardons fixement est près que lors-qu'il est plus ou moins éloigné ; donc l'action musculaire, et par conséquent des changemens dans la convexité de la cornée que cette action peut seule produire, sont étrangers à la vision distincte des objets à distances différentes.

2° La choroïde et le cristallin sont dépourvus de toute puissance motrice qui puisse les rap-procher ou les éloigner de la surface antérieure du globe de l'œil.

3° Le cristallin, immobile dans ses élémens, n'est point susceptible d'éprouver des change-mens dans sa forme, et de devenir plus ou moins convexe selon la distance des objets.

L'iris est donc le seul organe qui puisse déter-miner la vision distincte dans ces circonstances, et il agit par la *diffraction* qu'il fait éprouver aux rayons lumineux.

Ce phénomène consiste dans la décomposition des faisceaux externes du cône visuel par les bords de l'ouverture de l'iris en rayons convergens et divergens qui vont former sur l'axe du cône visuel, en se croisant avec ceux du côté opposé, une série de points lumineux dont chacun est visible selon la distance de l'objet éclairé, ou le degré de rétrécissement de la pupille[1]. La longueur de cette série est en raison inverse de la grandeur de cette ouverture.

Lorsque l'objet est plus ou moins près de l'œil, les fibres circulaires de l'iris se contractent, et, entraînant avec elles la circonférence de la cornée, elles augmentent la convexité de cette membrane; ce qui rend plus considérable la réfraction des rayons lumineux. Mais ceux de ces rayons qui se trouvent sur les limites du cône visuel ne peuvent, à cause de leur grande obliquité, être assez réfractés pour se réunir sur la rétine avec ceux du côté opposé, et l'image de l'objet seroit foible ou confuse si les bords de l'iris ne ramenoient par la diffraction un certain nombre des rayons divergens qui proviennent du faisceau que ces bords décomposent à son entrée dans l'œil[2]

Lorsqu'au contraire l'objet est plus ou moins éloigné, un mécanisme opposé a lieu. Les fibres

---

[1] Voyez fig. 4.

[2] Voyez fig. 5.

radiées de l'iris se contractent, la cornée perd
de sa convexité et par conséquent de sa puissance
réfringente; le plus grand nombre des rayons
les plus obliques du cône visuel ne se réunissent
point sur la rétine et y arrivent divisés, ce qui
s'opposeroit à la vision distincte, si la diffraction
n'y dirigeoit sur un seul point les rayons les plus
convergens du faisceau lumineux que les bords
de l'iris décomposent [1].

L'influence de la diffraction dans la vision
distincte est évidemment démontrée par ce qui
arrive dans la paralysie des fibres circulaires de
l'iris, par l'effet de la belladone, par exemple,
où la pupille reste constamment dilatée [2]. La
vision nette des objets à petite distance est alors
impossible, parce qu'il n'arrive pas au fond de
l'œil un assez grand nombre de rayons réfractés,
et que la diffraction ne peut point y suppléer
à cause de la grande dilatation de la pupille,
qui fait que les rayons, même les plus convergens, du faisceau lumineux décomposé par ses
bords, tendent à se réunir au-delà de la rétine.
Il faut alors que les malades éloignent considérablement les objets, afin que la diffraction
s'exerçant sur des faisceaux moins obliques,
puisse réunir sur cette membrane les rayons les

---

[1] Voyez fig 6.

[2] Voyez fig. 7.

plus convergens[1]. Ce trouble de la vue disparoît à mesure que l'iris reprend sa mobilité,
qui remet sa puissance diffringente en harmonie
avec la vision distincte à différentes distances[2].

Mais pour que les perceptions visuelles s'effec-
tuassent, il ne suffisoit point des milieux transparens offerts à la lumière, ni des mouvemens
de l'iris, ni même de la puissance diffringente
de cette membrane, il falloit encore que la lumière qui pénètre dans la cavité oculaire ne fût
pas réfléchie par les parois de cette cavité après
avoir impressionné la rétine, ce qui auroit produit sur cette membrane un mélange confus
d'images et d'impressions simultanées qui auroit
évidemment troublé la vision. Il falloit donc
qu'un corps capable d'absorber les rayons lumineux s'opposât à cette réflexion. Or ce corps est
l'enduit noirâtre qui recouvre la face interne de
la choroïde et de l'iris.

C'est à la décoloration de cet enduit qu'est
dû en partie l'affoiblissement de la vue dans
la vieillesse, où sa teinte noirâtre perd de son
intensité. Les Albinos n'ont la vue extrême-

---

[1] Voyez fig. 8.

[2] Voyez, dans le mémoire de M. Jean Mile sur la diffraction (*Journal de phys.* de Magendie, tom. VI, pag. 166), où
nous avons puisé tout ce que nous venons de dire, les expériences concluantes qui démontrent que ce phénomène
existe, et que c'est l'iris qui le produit.

ment foible que parce qu'ils en sont privés , ce qui permet de voir les vaisseaux sanguins de la choroïde et de l'iris, et rend ces membranes d'une couleur rouge.

Nous ne partageons point l'opinion de M. Demoulin , qui pense que la couleur noire de la choroïde rend la vision moins parfaite, parce que , dit-il, les animaux où la face interne de cette membrane est resplendissante, sont ceux qui y voient le mieux (V. *Journal de Physiol.* , janvier 1824). Nous répondrons que dans ces êtres il y a sans doute des conditions d'organisation qui nous sont inconnues, et qui empêchent que les effets que nous avons signalés de la réflexion interne des rayons lumineux aient lieu ; mais que nous sommes fondés à croire l'enduit choroïdien essentiel à la vision dans l'homme, 1° par cela même qu'il existe, ce qui montre son utilité ; 2° parce que les individus qui en sont privés en totalité, comme les Albinos, ne voient pas distinctement les objets, et peuvent à peine se conduire ; 3° parce que les individus qui sont atteints de varices à la choroïde, voient des points colorés en rouge sur les objets qu'ils regardent, parce que l'enduit choroïdien a été enlevé des vaisseaux variqueux par le frottement qu'ils ont subi en se dilatant ; 4° enfin , parce que la chambre obscure démontre la nécessité d'une substance qui absorbe les rayons lumineux, pour que l'image des objets puisse s'y peindre d'une manière nette.

L'instrument de la vision, organisé comme nous venons de le dire, ne pourroit se diriger vers les objets s'il étoit immobile, et nous ne pourrions les percevoir sans exécuter des mouvemens de la tête ou du tronc, ce qui ne s'accorderoit point avec la promptitude que souvent cette perception exige; de telle sorte que dans une foule de circonstances où nous avons besoin de *voir* promptement, nous nous trouverions privés de cet important avantage. Or, l'intelligence suprême a entouré le globe de l'œil de six muscles qui le meuvent en tous les sens, et qui, obéissant rapidement à la volonté, et aussi promps que l'éclair, entraînent ce globe, et le dirigent vers les objets dont nous voulons recevoir l'impression. Ce sont les muscles droits externe, interne, supérieur, inférieur, et les grand et petit obliques. Le premier porte l'œil en dehors, le second en dedans, le supérieur en haut, l'inférieur en bas, le grand oblique le dirige en dedans et en bas, le petit oblique dans une direction contraire. L'action de ces muscles est favorisée par le coussinet graisseux élastique sur lequel l'œil s'appuie au fond de l'orbite.

Un phénomène digne de remarque dans ces mouvemens divers, c'est que les muscles qui

meuvent l'œil latéralement, et qui sont antagonistes de situation, deviennent congénères dans
l'exercice de leurs fonctions respectives. Ainsi
le muscle droit externe, qui porte l'œil en dehors, agit, dans cet acte, de concert avec le
muscle droit interne de l'autre œil, que ce dernier dirige en dedans. On conçoit que cela devoit être pour que l'impression des objets fût *une*,
et que l'attention ne fût pas partagée entre deux
perceptions différentes. Mais on ne peut s'empêcher d'admirer cette synergie merveilleuse qui
se développe entre des organes opposés par leurs
fonctions, et qui concourent au même but dans
leur action simultanée. Elle nous montre que ce
ne peut être une substance matérielle, *inintel-
ligente*, qui dirige le mouvement de ces organes,
et par conséquent que ce n'est point l'encéphale
qui en est essentiellement le principe, et le régulateur.

Remarquons encore que la vue latérale, que
déterminent ces muscles, se trouve favorisée par
la courbure en arrière de l'angle externe de
l'ouverture de l'orbite, courbure qui donne de
ce côté un champ plus vaste à la vision ; et nous
reconnoîtrons encore ici une admirable harmonie entre la structure des parties osseuses qui
entrent dans l'appareil de cette fonction, et les
muscles qui doivent en favoriser l'exercice.

Mais la vision, bien qu'un si grand nombre

d'organes se réunissent pour qu'elle s'opère, ne pourroit long-temps avoir lieu si d'autres parties ne venoient y concourir. Une lumière constante fatigueroit la rétine ; le contact continuel de l'air sur la surface extérieure du globe de l'œil, les corps nageant dans l'atmosphère qui s'y déposent, en troubleroient la transparence, ou y détermineroient une irritation nuisible ; la sueur du front s'y répandroit, et l'enflammeroit par sa propriété sur-irritante. Or, tous ces accidens sont prévenus par des organes dont la structure et la situation se trouvent dans une harmonie parfaite avec les fonctions qu'ils ont à remplir. 1°Les *paupières*, sorte de voiles mobiles, mettent à notre gré le globe de l'œil à l'abri d'une lumière trop vive ou de trop longue durée, et du contact trop prolongé de l'air[1]. 2° Les *cils* qui bordent ces mêmes paupières arrêtent les petits corps nageant dans l'air, et diminuent l'éclat trop vif du jour. 3° Une membrane mince et transparente, la *conjonctive*, qui tapisse la surface antérieure de l'œil, exhale sans

---

[1] Cet usage des paupières est évident, par ce qui arrive aux malades atteints de paralysie de la face, et dont l'œil reste constamment ouvert par la perte de contractilité du muscle orbiculaire. Il est très-fréquent, pour ne pas dire ordinaire, de voir l'œil s'enflammer d'une manière grave, par l'action continuelle de l'air sur la conjonctive. Voyez le *Système des nerfs* par Charles Bell.

cesse une sérosité onctueuse qui, de concert avec le fluide que verse la glande lacrymale, favorise le mouvement des paupières, défend la surface oculaire du contact des corps qui viennent s'y déposer, de celui de l'air, de celui même des paupières qui l'étendent uniformément sur l'œil, et la dirigent vers les voies lacrymales. 4° Enfin, les *sourcils*, qui forment une espèce de voûte au-dessus de la surface antérieure de l'œil, modèrent l'éclat d'une lumière trop intense, ce qui a lieu surtout lorsque nous les abaissons en les fronçant ; ils sont, comme les cils, noirs chez les peuples qui habitent les régions très-éclairées du midi, blonds ou couleur de chanvre chez les peuples du nord. De plus, ils arrêtent la sueur du front, et l'empêchent de ruisseler sur la conjonctive, ce qui nécessairement rendroit la vue trouble, et de déterminer sur cette membrane une plus ou moins vive irritation.

Tel est l'appareil admirable de la vision, et les diverses fonctions qu'il exerce. La lumière, dont l'éclat est modéré par les sourcils et les cils, interrompue dans sa marche par les mouvemens des paupières qui sont assez courts pour que la vision ne soit pas trop long temps suspendue, et assez fréquens pour que la rétine ne soit point trop long-temps excitée, traverse la conjonctive, qu'elle trouve nettoyée de tout ce qui pourroit en troubler la transparence, par les contractions des muscles palpébraux, qui, outre qu'ils défendent cette membrane du contact trop prolongé de l'air[1], entraîne la sérosité qu'elle exhale et le fluide lacrymal qui vient s'y mêler[2].

Elle pénètre ensuite à travers la cornée transparente, et de là, par l'ouverture de l'iris, elle se rend sur la partie de la rétine qu'elle doit impressionner.

Dans ce trajet, elle éprouve des déviations remarquables, et sans lesquelles la vision ne pourroit s'opérer.

D'abord, en traversant la conjonctive et la cornée transparente, les rayons visuels se réfractent en se rapprochant de la perpendiculaire,

---

[1] L'air agit en absorbant le liquide lacrymal et celui qui est exhalé par la conjonctive, et en irritant ensuite cette membrane qui se trouve alors dépourvue de toute défense contre son contact. Les individus atteints de paralysie, dont nous avons parlé ci-dessus, ont la cavité nazale du côté paralysé dans un état constant de sécheresse, ce qui prouve que les fluides qui humectent la surface oculaire, absorbés par l'air, n'y arrivent plus. L'absorption des larmes et du fluide exhalé par la conjonctive, est encore démontrée par le larmoiement qui, dans les temps humides, et où l'air, saturé d'eau, n'absorbe point, se manifeste chez les individus où ces liquides sont très-abondans.

[2] Les bords des paupières sont garnis d'un fibro-cartilage qui sert de soutien à ces organes, et dont la surface offre une coupe oblique de dehors en dedans, de telle sorte que lorsqu'ils se réunissent, il en résulte un canal triangulaire dont la base correspond à la surface de l'œil, et qui va en s'élargis-

ou de l'axe du cône lumineux. Ils traversent ensuite l'humeur aqueuse qui, moins dense que la cornée, les éloigne un peu de cet axe, vers lequel les ramènent les actions diffringente de l'iris et réfringente du cristallin; direction que leur conserve le corps vitré, qui les réunit enfin sur la rétine (voyez fig. 9.).

Tel est le trajet que parcourt la lumière, et le mécanisme de sa transmission au fond de l'œil. Examinons maintenant comment se forment les images des objets.

Un corps éclairé réfléchit de chacun de ses points un faisceau lumineux qui, pénétrant à travers la pupille, va impressionner la rétine dans le point où l'a amené la réfraction qu'il a éprouvée dans son passage à travers la cornée et

---

sant de dehors en dedans. C'est dans ce canal que les liquides qui lubrifient la conjonctive sont forcés de se rendre par les mouvemens des paupières; et comme le muscle orbiculaire se contracte, en partie, de dehors en dedans, et que c'est dans ce sens que le canal des bords des paupières va en s'élargissant, c'est aussi cette direction que prennent ces fluides pour se rendre dans le lac lacrymal, où les vaisseaux lacrymaux les puisent pour les transporter dans le sac lacrymal qui les verse à son tour dans le canal nazal. Dans leur premier trajet, ils sont maintenus sur les bords libres des paupières par une matière grasse, sécrétée par un grand nombre de glandules, et qui, par une sorte de répulsion, les empêche de couler sur les joues. Cette humeur a aussi pour objet d'adoucir le frottement des paupières sur la surface de l'œil.

les autres milieux transparens de l'œil; de telle sorte qu'il se produit sur cette membrane autant d'impressions isolées qu'il y a de faisceaux lumineux projetés par les corps visibles. Mais ces impressions ont lieu dans des points opposés à ceux de l'origine des rayons lumineux : ainsi les faisceaux supérieurs agissent sur la partie inférieure de la rétine, tandis que les inférieurs impressionnent la partie supérieure de cette membrane. Cela provient du trajet oblique qu'ils parcourent, et qui les rend réfrangibles. Aussi le faisceau central de l'objet, qui suit la direction de la perpendiculaire à la surface de l'œil, et qui, par conséquent ne subit aucune réfraction, se trouve en rapport, sur la rétine, avec le point éclairé d'où il provient. Il suit de là que les objets se peignent dans notre œil d'une manière renversée [1]. Mais nous les percevons dans leur situation naturelle, parce que nous les voyons dans la direction des rayons lumineux, à leur entrée dans l'œil, et que nous les plaçons à l'extrémité de ces rayons ; cela est évidemment démontré par cette illusion d'optique où nous voyons le soleil au-dessus de l'horison, alors même qu'il se trouve réellement au-dessous de ce cercle. Ce qui le prouve encore, c'est que les enfans ne voient pas les objets renversés, car leurs yeux se dirigent

---

[1] Voyez fig. 10.

sans hésitation, même avant d'avoir exercé le toucher, sur ceux de leur mère, lorsque celle-ci provoque leurs regards.

On a expliqué cette perception par le sentiment que nous avons de notre position, et qui, dit-on, détermine la sensation qui nous fait voir les objets droits (Haüy, *Traité élémentaire de Phys.*, t. 2, p. 284). Cette explication nous semble insuffisante; car elle ne peut rendre raison de la perception de la situation naturelle des objets placés horizontalement, et dont les extrémités occupent dans la rétine des points opposés à leur position réelle[1].

Toutefois ce redressement des objets n'a pas toujours lieu. On a vu un enfant percevoir les objets d'une manière renversée jusqu'à l'âge de huit ans. S'il dessinoit un chandelier, il représentoit constamment la base en haut et la flamme en bas; s'il copioit une chaise ou une table, les pieds étoient toujours tournés en haut. Cela ne provenoit-il pas de ce qu'il s'opéroit dans son œil deux réfractions successives en sens inverse par un état particulier des humeurs de l'œil? Ce qui sembleroit le prouver, c'est que cette irrégularité de la vision peut survenir accidentellement chez l'adulte. Un avocat distingué vit pendant quelque temps tous les objets retournés. Les

---

[1] Voyez fig. 11.

maisons lui sembloient reposer sur leurs toits, les hommes marcher sur leurs têtes (*Nouv. Bibl. méd.*, mars 1828, p. 391).

C'est par le jugement que nous avons la conscience de l'existence des corps visibles, de leurs dimensions, de leurs distances respectives, de leur figure, de leur couleur, des divers accidens de leur surface, de leur mouvement ou de leur repos. Nous développerons ces divers objets en traitant des idées auxquelles donnent lieu nos perceptions diverses.

La vue nous avertit de l'existence des corps par l'impression que font sur nous les rayons lumineux qui en partent. Mais il est à remarquer que, quoique nous ayons deux yeux, et que nous percevions par conséquent une impression double, nous voyons les objets simples, nous n'éprouvons qu'une sensation. Cela démontre évidemment que ce n'est point l'organe cérébral qui perçoit; car, si cela étoit, nous aurions une sensation double comme l'impression qu'il reçoit.

Mais, pour qu'une perception visuelle soit *simple*, il faut que l'impression des rayons lumineux soit égale dans les deux rétines, car autrement il y auroit évidemment deux actions matérielles différentes, qui seroient chacune perçues séparément. C'est ce qui a lieu lorsqu'un œil est moins impressionnable que l'autre, comme dans la diplopie, lorsque les axes optiques ne concourent plus vers le même point, et que les images ne tombent plus sur des parties correspondantes des rétines, comme lorsque l'on presse légèrement un œil de côté, etc.

Il est quelques autres phénomènes visuels que nous devons exposer avant de terminer cet article, à cause de leurs rapports avec certains vices de conformation de l'organe de la vue qu'ils servent à expliquer, en même temps qu'ils donnent la théorie des moyens que l'on emploie pour en affoiblir l'influence. Nous voulons parler des variétés de la vision chez les divers individus, sous le rapport des distances différentes auxquelles elle s'effectue.

Les limites de la vision nette sont celles de la réfraction et de la diffraction, capables d'amener sur la rétine une quantité de rayons lumineux suffisante pour que l'image des objets s'y peigne d'une manière nette et bien tranchée.

Or la réfraction et la diffraction varient dans les divers individus ; la réfraction, selon le degré de convexité de la surface antérieure du globe de l'œil, et la puissance réfringente des milieux transparens que traverse la lumière ; et la diffraction, selon le degré de dilatation de la pupille, ou de contraction habituelle des fibres circulaires de l'iris.

Lorsque la cornée transparente ou le cristallin sont très-convexes, que ce dernier organe est trop près de l'iris ou trop éloigné de la rétine, ou bien lorsque les humeurs de l'œil sont très-réfringentes par leur abondance, leur densité ou leur nature, la réfraction du cône lumineux est très-considérable, et la plus grande partie des rayons qui sont entre les limites de ce cône se réunissent au-devant de la rétine[1]. Ceux qui arrivent à cette membrane ne sont pas en quantité suffisante pour que l'image de l'objet s'y peigne assez vivement, et la vision nette ne peut avoir lieu qu'en rendant l'angle du cône lumineux plus ouvert, afin que la réfraction des rayons soit moins considérable. On y parvient en rapprochant l'objet de l'œil, ou en interposant entre eux un verre à surface concave, qui, en rendant les rayons divergens avant leur entrée dans la cavité oculaire, contrebalance la réfraction puissante qu'ils doivent y éprouver[2]. C'est le cas des myopes, qui ne distinguent nettement les objets qu'à une très-petite distance. C'est aussi, jusqu'à un certain point, le cas des enfans, qui, à cause de l'abondance des humeurs de l'œil, plus considérable chez eux qu'à tout autre âge, ne peuvent voir distinctement les objets que lorsqu'ils sont peu éloignés.

Lorsqu'au contraire, la surface antérieure

---

[1] Voyez fig. 12.
[2] Voyez fig. 13, 14.

du globe de l'œil est au-dessous du degré normal de convexité, que le cristallin est trop aplati, ou situé trop profondément, ou que les humeurs de l'œil sont en quantité trop peu c nsidérable, peu denses, ou peu réfringentes par leur nature, le phénomène contraire a lieu. La plus grande partie des rayons extérieurs du cône visuel n'étant pas suffisamment réfractée, il n'y a guère que ceux du centre de ce cône qui se réunissent sur la rétine; et ces rayons n'étant pas en quantité suffisante, l'image des objets est foible, indécise, et la vision nette n'a point lieu[1]. Il faut alors ou éloigner l'objet de l'œil pour diminuer l'obliquité des rayons externes du cône lumineux, et les rendre par conséquent plus réfrangibles[2], ou interposer entre l'œil et l'objet un verre à surface convexe ou convergente[3], qui supplée à la foiblesse de la réfraction, produite par la cornée trop aplatie, ou par les humeurs de l'œil trop réfringentes par leur nature, ou qui ne sont pas assez abondantes pour faire converger convenablement les rayons lumineux. C'est là le cas des *presbytes*, des vieillards surtout, dont l'humeur aqueuse perd de sa quantité, et où la vision nette des

---

[1] Voyez fig. 15.
[2] Voyez fig. 16.
[3] Voyez fig. 17.

objets n'est possible qu'à une distance plus ou moins considérable.

Lorsque la myopie ou la presbytie n'existent que d'un seul œil, ou lorsque la rétine d'un œil est moins impressionnable que celle de l'autre, l'œil affecté se dévie de sa direction naturelle; ce qui constitue le *strabisme.*

Les divers degrés de diffraction produisent les mêmes phénomènes, de telle sorte que la myopie et la presbytie ne dépendent pas seulement, comme on l'avoit cru jusqu'ici, de la conformation du globe de l'œil ou de la nature des milieux transparens qu'il renferme, mais qu'elles peuvent encore être déterminées par la contraction habi uelle plus ou moins intense des fibres circulaires, ou des fibres radiées de l'iris.

En effet, lorsque la pupille est habituellement étroite, presque tous les rayons que décomposent les bords de cette ouverture se réunissent en avant de la rétine, et cette membrane n'en recevant pas une quantité suffisante, l'image de l'objet s'y trouve foiblement dessinée ou confuse[1]. Ce n'est qu'en approchant l'objet de l'œil que la netteté de la vision existe, parce qu'alors ces rayons, formant un angle plus considérable, sont moins diffractés, et se réunissent sur la rétine avec les rayons qui concourent avec eux à

---

[1] Voyez fig. 18.

former le cône visuel: ce qui rend l'image de l'objet assez prononcée pour être nettement perçue.

Lorsque cet état de l'œil coïncide avec la myopie produite par la convexité de la surface antérieure de cet organe, ou par la nature très-réfringente des milieux transparens qu'il renferme, ce vice de la vision en est considérablement augmenté, et il faut que les individus chez lesquels il existe fassent usage de verres très-concaves.

Lorsqu'au contraire le rétrécissement habituel de la pupille coïncide avec l'aplatissement de la cornée et des humeurs d'une puissance de réfraction peu considérable, ce qui, comme nous l'avons dit ci-dessus, constitue la presbytie, ce vice de la vision en est plus ou moins diminué.

Lorsque la pupille est habituellement dilatée, plus l'objet est près de l'œil, plus les rayons diffractés par les bords de cette ouverture tendent à se réunir au-delà de la rétine, parce que l'angle qu'ils forment étant très-ouvert, leur diffraction est foible; un petit nombre de ces rayons se réunissent sur l'expansion du nerf optique, et il ne s'y forme qu'une image peu prononcée de l'objet, et composée presque uniquement des rayons centraux du cône lumineux[1] : aussi la vision n'est-elle point nette; il faut, pour qu'elle

---

[1] Voyez fig. 19.

le devienne, ou interposer entre l'œil et l'objet un verre très-convexe, pour rendre convergens vers la rétine les rayons extérieurs que la diffraction ne peut y amener, ou bien éloigner convenablement l'objet de l'œil, afin de rendre la diffraction plus intense par la diminution de l'angle que forment les rayons externes du cône visuel. C'est ce que l'on observe chez les individus dont l'iris est paralysé, qui ne peuvent voir nettement qu'à une distance plus ou moins considérable des objets, et qui reprennent leur vision normale à mesure que les mouvemens de l'iris se rétablissent. Les individus chez lesquels la dilatation de la pupille est naturelle, sont obligés de rapprocher les paupières l'une de l'autre pour voir distinctement les objets. Ce sont alors les bords de ces organes qui remplacent ceux de la pupille trop écartés, qui opèrent la diffraction des rayons lumineux avant qu'ils pénètrent dans l'œil, et qui les font converger sur la rétine.

Lorsque la dilatation habituelle de la pupille coïncide avec la myopie par excès de convexité de la cornée, ou de puissance de réfraction des humeurs de l'œil, elle la diminue, et à son tour cet état de l'œil affoiblit son influence.

Lorsqu'au contraire, elle existe en même temps que la presbytie par défaut de convexité de la surface antérieure de l'œil, ou de puissance réfringente de ses humeurs, elle l'augmente d'une manière notable, et l'usage de verres très-convexes est d'une rigoureuse nécessité.

Terminons ici tout ce que nous avions à dire sur les perceptions visuelles. Il résulte de tout ce que nous avons exposé sur cet objet, que le fond de l'œil, ou plutôt la rétine qui s'y épanouit, est un tableau où viennent se peindre les corps extérieurs dans leur rapport de situation, et avec les couleurs qui les revêtent. Mais comment s'effectue au-dedans de nous leur perception? Comment les impressions diverses que reçoit la rétine nous sont-elles transmises? Comment ces impressions, qui se réduisent toutes à des mouvemens matériels, donnent-elles lieu à des perceptions si variées? Nous l'ignorons; mais ce que nous ne pouvons ignorer, d'après les considérations exposées dans nos Prolégomènes (ch.3, art. 1ᵉʳ), c'est que ce n'est point l'œil qui *voit*, qui perçoit la lumière, mais bien l'*être intelligent*, auquel il sert d'instrument.

Toutefois, cet instrument ne lui suffit point dans bien des circonstances, pour avoir des perceptions visuelles exactes; il faut nécessairement qu'il s'aide d'un autre appareil organique capable de lui faire sentir les erreurs que des transmissions infidèles peuvent lui faire commettre. Cet appareil est le *sens du toucher*, dont nous allons étudier le mécanisme dans l'article suivant.

ARTICLE II.

Des perceptions tactiles.

Un grand nombre de prolongemens encéphaliques, divisions d'un prolongement principal, la
moelle épinière, sortent du canal vertébral par
les trous dont se trouve percée sa surface latérale.
Les uns naissent de la colonne antérieure de cette
moelle, se distribuent aux muscles volontaires,
et déterminent les mouvemens locomoteurs [1].
Les autres prennent leur racine dans la colonne
postérieure ; ils vont animer tous les organes,
ou par eux-mêmes, ou par d'autres nerfs intermédiaires, avec lesquels ils s'anastomosent, et
forment, à la surface externe des tégumens, un
réseau nerveux très-abondant. Ils transmettent
à l'être intelligent, par l'intermédiaire de la partie supérieure du segment basilaire (Serres, *Anatomie comparée du cerveau*), les impressions extérieures qui agissent sur le système cutané, et
les modifications organiques internes perceptibles [2]. Ce sont donc ces derniers, auxquels se

---

[1] Leur section abolit la contractilité musculaire, sans que
la transmission des impressions cesse.

[2] La transmission des impressions n'a plus lieu après la
ligature ou la section de ces nerfs, tandis que les muscles
conservent leur faculté contractile.

joint, dans les tégumens de la face et du crâne, le nerf de la cinquième paire, qui donnent lieu aux perceptions tactiles.

Le système cutané forme, avec les nerfs qui se distribuent à sa surface, auxquels il sert de soutient, et que son épiderme et l'humeur onctueuse qui le recouvre protègent contre des impressions trop vives, l'instrument au moyen duquel l'homme perçoit certaines qualités des corps que les autres sens ne sauroient lui transmettre, qu'il peut seul lui communiquer, et que par cette raison nous appelons *tactiles*.

Puisque les nerfs transmetteurs de ces qualités ou plutôt des impressions qu'elles font sur nous, sont répandus sur toute la surface extérieure du système cutané, il est évident que toutes les régions de ce système sont capables de cette transmission. Aussi percevons–nous ces impressions par tous les points de la peau, qui forme un vaste intermédiaire entre les corps extérieurs et nous. Ce mode de perception s'appelle le *tact*. On le distingue d'un autre mode qui s'exerce au moyen d'un appareil particulier, dont le système cutané forme toujours l'agent principal, mais qui s'applique d'une manière plus exacte sur les corps dont nous voulons connoître plus parfaitement les qualités *tactiles*, ce qui lui a valu le nom de *toucher*.

Nous *percevons*, au moyen de l'instrument du

tact, la présence des corps, par la résistance qu'ils opposent à cet organe et les diverses impressions qu'ils lui font éprouver. Nous ne *concevons* leurs différentes qualités que par l'intermédiaire du jugement, comme nous le ferons voir par la suite.

Le *tact* varie selon les âges, les sexes, les individus, les professions, la nature des vêtemens, les climats, les diverses régions du corps.

Il est exquis dans le nouveau né, dont le système dermique jouit d'une activité de transmission extrême, parce qu'il n'a encore éprouvé aucune des impressions qui, à la longue, finissent par la diminuer. Il s'émousse peu à peu avec l'âge par les impressions continuelles que reçoit le système cutané, et qui modifient les nerfs de manière à affoiblir l'énergie de leur fonction transmissive. A cette cause se joint l'augmentation de l'exhalation épidermique, que le frottement continuel des vêtemens détermine, et qui amortit de plus en plus les impressions extérieures. Dans le vieillard, dont la peau est ridée, desséchée, endurcie, l'épiderme épais, la faculté transmissive des nerfs cutanés est considérablement diminuée.

La femme a la peau plus molle, plus unie, l'épiderme plus mince que l'homme ; les impressions extérieures y ont, par conséquent, plus d'intensité, leur transmission y est plus active , et le tact plus exquis.

Les individus qui se rapprochent le plus de la femme pour la structure de la peau , chez lesquels cet organe est peu couvert de poils, offrent aussi avec elle une grande analogie sous le rappor de l'activité de la fonction transmissive des nerfs cutanés.

Si un frottement peu prolongé rend la peau plus impressionnable, il n'en est pas de même de cette action lorsqu'elle est permanente.

Aussi les individus dont les professions exigent de grands mouvemens du corps , et produisent, par conséquent, des frottemens fréquemment répétés du système cutané contre les vêtemens qui le recouvrent, perçoivent moins vivement, que ceux d'une profession opposée , les impressions diverses qui naissent du contact des corps extérieurs. Il en est de même de ceux dont les vêtemens qui touchent immédiatement la peau sont d'un tissu grossier; leurs nerfs perdent à la longue, par la rudesse des frottemens qu'ils éprouvent, de leur faculté de transmission , et les sensations que produit le tact ne sont plus aussi vives.

Une douce chaleur favorise la transmission des impressions tactiles; mais il n'en est pas de même d'une haute température qui affoiblit cette action vitale des nerfs cutanés. Dans les

climats chauds, où un soleil brûlant irrite constamment la peau, l'engorge, l'épaissit, malgré
les substances grasses dont on la revêt, et diminue, par conséquent, la faculté transmissive des
nerfs qui s'y distribuent, les sensations produites
par les impressions extérieures ont peu de vivacité. Aussi les peuples de ces régions appli-
quent-ils le feu sur leur système cutané dans
presque toutes les maladies, et sans en éprouver
une bien vive douleur; aussi se font-ils de profondes blessures, qu'ils perçoivent à peine, et
dont les cicatrices sont pour eux des ornemens,
et même des marques distinctives des supério-
rités sociales.

Les climats froids produisent les mêmes effets
par une cause contraire. Le système cutané s'y
engourdit par la lenteur de sa circulation capil-
laire, et l'action nerveuse y est foible par défaut
de vitalité.

C'est dans les climats tempérés, où cette action jouit de toute son énergie, que les perceptions tactiles, comme toutes les autres sensations,
ont le plus de vivacité.

Toutes les régions du système cutané ne jouis-
sent pas au même degré de la faculté de transmission des impressions extérieures. Celles où
la peau est fine, molle, l'épiderme peu épais,
où les nerfs sont abondans, la possèdent à un
plus haut point que celles où elle offre un état

contraire. C'est pour cela qu'elle est plus prononcée aux régions latérales du thorax qu'à
l'antérieure et à la postérieure, à la partie interne
des bras et des cuisses qu'à l'externe, à la région
plantaire du pied qu'à la dorsale ; ce qui est l'inverse de la main, où elle est bien plus active à
la région dorsale qu'à la palmaire, où la peau et
son épiderme ont plus d'épaisseur. Cependant
cette région appartient à l'organe du toucher ; ce
qui démontre que la perfection de cet instrument tient moins à la fonction de transmission
plus active de la région du système cutané qui
l'enveloppe, qu'à la disposition des parties dont
il est composé, et qui le rendent propre à se mouler sur les corps de la manière la plus exacte. Il
est même à remarquer que la transmission vive
de l'impression des corps extérieurs auroit nui
à ces fonctions, qui sont plus intellectuelles que
sensitives, qui tiennent plus aux idées qu'aux
sensations. On sait que le toucher ne peut s'exercer lorsque la peau des doigts, dépouillée de son
épiderme, transmet vivement les impressions
qu'elle reçoit.

Articulé avec les os de l'avant-bras d'une manière assez lâche, l'instrument de cette fonction
perceptive peut exécuter des mouvemens de
flexion, d'extension, d'adduction et d'abduction
très-étendus, ce qui facilite singulièrement toutes
les positions qu'il doit prendre dans l'exploration

des corps. Il est composé dans sa partie centrale (le carpe et le métacarpe) d'un nombre assez considérable de petits os articulés lâchement aussi entre eux de manière à ce qu'ils puissent se mouvoir assez facilement les uns sur les autres; il se termine par cinq appendices allongés très-mobiles (les doigts) pouvant se réunir, s'écarter, s'étendre, se fléchir, s'opposer les uns aux autres[1]; et enfin il est recouvert par la peau, qui adhère fortement à sa face palmaire pour donner plus de fixité à ses points d'appui, et qui forme au bout des doigts un coussinet élastique soutenu par les ongles, pouvant s'appliquer sur les corps les mieux polis, et susceptible de recevoir l'impression des inégalités les plus légères. Cette structure les rend très-propres à saisir les corps avec facilité, même ceux des dimensions les moins considérables, à s'appliquer exactement sur toutes les surfaces, à se prêter à toutes les formes, à se fixer solidement sur tous les objets, et par conséquent à recevoir des impressions plus nombreuses que l'instrument du tact, et à les transmettre avec plus d'exactitude.

Nous percevons par le toucher comme par le tact l'existence réelle des corps, leur tempéra-

---

[1] L'homme peut seul opposer le pouce aux autres doigts, ce qui rend sa main un des principaux instrumens de son intelligence.

ture, leur consistance, les divers états de leur surface, leur mouvement, et de plus, leur figure, leur forme, leurs dimensions, leurs distances respectives, etc., dont cet appareil ne nous donne point ordinairement la conscience. Il est, sous ce rapport, congénère de celui de la vue, dont il confirme ou rectifie les transmissions.

Les perceptions tactiles ne se convertissent en idées que par l'influence de la comparaison et du jugement. Considérées isolément, elles ne seroient pour nous que des sensations, et non des productions véritablement intellectuelles, et les qualités des corps nous seroient entièrement inconnues; car nos connoissances sur les objets qui nous entourent ne sont que les résultats de la comparaison. Nous renvoyons donc leur étude particulière, comme nous avons fait des perceptions visuelles, au chapitre où nous nous occuperons des produits de cette fonction.

L'appareil du toucher peut être remplacé par celui du tact dans les parties des membres les plus flexibles, et capables de saisir et d'embrasser plus ou moins exactement les corps, comme, par exemple, à la région de l'articulation de l'avant-bras avec le bras, à celle de la jambe avec la cuisse, à la surface inférieure du pied, à laquelle on a vu l'habitude donner toute la souplesse de la main.

De même que le tact, le toucher varie selon

l'âge, le sexe, les individus, les professions qu'ils exercent.

Dans l'enfance, son appareil est très actif, et transmet des impressions très-vives, à cause du peu d'épaisseur de l'épiderme et de la souplesse de la peau. Mais ces impressions ne produisent que tardivement des idées sur les qualités tactiles des corps, parce que leur appréciation dépend du jugement, et n'est que le fruit d'une assez longue expérience. Il perd de ses facultés dans le vieillard par le dessèchement et le plissement de la peau et de l'épiderme, suites de l'absorption de la graisse qui soutenoit le chorion.

L'instrument du toucher est plus impressionnable chez la femme que chez l'homme, à cause de la délicatesse de son tissu cutané.

Il transmet aussi plus vivement les impressions extérieures chez les individus qui ne se livrent point à des travaux manuels rudes et pénibles, que chez ceux dont l'épiderme des mains s'est épaissi par un frottement intense et fréquemment répété.

Si l'instrument du tact perd de son impressionnabilité par l'exercice, il n'en est pas de même de celui du toucher, qui va sans cesse acquérant une activité nouvelle, non point relativement aux impressions que l'on peut appeler *sensitives*, parce qu'elles ne donnent que des sensations, telles que celles de la température des diverses substances, mais par rapport à celles qui produisent en nous la conscience de ce qui est relatif à la figure ou à la forme des objets. On sait, en effet, que ce n'est que par l'habitude que l'on perçoit avec exactitude ces sortes d'impressions, comme on le voit chez les aveugles. [1]

Nous retrouvons, dans les perceptions tactiles, les mêmes mystères que dans les visuelles. Nous ignorons complètement comment les actions des corps extérieurs sur notre système cutané, qui se réduisent toutes à des mouvemens moléculaires, identiques dans leur nature, peuvent donner lieu à des perceptions si diverses. Nous n'ignorons pas moins le mode de transmission de ces impressions, et le mécanisme de la perception qui en est la suite. Ici, comme dans tous les phénomènes de la nature, l'effet nous est connu, mais la cause intime nous échappe ; nous percevons, et nous ne savons point comment la perception s'opère. Mais nous savons positivement que ce n'est point le cerveau qui perçoit, et qu'il n'est qu'un instrument que nous appliquons à cette fonction importante (Voyez le ch. 3 de nos *Prolégomènes*).

---

[1] Dans ces individus, une autre cause concourt à donner au toucher une grande finesse ; c'est l'attention qu'ils portent dans l'exploration des qualités tactiles des corps, et qui n'est point troublée par les perceptions visuelles.

ARTICLE III.

Des perceptions auditives.

Tout seroit muet pour nous, un morne silence règneroit dans toute la nature sans l'appareil de l'audition, comme tout seroit plongé dans une profonde obscurité, sans celui de la vue. Mais alors, dépourvu de cet instrument précieux qui nous transmet la parole, et qui, par conséquent, est une des principales sources de notre intelligence, l'homme ne pourroit vivre en société : et, comme la vie sociale est le soutien de la vie individuelle, il est évident que sans le sens de l'ouïe nous ne pourrions être.

Cet admirable appareil organique se compose : 1° d'une sorte de pavillon cartilagineux, élastique, et recouvert d'un tégument très-mince et fortement adhérent, ce qui le rend très-propre à réfléchir les rayons sonores dans le conduit dont il forme l'entrée ; 2° de ce conduit, appelé *conduit auditif externe*, borné intérieurement par une cloison verticale (*la membrane du tympan*), qui reçoit ces mêmes rayons ; 3° d'une cavité sonore (*la caisse du tympan*), communiquant, d'une part, avec la cavité gutturale qui, au moyen de la *trompe d'Eustachi*, lui fournit sans cesse un air frais et élastique, et, de l'autre part, avec des anfractuosités osseuses , pratiquées dans l'épaisseur de l'apophyse mastoïde ; 4° d'une suite d'osselets renfermés dans la caisse du tympan (le marteau, l'enclume, l'os lenticulaire et l'étrier), formant une chaîne non interrompue depuis la membrane du tympan à laquelle le premier adhère , jusqu'à la cloison de l'ouverture de ce que l'on appelle le *vestibule* , cloison où le dernier est attaché ; 5° de deux autres cavités (le limaçon, et les canaux demi-circulaires) communiquant avec le vestibule , qui en est comme le centre, et recevant , avec ce dernier, dans le liquide ténu et limpide qui leur est commun, les divisions du nerf acoustique. La cavité du limaçon est en rapport avec celle du tympan , par une ouverture ronde , fermée, comme celle du vestibule , par une membrane élastique et propre à être mise en vibration.

La membrane du tympan et celle de l'ouverture du vestibule sont susceptibles de tension et de relâchement, par l'action des muscles qui agissent sur la chaîne osseuse qui unit entre elles ces deux cloisons. Cette action musculaire est l'effet de l'influence sympathique du nerf auditif, qui , selon que les sons sont plus ou moins forts , en modère ou en augmente l'impression, en déterminant le relâchement ou la tension de ces deux membranes.

C'est aux divisions de ce nerf que viennent aboutir les rayons sonores qui partent d'un corps qui se trouve en vibration. Ces rayons, qui ne sont autre chose que les molécules de l'air qui entoure ce corps, et qui vibrent elles-mêmes en divergeant par le mouvement moléculaire qui leur a été imprimé, suivent, dans la propagation de leurs vibrations, les mêmes lois que la lumière dans sa marche à travers un même milieu. Ils forment un cône vibrant dont la masse est d'autant plus considérable, et qui, par conséquent, agit avec d'autant plus d'intensité, que le corps sonore est plus près de l'oreille. Ce cône, auquel se joignent les vibrations réfléchies par la conque cartilagineuse, pénètre dans le conduit qui la termine, met en vibration la cloison du tympan, laquelle ébranle à son tour la chaîne osseuse qui s'y attache, et qui va communiquer le mouvement vibratile à la membrane qui ferme l'ouverture du vestibule. A ce mouvement se joint celui de l'air de la caisse et des cellules mastoïdiennes, qui agit sur la cloison de l'ouverture du limaçon, et sur les canaux semi-circulaires. Dès lors la pulpe nerveuse renfermée dans ces deux cavités et dans celle du vestibule, se trouve ébranlée, et le son est produit.

Il suit de là que le son n'est réellement qu'au-dedans de nous, et qu'il n'existe point dans les corps d'où partent les vibrations qui le produisent, qu'il n'est que la transformation d'un mouvement en une sensation, et qu'il n'y a autre chose que ce mouvement dans les corps appelés *sonores* comme il n'y a qu'une émanation d'un fluide inconnu dans sa nature dans les corps appelés *lumineux*. Nous rapportons aux premiers les sons que leurs vibrations produisent au-dedans de nous, comme nous rapportons aux seconds les images des objets qu'ils y font naître.

Les vibrations sonores peuvent arriver au nerf acoustique par d'autres milieux que l'air environnant. Ainsi une chaîne métallique appliquée à l'oreille communique le mouvement vibratile qu'elle reçoit par son autre extrémité. Ici les os du crâne servent d'intermédiaire, comme lorsque l'on entend le mouvement d'une montre que l'on tient entre les dents. Dans ces circonstances, le son acquiert de l'intensité en se propageant.

Plus la masse du cône sonore est considérable et plus ses vibrations sont étendues, plus aussi le son est fort. C'est la première de ces lois qui a donné lieu à l'invention des cornets acoustiques, lesquels amènent dans l'oreille un grand nombre de rayons sonores. Plus les vibrations de ce cône sont rapides, plus le son est aigu.

Plus les dimensions du corps sonore sont petites, plus ses vibrations sont nombreuses dans un temps donné, parce que le mouvement moléculaire de sa masse s'établit plus rapidement.

Donc, l'acuité du son est en raison inverse des dimensions des corps sonores. Le son le plus grave est le produit de trente-deux vibrations par seconde ; douze mille donnent naissance au plus aigu.

On donne le nom de *bruit* au son dont le *ton* ne peut être apprécié avec exactitude.

Lorsque le son est *fort* ou *aigu*, la membrane du tympan se relâche, par l'action du muscle antérieur du marteau, afin que les vibrations sonores n'agissent pas avec trop d'intensité sur le nerf acoustique. Elle se tend, au contraire, dans les sons foibles ou graves, par le muscle interne du même os, afin que les vibrations puissent être complètement perçues.

Plus le choc qui met le corps sonore en vibration est fort, plus aussi ses vibrations sont étendues et le son perceptible.

Plus ce corps est éloigné, moins la masse du cône vibrant est considérable, et plus le son est foible, et *vice versâ*.

Plus les molécules d'un corps sonore sont unies intimement et régulièrement entre elles, et plus le *timbre* de ce corps est *clair*. Le *timbre* dépend aussi de la nature de la matière vibrante.

La perception du son varie singulièrement selon les divers âges. Dans le nouveau-né, elle est nulle ; le conduit externe de l'oreille est rempli d'une matière blanchâtre, molle, qui amortit les vibrations des corps sonores, afin de préserver un appareil encore trop délicat des impressions trop vives qui pourroient le blesser. De plus, la membrane du tympan, placée très-obliquement, ne peut être que foiblement agitée par ces mouvemens vibratiles ; la caisse du tympan est remplie d'un mucus épais qui les arrête, et enfin les cellules mastoïdiennes n'existent point. Mais peu à peu l'appareil auditif acquiert les conditions qui lui sont nécessaires ; le nerf acoustique s'accoutume par gradation aux ébranlemens qu'il reçoit, et les sensations auditives se développent. Dans le vieillard, la membrane du tympan se relâche, ainsi que la chaîne osseuse qui lui est unie, par l'affoiblissement de la contractilité du muscle destiné à la tendre ; le liquide où flotte le nerf acoustique dans les cavités qui le renferment, diminue de quantité ; de sorte que les vibrations sonores sont transmises plus ou moins foiblement à ce nerf, qui lui-même perd de sa faculté transmissive par l'altération de son tissu, et l'ouïe s'affoiblit ou se perd d'une manière plus ou moins complète. Quelquefois aussi le tympan s'épaissit, s'ossifie même, ce qui est un nouvel obstacle pour l'audition.

La perception des sons varie aussi selon les individus par l'organisation plus ou moins parfaite de l'appareil qui les transmet, par la tension plus ou moins considérable de la membrane du tympan, par la quantité variable de l'humeur dans laquelle flotte le nerf acoustique, par la faculté transmissive de ce nerf, plus ou moins foible selon qu'elle a été plus ou moins vivement et plus ou moins fréquemment mise en jeu. Enfin cette perception varie selon l'attention plus ou moins forte que l'on y prête. Tout le monde connoît l'*ouie fine* des aveugles, qui, n'étant point distraits par les impressions visuelles, concentrent toute leur attention sur ce qui se dit autour d'eux.

Elle varie aussi selon la densité de l'atmosphère. Plus l'air est dense, plus le cône sonore a de masse, et, par conséquent, plus il impressionne fortement l'appareil auditif. Voilà pourquoi, à distances égales, le son est plus facilement perçu dans les plaines que sur les montagnes, dans l'hiver que dans l'été, dans les climats glacés que dans les régions méridionales.

La perception des sons n'est pas moins mystérieuse que celle des qualités visibles et *tangibles* des corps; et il restera toujours à découvrir comment des mouvemens moléculaires qui sont tous identiques, et qui ne diffèrent entre eux que par leur étendue et leur nombre, peuvent produire des sons si variés; comment ces mouvemens nous sont transmis et sont convertis au-dedans de nous en sensations; enfin, comment deux impressions simultanées ne donnent lieu qu'à une seule sensation. Tout ce qu'il y a de positif et d'évident dans ces merveilleux phénomènes , c'est que l'encéphale ne perçoit pas plus les sons, que la lumière et les qualités tangibles des corps, et que cette fonction n'appartient qu'à l'être intelligent, *un*, *simple*, pour qui cet appareil nerveux n'est qu'un agent de transmission.

Il est évident, en effet, que l'encéphale étant composé, comme corps, s'il percevoit les sons, nous percevrions à la fois autant d'impressions de vibration que sa substance auroit de parties percevantes : car pourquoi percevrions-nous les unes préférablement aux autres? Et il y auroit en nous autant de sensations développées, qu'il y a d'élémens matériels dans cet instrument ; sensations qui toutes différeroient les unes des autres, parce que les vibrations ne pourroient être identiques dans ces élémens, qui diffèrent euxmêmes entre eux par leur disposition, leur structure, leur consistance, etc.

Dans l'harmonie, nous percevons, en apparence, plusieurs sons à la fois ; mais remarquez qu'alors tous les sons se confondent, de manière qu'il n'en résulte qu'une seule et unique sensation ; et si nous voulons distinguer leurs impressions particulières, il faut nécessairement que nous les séparions les uns des autres, en fixant successivement notre attention sur chacun d'eux et que nous les percevions d'une manière isolée [1].

ARTICLE IV.

Des perceptions olfactives.

Parmi les divers corps de la nature, il en est dont l'ingestion nous seroit nuisible; il en est aussi dont les émanations seules, plus ou moins long-temps prolongées, entraîneroient la ruine de notre organisation. Cependant leurs qualités délétères ne pouvoient nous être transmises par les prolongemens encéphaliques dont nous nous sommes occupés jusqu'ici, et dont la structure et la disposition ne se trouvent point en rapport avec la nature de ces substances. Il falloit donc un nouvel instrument qui fût susceptible de recevoir leurs impressions, et de nous les trans-

---

[1] Ces considérations sont applicables aux perceptions visuelles et tactiles. D'un plus ou moins grand nombre d'objets qui frappent notre vue, nous n'en percevons aucun avec exactitude si nous ne les regardons en particulier; comme aussi nous ne percevons avec justesse les qualités tactiles d'un corps que nous touchons, qu'en les considérant isolément. Preuve incontestable de l'unité, et, par conséquent, de l'immatérialité de notre être.

mettre : or cet instrument est l'*appareil olfactif*.

En général, il s'échappe continuellement de la surface des corps un certain nombre de leurs molécules constitutives qui se mêlent à l'air extérieur, lequel en devient ainsi le véhicule. Et comme ce fluide pénètre au-dedans de nous par les voies pulmonaires, pour y servir, comme nous le dirons par la suite, d'aliment à la respiration, l'appareil chargé de nous transmettre les impressions olfactives devoit se trouver sur son passage, afin que nous fussions promptement avertis de la présence des corps odorans, et que le renouvellement du contact de leurs molécules, successivement entraînées par le courant aérien, rendît leurs impressions assez vives pour être perçues.

Or, à la partie moyenne de la face se remarque un conduit (le nez), sorte de cornet olfactif, osseux dans sa partie supérieure, cartilagineux dans l'inférieure, à laquelle la première sert de point d'insertion et d'appui. L'ouverture de ce conduit, divisée par une cloison verticale en deux parties, l'une droite, l'autre gauche (les narines), dont les parois externes (les ailes du nez) peuvent à volonté s'écarter et se rapprocher de l'interne par les muscles qui les meuvent, ce qui les rend propres à donner accès à une colonne d'air plus ou moins considérable ; l'ouverture de ce conduit, dis-je, qui est horizontale, et qui, par conséquent, reçoit directement les émanations terrestres et celles des substances qui pénètrent dans la bouche pendant l'ingestion des alimens, communique avec une autre cavité (la cavité nasale), divisée en deux aussi par le prolongement de la cloison des narines.

La cavité nasale, très-anfractueuse par des lames osseuses, minces et recourbées, qui sont fixées à ses parois, et qui en augmentent ainsi l'étendue, communique postérieurement avec la cavité pharyngienne, où s'ouvre le tube aérien pulmonaire, et intérieurement avec un assez grand nombre d'autres cavités creusées dans l'épaisseur des os de la face et du crâne qui en sont voisins. Ces cavités semblent destinées à servir de réservoir aux émanations odorantes. La cavité nasale est tapissée, dans toute son étendue, d'une membrane muqueuse (la membrane pituitaire) sécrétant sans cesse un fluide visqueux qui se répand sur sa surface, prévient sa dessiccation par l'air, la protège contre des impressions trop irritantes, et semble destiné à arrêter et à dissoudre les molécules odorantes qui doivent l'impressionner.

C'est dans cette membrane, et surtout dans la région qui tapisse la partie supérieure ou la voûte de la cavité nasale, que se distribue le nerf olfactif, prolongement encéphalique, qui y arrive à travers la lame criblée de l'os ethmoïde, et qui est uniquement chargé de recevoir et de transmettre les impressions des corps odorans. Les filets de la cinquième paire qui s'y mêlent ne sont destinés qu'à la transmission des impressions tactiles, et à entretenir dans la membrane muqueuse les mouvemens de vitalité nécessaires à sa nutrition. Ces assertions sont confirmées, non-seulement par les expériences sur les animaux vivans[1], mais encore par l'anatomie pathologique. On a vu, en effet, un polype des sinus frontaux, qui comprimoit les nerfs olfactifs le long de leur trajet dans l'intérieur du crâne, abolir complètement l'odorat, sans que la muqueuse nasale cessât de transmettre les impressions des substances irritantes qui agissoient sur elle, comme le démontroit l'éternuement qui avoit lieu dans ces circonstances[2].

D'ailleurs, dans le coryza, ne voit-on pas la fonction olfactive se suspendre, tandis que la membrane nasale conserve la faculté de transmettre l'action des irritans?

C'est donc sur les divisions du nerf olfactif, qui naît *du champ* du même nom, qu'agissent les émanations odorantes; c'est donc ce nerf qui

---

[1] Voyez Charles Bell, *Expos. du Système naturel des nerfs*, p. 160 et suiv.; et l'*Anatomie comparée du cerveau dans les quatre classes d'animaux vertébrés*, par le Dr Serres, t. 1, p. 294, 295, 296.

[2] *Revue méd.*; avril 1826, p. 150.

transmet leurs impressions, lesquelles donnent lieu à la perception des odeurs.

Le mécanisme de l'introduction de ces émanations dans la cavité nasale, et de l'action qui les dirige sur la région où le nerf olfactif se distribue plus particulièrement, est remarquable en ce qu'il concourt à démontrer que c'est ce nerf qui est l'instrument exclusif de l'odorat. C'est par une inspiration prolongée, ou par des inspirations brusques, saccadées, entrecoupées et successives, que, la bouche étant fermée pour que l'air qui doit arriver aux poumons passe entièrement par les fosses nasales, nous déterminons l'entrée de ce fluide dans les narines. Mais, en même temps, nous relevons le voile du palais, et nous l'appliquons en partie contre l'ouverture postérieure de ces conduits. Par cette double action, l'air pénètre plus rapidement dans la cavité nasale; et, comme un libre accès dans les voies pulmonaires lui est interdit par la diminution de l'ouverture des arrière-narines, il est forcé de se diriger vers la voûte nasale, qu'il impressionne alors avec plus d'intensité.

Les émanations odorantes sont soumises aux mêmes lois que la lumière et le son. Elles s'échappent en rayonnant de tous les points de la surface des corps qui les répandent, de sorte qu'elles agissent sur l'appareil olfactif avec d'autant plus de force que ces corps s'en trouvent moins éloignés.

Elles sont aussi d'autant plus actives, que l'air est plus chaud et plus humide; d'abord, parce qu'elles s'exhalent en plus grande abondance, et ensuite parce que ce fluide en dissout une plus grande quantité.

En général, les émanations des substances nuisibles donnent lieu à une sensation plus ou moins désagréable, et quelquefois si pénible qu'elle nous force irrésistiblement à nous en éloigner. Souvent même l'estomac se soulève par sympathie, et entre dans des contractions convulsives. C'est le contraire des substances propres à l'entretien de notre organisation; elles répandent, en général, des émanations qui nous attirent par leur odeur agréable, et qui provoquent l'appétit. [1]

La faculté transmissive de l'appareil olfactif varie selon les âges. Dans le nouveau-né, à qui elle est inutile, puisqu'il n'a point d'aliment à choisir, ni d'émanations nuisibles à éviter, elle est nulle; la muqueuse nasale est molle, fongueuse, recouverte d'une mucosité épaisse, des-

---

[1] La même odeur peut être agréable pour un individu et désagréable pour un autre; ce qui prouve que les odeurs ne sont que des modifications des nerfs olfactifs, et ne résident point réellement dans les substances appelées odorantes.

tinée à la défendre contre toute émanation odorante, trop active pour lui. De plus, les sinus ne sont point développés, et la cavité nasale, à peine sensible, n'a point ces cornets étendus qui en augmentent si considérablement la surface, et donnent un champ si vaste à l'action des odeurs. mais avec l'âge, l'appareil olfactif acquiert les conditions qui sont nécessaires à ses fonctions, et il les exerce dans toute leur étendue. Bien différent des autres appareils sensitifs dont les facultés ont été précédemment exposées, il conserve son activité jusque dans la vieillesse, à cause de ses rapports avec l'existence de l'organisation.

Cette activité varie selon les individus ; elle est plus considérable, toutes choses égales d'ailleurs, chez ceux dont le nez est saillant et a son ouverture horizontale, et qui, par conséquent, reçoivent, à chaque inspiration, une forte colonne odorante qui se dirige vers la région supérieure de la cavité nasale, que chez ceux dont le nez est peu prononcé et a une direction oblique, de manière que les molécules odorantes n'y pénètrent qu'en petite quantité, et n'agissent pas directement sur la région la plus impressionnable de la membrane olfactive. Cette région ne reçoit presque aucune impression chez les individus que quelque accident a privés du nez, ou dont les narines sont naturellement dirigées en avant ; aussi ont-ils l'odorat extrêmement foible.

L'activité de ce sens varie encore selon que la muqueuse nasale sécrète avec plus ou moins d'abondance le liquide qui doit la lubrifier, selon que le nerf olfactif est plus ou moins impressionnable, que ses ramifications sont plus ou moins nombreuses, plus ou moins disséminées, etc. Dans certaines maladies, cette impressionnabilité est si considérable, et la faculté transmissive des émanations odorantes a tant d'activité, que la perception des odeurs, même les plus foibles, acquiert une vivacité extrême.

Les professions influent aussi sur la transmission olfactive. Ceux qui éprouvent fréquemment des impressions odorantes plus ou moins vives, finissent par les percevoir foiblement ; le nerf olfactif, long-temps impressionné, s'engorge, se tuméfie, et devient moins propre à l'exercice de ses fonctions ; c'est ce qui a lieu chez les parfumeurs. Il n'en est pas de même des individus chez lesquels ce prolongement encéphalique n'agit que pour la transmission des impressions liées aux besoins organiques ; chez eux l'activité de cet instrument est si grande, que toute émanation un peu intense, étrangère à ses besoins leur est insupportable. C'est ainsi que les Arabes Bédouins ne peuvent vivre dans l'air des villes, qui est si surchargé de particules odorantes.

Le nerf olfactif perd de sa faculté par l'habilude, relativement à la transmission d'une même émanation. Ainsi les odeurs les plus fortes ne produisent plus d'impression sur nous, après que nous y avons été exposés pendant un certain temps, tandis que nous pouvons en percevoir d'autres beaucoup moins vives, mais d'une nature différente.

Comment agissent sur nous les impressions olfactives? Comment ces impressions, qui se réduisent toutes à des mouvemens moléculaires, déterminés par les particules odorantes, dans la pulpe du nerf qui les éprouve, et qui, par conséquent, sont toutes identiques sous ce rapport, peuvent-elles donner lieu à des sensations si diverses? Un même voile mystérieux enveloppe ces phénomènes, et ceux qui ont rapport aux perceptions précédentes. Nous savons seulement que l'être qui perçoit les odeurs, n'est point la matière encéphalique, et que cette matière n'est que l'instrument dont se sert notre intelligence pour cette importante perception (Voyez *Prolég.* chap. III, art. 1.).

Une odeur quelconque, en effet, ne produit en nous qu'une sensation; ce qui n'auroit point lieu si c'étoit l'encéphale qui la perçût, puisque cet appareil nerveux est composé, comme matière. Nous ne percevons non plus qu'une seule odeur, lorsque nous recevons à la fois l'impression de plusieurs émanations odorantes; quelque nombreuses qu'elles puissent être, il n'en résulte jamais qu'une seule sensation, qui est produite par la plus pénétrante ; et si nous voulons les percevoir isolément, nous sommes forcés de les séparer les unes des autres, en fixant successivement notre attention sur chacune d'elles en particulier. Donc, l'être qui les perçoit est *simple* ; mais l'encéphale ne l'est pas ; donc, etc.

ARTICLE V.

Des perceptions gustatives.

Les substances qui peuvent nuire à notre organisme ne répandent pas toutes une repoussante odeur ; il en est, au contraire, d'où il s'exhale un doux parfum qui nous attire. D'un autre côté, plusieurs de celles qui sont pour nous des alimens salubres sont inodores, et l'on en voit même d'où il s'échappe d'agréables émanations. Nous serions donc fréquemment tombés dans des erreurs funestes, si nous n'avions eu à notre disposition un instrument qui pût recevoir, de la part de ces substances, des impressions capables de nous éclairer sur leur véritable nature, et nous diriger dans notre choix.

Cet instrument est *l'appareil du goût* ; il est

situé dans la cavité buccale qui en fait partie, et en avant de l'ouverture du conduit digestif, auquel, par conséquent, ne peuvent arriver les substances alimentaires sans avoir subi une préalable exploration.

Il est formé, 1° de la langue ; 2° de la membrane muqueuse qui la revêt, en même temps qu'elle tapisse les parois de la cavité buccale ; 3° des nerfs qui se distribuent à cette membrane ; 4° des parties osseuses qui renferment et protègent tout l'appareil.

La langue est formée d'un grand nombre de muscles (le lingual superficiel, les linguaux profonds, les transverses, les verticaux, les glosso-staphylins, les stylo-glosses, les hyo-glosses, les génio-glosses) qui se croisent dans toutes les directions, et qui, par conséquent, peuvent produire des mouvemens très-variés et très-propres à l'exploration des substances alimentaires. Aussi est-ce sur elle qu'est fixée la partie de la membrane muqueuse qui constitue essentiellement le sens du goût.

Cette membrane reçoit, dans son tissu, un grand nombre de branches nerveuses, divisions de la cinquième paire, mais c'est le nerf lingual qui forme l'organe transmetteur de l'appareil. Ce nerf, en effet, se distribue exclusivement dans la membrane muqueuse qui recouvre la langue, et vient former à sa surface un grand nombre de papilles nerveuses, destinées à recevoir l'impression des alimens. Les autres branches nerveuses qui s'y joignent et qui se perdent dans le reste de la membrane, ne servent qu'à transmettre les impressions tactiles. Cette double transmission étoit nécessaire, car une substance qui agit sur le sens du goût y exerce une double action, savoir : celle de son contact comme *corps*, ce qui étoit nécessaire pour que nous pussions en sentir la présence et en opérer la déglutition, et celle qui donne lieu à une sensation gustative. Or, l'impression de la première est transmise par les divisions nerveuses étrangères au nerf lingual ; ce dernier seul transmet les impressions dépendantes de la nature des alimens [1].

Ces impressions portent le nom de *saveurs*, et les corps qui les exercent se nomment *sapides*.

Lorsqu'un corps sapide est introduit dans la cavité buccale, il en impressionne la membrane

---

[1] Remarquez que s'il n'y avoit pas eu des nerfs propres à transmettre les impressions tactiles, associés à l'appareil du goût, nous aurions été souvent exposés à ingérer des substances insipides, nuisibles ; et même la déglutition des alimens auroit été, si non impossible, du moins très-irrégulière et, pour ainsi dire, confiée au hasard ; en effet, n'ayant point la conscience de leur présence dans la cavité buccale, nous n'aurions pu déterminer d'une manière exacte et régulière les mouvemens musculaires qui en déterminent l'ingestion.

muqueuse, qui alors sécrète en plus grande abondance le fluide visqueux qu'elle produit sans cesse pour entretenir la souplesse de la langue, et en favoriser les mouvemens. A ce fluide se joint l'humeur salivaire, dont nous parlerons en traitant de la digestion ; et la substance sapide, ramollie, en partie dissoute, agit sur le nerf lingual qui nous transmet l'impression qu'il en reçoit, et donne lieu à la perception gustative.

Plus le contact d'un corps sapide sur la langue est intense, plus son action est vive et sa saveur sensible ; voilà pourquoi dans la dégustation nous appliquons la langue contre le palais.

Plus la surface de la langue est nette, plus sa membrane muqueuse est à découvert, et plus aussi nous ressentons vivement l'impression des corps sapides.

Plus un corps est soluble, plus sa sapidité est considérable. Plus son action est prolongée, plus sa saveur perd de sa vivacité [1].

Une impression sapide vive s'oppose à l'action d'une impression plus foible qui la suit. Il semble que le nerf lingual épuisé par la première, ne peut transmettre une excitation qui a moins d'intensité.

---

[1] Il paroît que, dans ce cas, le tissu du nerf, trop excité, s'engorge, ou que son canal s'oblitère momentanément, et qu'il perd ainsi plus ou moins de sa faculté transmissive.

Les saveurs varient singulièrement entre elles ; cette diversité dépend de celle de la nature des corps sapides.

Ces corps exercent, en général, trois impressions simultanées, savoir, 1° une impression tactile, comme nous l'avons déjà dit; 2° une gustative; 3° une olfactive. La première donne la sensation de la chaleur, du froid, du simple contact ; elle est sensible dans l'application, sur la langue, d'un corps non sapide mou ou dur, chaud ou froid, etc. La deuxième devient évidente quand on se bouche le nez, ce qui l'isole de la troisième. Et enfin celle-ci est sensible quand on rend les narines libres ; elle n'est point perceptible dans le coryza.

Les corps qui agissent sur la langue peuvent être divisés en quatre classes, savoir, 1° ceux qui n'exercent qu'un simple contact (les corps non sapides); 2° ceux qui exercent une impression tactile et une impression gustative (sucre, muriate de soude); 3° ceux qui n'exercent qu'une impression tactile et olfactive (les métaux odorans); 4° enfin ceux qui agissent à la fois sur le tact de la langue, le goût et l'odorat (huiles volatiles, menthe, etc.).

En général toutes les substances qui seroient nuisibles à notre organisation dans l'état physiologique, ont une saveur plus ou moins désagréable, et quelquefois même au point de déterminer des contractions expulsives dans les libres musculaires de l'estomac, de l'œsophage et du pharynx. Mais, comme les organisations individuelles offrent de nombreuses variétés, et que, par conséquent, telle substance nuisible pour celle-ci ne l'est point pour celle-là, qui même y trouve un aliment salubre, il en résulte que des saveurs qui sont agréables pour certains individus, inspirent à d'autres une véritable horreur[1].

Une substance alimentaire qui, par quelque circonstance particulière, comme une indigestion, par exemple, a troublé notre organisation, n'a plus pour nous, du moins pendant un certain temps, qu'une saveur désagréable.

Ces phénomènes proviennent des relations sympathiques qui existent entre l'appareil digestif et l'instrument du goût.

La faculté transmissive de cet instrument varie selon l'âge. Dans le nouveau-né, elle est nulle; il n'a point de choix d'alimens à faire, il a toujours à sa disposition celui qui lui convient[2]. Elle se développe avec le besoin d'alimens variés et

---

[1] Cela prouve que la saveur ne réside point dans le corps sapide, et n'est qu'une modification du nerf lingual sur lequel celui-ci agit; modification qui varie dans les divers individus par des conditions matérielles que nous ne pouvons connoître.

[2] Elle n'existe que pour la transmission des impressions tactiles.

plus substantiels, et, de même que celle de l'instrument olfactif, elle ne s'éteint qu'avec la vie.

Toutefois elle s'affoiblit par l'impression trop prolongée ou trop souvent répétée des corps vivement sapides. C'est ce que l'on voit dans les individus qui font un usage habituel de liqueurs fortes ou d'alimens de haut goût, et qui sont obligés de ranimer sans cesse leur faculté gustative par des impressions toujours nouvelles et d'une croissante intensité.

Le goût varie aussi chez les individus, selon la structure et l'activité de sécrétion de la muqueuse buccale, et le degré d'impressionnabilité et de faculté transmissive du nerf gustatif. Dans certaines maladies, cette faculté acquiert une si grande énergie, que les saveurs les plus foibles peuvent à peine être supportées.

Quoique deux prolongemens encéphaliques transmettent les impressions gustatives, nous n'en percevons jamais plusieurs à la fois, alors même qu'un plus ou moins grand nombre de substances sapides agissent simultanément sur le sens du goût. Elles semblent se confondre toutes en une seule et même impression ; nous n'en éprouvons qu'une seule sensation, qui est produite par la saveur la plus vive, et nous ne pouvons les distinguer les unes des autres qu'en les percevant isolément. Or nous les percevrions toutes à la fois, si l'encéphale, qui est *composé* comme corps, étoit l'agent de la perception gustative, puisque rien ne pourroit s'opposer à ce que chaque impression fût suivie de son effet matériel. Donc l'être qui perçoit les saveurs est simple, et n'est point, par conséquent, l'organe cérébral (Voyez sur cet objet l'art. 1ᵉʳ du ch. III de nos *Prolégomènes*).

ARTICLE VI.

Des perceptions des modifications organiques internes.

Les perceptions tactiles, visuelles et auditives sont étroitement liées à l'exercice des facultés intellectuelles ; les olfactives et les gustatives sont plus particulièrement en rapport avec les besoins de l'organisation. Il en est de même de celles qui ont pour objet les modifications organiques internes qui surviennent dès qu'un organe est en souffrance, ou lorsqu'il faut que la volonté soit sollicitée à concourir à l'exercice d'une fonction dont la suspension, trop long-temps prolongée, entraîneroit des suites plus ou moins funestes.

Ces modifications organiques, dont la nature est entièrement inconnue, et qui sont transmises à l'être intelligent par les prolongemens encéphaliques sensitifs qui pénètrent et se perdent dans le tissu des organes[1], lesquels en sont tous plus ou moins pourvus, donnent lieu à deux sortes de sensations générales, dont l'une, toujours plus ou moins pénible, est ce que l'on appelle *douleur*, et dont l'autre, toujours plus ou moins agréable, est ce que l'on nomme *plaisir*. Ce sont ces deux sensations qui sollicitent ou entraînent l'homme aux actes que réclament impérieusement les besoins de son organisation. Jetons un coup-d'œil sur les diverses circonstances où elles se développent.

Lorsque nous nous sommes livrés à un exercice trop violent ou trop prolongé, les muscles de la locomotion nous font éprouver une sensation douloureuse, qui résulte de la modification organique perceptible que des contractions trop

---

[1] Ce que l'on appelle *nerf grand sympathique*, n'est point un nerf particulier, indépendant de l'encéphale, mais bien un système de prolongemens qui appartiennent aux cordons postérieurs de la moelle épinière, avec lesquels ils sont unis dans les nœuds intervertébraux, et qui, outre qu'ils distribuent le principe de la vie aux viscères abdominaux et thoraciques, servent encore à nous transmettre les impressions que ces organes peuvent éprouver. Ils ne naissent point directement des ganglions; ces petits amas de matière nerveuse qu'ils trouvent sur leur passage, ne sont destinés qu'à les renforcer. Les nerfs respiratoires, qui proviennent des colonnes latérales de la moelle épinière, ne sont que des nerfs moteurs, et ne paroissent point concourir à la fonction perceptive.

actives y ont développée, et qui nous force au repos.

Après une déperdition considérable de sérosité, soit dans une transpiration trop abondante, soit dans un flux excessif d'urines, soit enfin dans des évacuations alvines liquides, fréquentes et copieuses, il naît dans la muqueuse pharyngienne une modification vitale perceptible, qui donne lieu à la sensation de la *soif*, et qui annonce le besoin des fluides aqueux. Le même phénomène se développe pendant ou après le repas, afin de provoquer l'ingestion des boissons qui doivent calmer la surexcitation que le contact des alimens a déterminée dans la muqueuse gastrique. Il a lieu aussi dans les phlegmasies viscérales, où il est urgent de prendre des boissons tempérantes, afin que le sang perde de sa propriété excitante par l'augmentation de sa sérosité. Pendant la satisfaction de ce besoin des organes, la modification pharyngienne change, et est remplacée par une autre, perceptible comme elle, et qui produit un sentiment de plaisir.

Lorsque l'organisation a épuisé la quantité de fluide nourricier que la digestion lui avoit fournie, le besoin de ce liquide réparateur produit dans les viscères gastriques une modification particulière qui, perçue par l'être intelligent, développe en lui la sensation de la *faim*, et le force à procurer à ses organes la substance nutritive qui leur est nécessaire.

Une autre sensation pénible est celle qui survient après la digestion, lorsque les excrémens et les urines sont accumulés en quantité trop considérable dans le rectum et la vessie, et qu'ils doivent en être expulsés. Les parois de ces deux organes sont alors irritées par la présence de ces produits excrémentitiels, et cette irritation perçue nous fait éprouver une sensation de douleur plus ou moins vive, qui nous force à nous en débarrasser.

Lorsque la respiration est trop long-temps suspendue, la muqueuse pulmonaire éprouve tout à coup une modification particulière, dont la perception fait naître en nous le sentiment d'un malaise inexprimable qui nous entraîne irrésistiblement au rétablissement de cette fonction. C'est même cette modification qui est l'excitant provocateur des mouvemens respiratoires; dès qu'elle cesse d'être transmise, comme on le voit dans les maladies mortelles, où l'appareil encéphalique est profondément lésé, sa perception n'a plus lieu, le besoin de respirer n'est plus senti, et l'être intelligent ne réagissant plus sur l'encéphale, les mouvemens des muscles respirateurs s'arrêtent, et la vie s'éteint. Aussi le ralentissement de la respiration dans les maladies graves est-il toujours d'un fâcheux augure, et l'avant-coureur d'une mort prochaine, en ce qu'il annonce le défaut de transmission, par une lésion encéphalique intense, de la modification pulmonaire qui nous fait sentir le besoin de respirer[1].

Lorsque les organes producteurs de la semence ont sécrété une quantité de ce liquide suffisante pour que l'acte de la génération puisse s'accomplir, le pénis éprouve le *mouvement d'érection* ; et la transmission de cette modification organique donne lieu à la sensation de plaisir qui excite au coït, et à tous les désirs qui la suivent, et qui sont ensuite dirigés par les lois morales et la raison.

Enfin, lorsqu'un dérangement plus ou moins grave survient dans notre organisation, l'or-

---

[1] Lorsque, par une lésion simplement nerveuse, il y a transmission d'une impression analogue à celle qui est relative au besoin réel de respirer, on est forcé de précipiter les mouvemens de la respiration, et il y a alors dyspnée sans affection pulmonaire ; ce que le stéthoscope fait facilement distinguer.

Lorsqu'au contraire, par un engorgement pulmonaire intense, comme dans la péripneumonie, les plexus nerveux sont comprimés, la modification organique liée au besoin de respirer n'est plus transmise, et ce besoin n'est plus senti. Si l'on interroge alors les malades, ils disent se trouver mieux, quoique les mouvemens de la respiration soient très-précipités, que le râle même se fasse entendre, et qu'ils soient près de mourir par suffocation. Les mouvemens du thorax sont alors instinctifs ou automatiques.

gane lésé , et souvent un plus ou moins grand nombre d'autres sur lesquels il agit d'une manière sympathique , éprouvent une modification perceptible ; et de là naissent les douleurs organiques locales ou générales , et ce malaise intérieur qui accompagne presque toujours une affection d'une certaine intensité. Ces sensations diverses avertissent l'homme des maux que son organisation éprouve , et lui font rechercher les moyens de les guérir et de les éviter.[1]

Remarquons ici l'utilité de la douleur dans les maladies, et l'harmonie qui règne , sous ce rapport, entre cette perception et la conservation de notre substance matérielle. Lorsqu'un organe est lésé , le repos lui est essentiel , tout mouvement lui seroit nuisible, et pourroit même lui devenir funeste. Or , c'est la douleur qui nous force à lui procurer ce repos si nécessaire , et à le placer dans la condition la plus favorable à la guérison du mal dont il est atteint. Ainsi, dans le rhumatisme , les contractions des muscles affectés sont douloureuses, parce qu'elles aggraveroient la lésion dont ils sont frappés , si elles

---

[1] Elles sont plus ou moins vives , dans les divers individus, selon que la transmission de la modification organique qui les produit est plus ou moins active ; ce qui explique les divers degrés de sensibilité qu'ils présentent dans des maladies identiques.

continuoient de s'exercer. Si dans l'entorse du pied nous pouvions marcher sans souffrir, nous nous livrerions à nos mouvemens ordinaires, l'engorgement des parties affectées deviendroit de plus en plus considérable, et il en résulteroit une maladie grave de l'articulation lésée, comme cela a souvent lieu dans ceux qui n'obéissent point à la douleur salutaire qui les engage au repos. Ces considérations peuvent s'appliquer à presque toutes les maladies que les mouvemens ne manquent jamais de rendre plus graves. On peut donc avancer que la douleur est, en général, utile à l'homme, en ce qu'elle lui donne la conscience de ses affections matérielles, que, sans elle, il seroit condamné à ignorer. C'est cette conscience qui le force à en étudier les causes, à en examiner le siége, et à rechercher les moyens prophylactiques et curatifs les plus efficaces. Sans elle, il ne s'apercevroit jamais des désordres qui surviennent dans ses organes, et, par conséquent, il ne pourroit y remédier. Son existence se trouveroit constamment compromise, et à son insu. Il ne s'apercevroit même point de la cessation prochaine de sa vie matérielle, ce qui pourroit avoir, pour lui, les suites les plus funestes.... Les lecteurs que la religion éclaire nous comprendront assez.

Puisque la douleur et le plaisir sont des perceptions, elles n'appartiennent donc point à la

II.   6

matière, et il ne peut y avoir dans les organes que les modifications perceptibles qui y donnent lieu. Il suit de là que la *sensibilité animale*, que l'on a attribuée à différentes parties de notre organisation, ne leur appartient point réellement. Nous rapportons à nos organes les sensations qu'ils nous font éprouver, comme nous rapportons les images produites par la vision ou les sensations auditives, aux corps qui nous réfléchissent la lumière ou qui nous transmettent le son; et cette opération intellectuelle, qui ne peut appartenir à la matière, est une nouvelle preuve qu'elle ne sent point. Cela est remarquable surtout dans le phénomène pathologique où le malade à qui l'on a amputé le pied, se plaint, pendant plusieurs jours, d'une douleur vive qu'il rapporte à la partie qui lui manque. Deux choses sont évidemment démontrées par ce fait, savoir : 1° que ce n'est point la matière qui *sent*, puisque la douleur persiste quoique la partie qui y donnoit lieu n'existe plus; 2° que l'être intelligent rapporte aux organes les sensations qu'ils lui font éprouver.[1]

Les perceptions internes varient selon les

---

[1] Dans cette circonstance, les troncs nerveux qui fournissoient des rameaux à la partie amputée conservent pendant un certain temps l'impression qu'ils en ont reçue, et le malade rapporte à cette partie, par l'effet de l'habitude, la douleur qu'il en ressent.

âges, les individus, les professions, les climats, les saisons, et l'état où se trouve l'organisme.

Dans l'enfance, la perception de la faim, celle de la soif sont très-vives ; l'activité de la transmission des modifications organiques qui les développent est proportionnée aux besoins de l'organisation, très-pressans à cet âge. La douleur y est aussi très-aigue ; l'enfance est l'âge de la foiblesse : elle ne peut pourvoir par elle-même à ses propres besoins ; il falloit donc qu'elle les perçût vivement, pour les exprimer de même, afin d'obtenir plus sûrement les secours dont elle ne peut se passer. Dans la jeunesse, la faim et la soif sont vivement perçues, comme dans l'enfance ; mais la perception prédominante est celle de la modification des organes génitaux qui excite au coït ; et c'est cette perception qui, lorsqu'elle n'est point réglée par la raison, et surtout par la morale, dans les actes qu'elle provoque, est la principale source de tous les désordres moraux qui se manifestent à cette époque orageuse de la vie. Dans la vieillesse, cette perception, si souvent funeste, s'éteint ; celles de la faim et de la soif s'affoiblissent aussi avec les besoins organiques qui les déterminent, et finissent par ne plus avoir lieu dans la décrépitude, parce que l'organisation, qui va bientôt se dissoudre, n'a plus besoin d'aliment.

Les individus qui exercent des professions pénibles, où de grands et fréquens mouvemens du corps sont nécessaires, perçoivent vivement la faim et la soif, parce que la perte considérable d'élémens organiques qu'ils éprouvent sans cesse exige une prompte réparation. On observe le contraire, par une raison opposée, dans ceux qui mènent une vie trop sédentaire.

Les individus chez lesquels le système utriculaire graisseux, très-développé, fournit au système absorbant une quantité considérable de matière nutritive, ressentent bien moins vivement la faim que les individus plus ou moins maigres, où tous les élémens nutritifs sont le produit de la digestion. Ceux dont le système cutané absorbe abondamment le fluide aqueux répandu dans l'atmosphère, éprouvent peu la sensation de la soif. Cette sensation est très-vive, à cause de la déperdition abondante des fluides dans les climats chauds, où celle de la faim est foible. C'est le contraire dans les climats froids, à cause de l'exhalation cutanée peu abondante, et de l'activité de la fonction digestive. Les mêmes variétés se font remarquer par rapport aux saisons.

Enfin, lorsque l'organisation est troublée, que l'excitation qui cause l'afflux du fluide nourricier seroit nuisible, qu'il faut, au contraire, que les mouvemens de l'organisation perdent de leur activité, la modification organique perceptible qui produit la faim n'a plus lieu, et celle, au contraire, qui annonce le besoin des liquides aqueux se développe.

La perception d'une modification organique interne est *une*; l'encéphale est *composé*, comme *substance matérielle*; ce n'est donc point lui qui l'exerce, mais bien un être *simple*, et par conséquent *immatériel*.

Nous ne pouvons ressentir à la fois le plaisir et la douleur, ni deux plaisirs, ni deux douleurs simultanés; plusieurs impressions différentes, déterminées par autant de modifications organiques diverses, ne donnent lieu qu'à une seule sensation, agréable ou pénible, et qui est toujours produite par l'impression la plus vive, ou par celle qui est la plus sensible selon la nature de l'organe où elle a lieu; ce n'est qu'en fixant notre attention sur chacune d'elles en particulier, que nous pouvons les percevoir d'une manière isolée: nouvelles preuves que ces perceptions n'appartiennent point à l'organe cérébral, car, étant *composé*, il devroit ressentir à la fois toutes ces modifications organiques, et il n'y auroit point de raison pour qu'il perçût celle-ci préférablement à celle-là.

ARTICLE VII.

Coup-d'œil général sur les perceptions.

Telles sont les fonctions perceptives au moyen desquelles nous convertissons en images ou en sensations les impressions que nous recevons du dehors, ou qui proviennent de l'intérieur même de notre organisme, et les merveilleux appareils qui nous transmettent ces impressions. Mais comment des prolongemens encéphaliques de même nature peuvent-ils donner lieu à des perceptions si diverses? Comment les impressions qu'ils reçoivent deviennent-elles au-dedans de nous des perceptions?

Le fluide qui agit sur le sens de la vue est composé de sept élémens principaux, qui, lorsqu'ils l'impressionnent isolément, donnent lieu à la perception des couleurs primitives; et ces élémens, en se combinant entre eux de mille manières, donnent lieu à des fluides composés qui, par leur action sur la rétine, nous font percevoir toutes les couleurs secondaires dont les corps se trouvent revêtus. Mais, en dernière analyse, tout se borne, dans cette membrane nerveuse, à des mouvemens moléculaires déterminés par le fluide lumineux.

Les différentes impressions que font les corps

extérieurs sur notre système cutané ne sont aussi que des mouvemens imprimés aux molécules nerveuses qui entrent comme élémens dans nos appareils du tact et du toucher.

Les vibrations des corps sonores, qui produisent des sons si variés, et par leur force, et par leur ton, et par leur timbre, se réduisent toutes à des impulsions vibratiles imprimées à la membrane du tympan, et par elle à la liqueur dans laquelle flottent les divisions du nerf acoustique.

Il en est de même des impressions qu'éprouvent la membrane nasale, celle qui revêt la langue, et les nerfs sensitifs internes, de la part des molécules des substances odorantes, de celles des corps sapides, et des modifications organiques perceptibles.

En un mot, nous n'apercevons et nous ne pouvons concevoir que du mouvement dans les appareils transmetteurs des impressions externes ou internes qu'éprouve notre organisation ; et ce mouvement, de quelque manière que nous le considérions, ne peut varier, comme nous l'avons dit dans nos *Prolégomènes*, que dans sa direction ou son intensité. Si donc il constituoit réellement l'action perceptive, et si l'encéphale, où il se concentre, étoit l'agent essentiel de cette fonction, il est évident que toutes nos perceptions seroient identiques, et ne différeroient les unes des autres que par la promptitude de leur développement; car les effets d'un mouvement quelconque ne varient entre eux, et ne peuvent varier, que par leur degré de rapidité.

Les variétés de nos perceptions démontrent donc incontestablement que ce n'est point l'organe cérébral qui les exerce. Et si nous ajoutons que ces perceptions sont *simples*, qu'elles sont volontaires, etc. (Voyez nos *Prolégomènes*), nous serons pleinement convaincus qu'elles appartiennent à un être immatériel.

Faisons suivre ces démonstrations de quelques observations propres à les rendre encore plus évidentes, s'il est possible.

L'attention est indispensable à la perception; celle-ci est d'autant plus vive, plus exacte, que la première est plus forte, plus long-temps soutenue[1]. Ces deux fonctions, si intimement liées entre elles, ou, pour mieux dire, dont l'une n'est qu'une modification de l'autre, appartiennent donc à un même agent. Mais l'attention n'est point une fonction matérielle; donc l'être qui est attentif, et qui perçoit en nous, n'est point non plus un être matériel.

Remarquez encore que nous pouvons demeurer insensibles à la vue des objets qui nous frap-

---

[1] Voilà pourquoi les aveugles, qui ne sont point distraits par les impressions lumineuses, ont l'ouïe et le toucher si exquis.

pent le plus, à des impressions tactiles qui agissent vivement sur notre système cutané, aux sons les plus éclatans, aux odeurs les plus pénétrantes, aux saveurs les plus vives, à la douleur même, et cela en portant ailleurs notre attention.

Ainsi, après avoir habité pendant quelque temps dans un lieu où tout nous surprenoit, nous ravissoit, nous finissons par ne plus *voir* les objets qui nous avoient d'abord si vivement frappés. Ainsi, dans la méditation profonde, nous ne sentons point l'impression des objets extérieurs sur notre appareil du tact; le bruit le plus fort ne sauroit même nous distraire; dans un lieu où il y a un grand rassemblement, nous pouvons fixer intérieurement notre attention sur un objet, et ne rien entendre de ce qui se dit autour de nous; nous pouvons même ne plus percevoir un grand bruit qui s'opposoit à notre repos, et dormir paisiblement au milieu d'un tumulte, en l'oubliant. Enfin nous pouvons, par une préoccupation profonde, ne sentir ni les odeurs, ni les saveurs, ni l'aiguillon de la faim, ni les ardeurs de la soif, ni même une douleur vive qui, peu auparavant, nous étoit insupportable.

Cependant, dans toutes ces circonstances, nos appareils sensitifs ne sont point changés, leur structure est la même; ils sont susceptibles des mêmes impressions; ils les reçoivent même comme auparavant, et les transmettent avec la même fidélité. Pourquoi donc la perception se trouve-t-elle affoiblie ou suspendue? Si c'est l'encéphale qui perçoit, pourquoi alors ne perçoit-il plus, lui qui ne peut, comme matière, se dérober aux impressions extérieures?... C'est que, outre cet instrument, il y a au-dedans de nous un être qui s'en sépare à son gré, qui s'isole, qui accueille ou refuse, quand il lui plaît, les impressions qui lui sont transmises; et cet être, c'est l'*être immatériel*, l'*être intelligent*, qui peut seul percevoir ce qui l'entoure, comme il peut seul comparer et juger.

Mais comment s'effectuent ses perceptions? Comment transforme-t-il en sensations, et en sensations si diverses, les impressions qu'il éprouve, les mouvemens matériels qui lui sont transmis? comment se les attribue-t-il? par quel mécanisme secret les saisit-il, s'en empare-t-il de manière à se les rendre propres? en un mot, comment sent-il?.... Humilions-nous devant un si profond mystère, et adorons dans un religieux silence les desseins de l'*Intelligence suprême*, à qui il a plu de nous le voiler.

CHAPITRE DEUXIÈME.

DE LA COMPARAISON ET DU JUGEMENT.

Après que l'homme a perçu plusieurs impressions extérieures, qu'il a rendu ses perceptions complètes par l'*attention*, qui n'est que la considération plus ou moins prolongée des objets perçus, il les compare les unes aux autres, c'est-à-dire qu'il les considère successivement, afin de bien saisir les rapports de similitude ou de différence qui existent entre elles. Souvent même, pour que la comparaison soit plus exacte, et que l'appréciation de ces rapports soit plus parfaite, ou même pour en découvrir de nouveaux ou pour en former des combinaisons nouvelles, il porte alternativement et à plusieurs reprises son attention sur les objets de ses perceptions, de manière qu'elle est réfléchie, pour ainsi dire, des unes sur les autres : sorte de comparaison qui porte, par cela même, le nom de *réflexion*.

Le résultat de l'acte comparatif suffisamment prolongé, est le discernement des qualités ou des propriétés des objets comparés entre eux, de ce qui les distingue et de ce qui les rapproche les uns des autres, ou de *jugement* de ce qu'ils sont par rapport aux autres objets dont ils diffèrent ou auxquels ils ressemblent, en un mot, toute la connoissance que nous pouvons acquérir de ces objets, c'est-à-dire l'*idée* qu'il est permis d'en concevoir à notre intelligence. Si nous combinons entre eux plusieurs jugemens pour en déduire une conséquence, nous formons ce que l'on appelle en logique un *raisonnement*.

Il est aisé de sentir d'après cela que la justesse du jugement est entièrement sous la dépendance de la fonction comparative ; ce qui explique toutes les variétés qu'il présente, et selon les âges, et selon les individus.

Dans l'enfant, toutes les perceptions sont vives ; mais, entraîné par le besoin de connoître, il passe des unes aux autres avec une extrême rapidité ; la *distraction* est le caractère qui le distingue. Tous les objets qui l'entourent le charment et l'attirent successivement. Son attention, jamais assez prolongée pour percevoir tous les élémens sur lesquels son jugement doit s'exercer, rend sa comparaison incomplète ; et, par ce seul effet, inhabile à distinguer les rapports de différence qui existent entre les êtres, il leur attribue à tous des propriétés ou des qualités identiques, en un mot, il *généralise* constamment. Or, cette généralisation, fondée sur de trompeuses analogies, et qui est propre aux peuples encore dans l'enfance, bien différente de celle qui est le résultat de la connoissance exacte de rapports réels et qui n'appartient qu'à une intelligence exercée, est presque toujours fausse, et remplit son esprit d'erreurs.

Mais, à mesure qu'il puise des lumières dans l'expérience, qu'une attention plus prolongée, une comparaison plus *réfléchie*, plus exacte, lui font apercevoir les rapports qu'il avoit méconnus, son jugement se rectifie, et les objets qui lui offroient entre eux le plus de ressemblance se montrent tels qu'ils sont réellement, c'est-à-dire avec toutes leurs différences respectives.

Remarquez sur ce point que les progrès de l'enfant dans la rectification de ses idées ne suivent pas ceux de son organisation. Un enfant peut, dans un temps très-court, apprendre une quantité de vérités disproportionnée avec l'accroissement ou le développement de son encéphale dans le même espace de tems. Deux enfans du même âge, dont l'un sera soigneusement élevé, et dont l'autre demeurera livré à lui-même, offriront, au bout d'un temps, même assez court, une différence immense sous le rapport de leurs facultés intellectuelles; tandis qu'ils ne différeront l'un de l'autre en aucune manière par leur appareil nerveux intra-crânien.

Tout cela ne prouve-t-il pas que la faculté de penser n'appartient point à la matière encéphalique? [1]

Mais pourquoi, dira-t-on, l'intelligence dans l'enfance n'est-elle pas aussi parfaite que dans l'âge adulte? pourquoi l'être à qui elle appartient ne développe-t-il pas tout-à-coup les facultés dont il est doué, puisque sa nature ne peut changer, et que ses facultés ne tiennent point à un état organique? Voici la réponse à cette question.

L'intelligence de l'enfant ne se développe que par la parole communiquée. Mais cette communication ne peut s'effectuer que d'une manière graduelle; d'abord parce que la parole, étant composée d'un grand nombre d'élémens, elle ne peut lui être transmise en un seul instant dans son ensemble; en second lieu, parce qu'il faut qu'il emploie un certain temps à graver dans sa mémoire ces mêmes élémens; enfin, parce qu'il est essentiel, pour qu'il puisse les reproduire, se les approprier, se les représenter à lui-même, et penser par leur secours, que son appareil du

---

[1] Cette matière ne s'accroît que par le secours des alimens; Or, les alimens n'ont rien en eux-mêmes qui ait quelque rapport avec la pensée; donc ils ne peuvent contribuer à son développement; donc la faculté de penser existe dans l'enfant indépendamment de l'encéphale et n'en provient point; donc elle appartient à un autre être, qui exerce ses facultés à mesure que ses instrumens matériels se perfectionnent.

langage articulé soit développé par la nutrition
d'une manière complète, et ait acquis par l'exercice la régularité d'action qu'il doit posséder.
Voilà pourquoi l'intelligence de l'enfant ne peut
se manifester que par degrés, comme sa parole
qui en est la source, et pourquoi il est impossible
qu'il puisse, en entrant dans la vie, se montrer
tout-à-coup *intelligent*.

Mais remarquez combien ce développement
tardif de l'entendement humain étoit nécessaire
à la vie sociale, au bonheur et même à l'existence de l'homme. L'enfant naît foible; il a besoin des soins paternels et maternels. Si donc
il avoit toute sa raison au moment de sa naissance, s'il pouvoit en arrivant à la lumière comprendre, sentir, désirer, et vouloir, d'abord il
ne seroit pas susceptible d'éducation ; il n'y auroit ni amour filial, ni amour paternel, et par
conséquent, aucun lien dans les familles. En
second lieu, comme son organisation ne seroit
point proportionnée à ses facultés morales, il
s'ensuivroit nécessairement qu'il formeroit sans
cesse des désirs qu'il ne pourroit satisfaire, et des
déterminations qu'il ne pourroit accomplir; de là
la vie la plus douloureuse et la plus pénible qui
se puisse imaginer. Constamment livré à l'impatience, l'aigreur formeroit son caractère; la
jalousie, la colère l'agiteroient sans cesse, il
éprouveroit un dégoût continuel de la vie, et son

organisation, si frêle encore, ne tarderoit pas à succomber sous de si violentes agitations. Nous devons donc admirer comme un bienfait du Créateur, le développement graduel de l'intelligence humaine, au lieu de vouloir y trouver une preuve de la matérialité de l'être qui en jouit.

Le perfectionnement du jugement, qui n'est jamais complet, même après la vie la plus longue, parce qu'il y a toujours dans les êtres de nouveaux rapports à découvrir, est plus ou moins tardif, selon les individus, par les mêmes causes qui s'y opposent dans l'enfance. La vivacité de certaines perceptions qui attirent l'attention d'une manière exclusive, et qui font que les autres demeurent inaperçues, ou bien leur inexactitude par une attention trop peu soutenue, une comparaison habituellement trop rapide, un défaut de réflexion, sont autant de causes qui s'opposent à la justesse des idées. C'est ce que l'on voit chez les individus qui ne considèrent les objets que sous certains rapports qui les frappent, chez ceux que l'on nomme *distraits*, dont rien ne peut fixer l'esprit, et qui passent continuellement et avec rapidité d'une perception à une autre ; tandis qu'au contraire ceux qui étudient soigneusement les objets sous toutes leurs faces , qui les comparent avec exactitude , qui *réfléchissent*, ceux surtout qui sont *abstraits*, que rien ne peut distraire de leurs réflexions profondes, apprécient avec exactitude tous les rapports des choses , et se font remarquer par la rectitude de leur jugement[1].

Toutefois cette appréciation est assez rare parmi les hommes, et le plus souvent leurs jugemens sont faux; et comme la folie consiste essentiellement dans des erreurs de ce genre, il en résulte nécessairement qu'il y a dans l'espèce humaine beaucoup moins de sages que de fous.

Mais on ne fait consister la folie que dans des écarts d'une imagination exaltée , et l'on ne tient aucun compte de ceux de l'action de comparer et de juger ; ainsi, comme l'a fait observer M. de Bonald, un homme qui nie Dieu contre l'évidence , qui refuse de croire à l'immortalité de l'âme, ne passera point pour fou, il pourra même être réputé *savant*, faire partie de toutes les sociétés littéraires de l'Europe, occuper un siége à l'*institut*, tandis que celui qui nieroit l'existence du soleil, qui n'est pas plus évidente que celle de l'*Être suprême*, et de l'être immatériel qui constitue l'homme , seroit renfermé à Bi-

---

[1] On a dit que les maniaques n'étoient pas susceptibles d'attention (*Nouv. Bibl. médic.*, juillet 1825, p. 334), c'est une erreur; ils sont peu attentifs à ce qui les entoure, parce qu'ils sont dominés par une idée exclusive; ils sont peu attentifs parce qu'ils le sont trop.

II 7

cètre ou à Charenton. Cela vient de ce que les erreurs du jugement sont communes à tous les individus de l'espèce humaine, et, par conséquent, peu aperçues, tandis que celles de l'imagination, plus rares, plus isolées, et, par cela même, plus saillantes, frappent davantage les esprits. Celui qui juge, au mépris de l'expérience, que les dons de la fortune font le bonheur, qui brûle du désir de les posséder, celui aussi que l'ambition dévore, font un aussi grand écart de raison, ne sont pas moins fous que celui qui croit posséder tout l'or du monde. Mais comme ces désirs sont communs à tous, et que tous, nous avons à peu près les mêmes idées sur la fortune et les honneurs, ce jugement ne peut nous surprendre, et nous ne pouvons voir de la folie dans un sentiment et dans des désirs que nous partageons.

L'appréciation prompte des rapports des choses est l'apanage de certains individus. Ils possèdent ce que l'on appelle la *pénétration*, comme si l'on avoit voulu exprimer par là la faculté d'un être subtil qui pénètre dans la profondeur des êtres, qui en sent promptement les différences ou les similitudes, et qui les distingue ou les rapproche les uns des autres avec la plus grande sagacité. Cette pénétration, plus ou moins rapide, plus ou moins parfaite, s'acquiert par l'habitude de la comparaison exacte, et de l'appréciation sévère des qualités ou des propriétés des corps ; souvent aussi elle est naturelle et innée.

Il est des individus qui découvrent rapidement des rapports qui n'avoient point encore été aperçus. Lorsque ces rapports sont importans pour la vie sociale, ces individus possèdent ce que l'on nomme l'*esprit inventif;* il varie avec les professions diverses. Lorsque cette faculté ne s'étend qu'à des objets de peu d'importance, et qui ne sont point d'une utilité générale, ils ont ce que l'on appelle simplement de l'*esprit.*

Considérée relativement aux objets sur lesquels elle s'exerce, la pénétration présente dans les divers individus, des variétés très-remarquables. Ce sont ces variétés qui constituent les dispositions individuelles pour tout ce qui est relatif à l'entendement humain; dispositions qui se trouvent en harmonie avec la vie sociale, et sans lesquelles l'espèce humaine ne sauroit exister[1]. Remarquez, en effet, que c'est sur les variétés de ces dispositions intellectuelles, variétés

---

[1] Ces variétés intellectuelles établissent une différence immense entre l'homme et les animaux, et en démontrent évidemment une de nature. Chaque animal possède les facultés de l'espèce à laquelle il appartient, parce qu'il n'a rien à attendre de ses semblables, et qu'il doit vivre *isolé.* Les individus de l'espèce humaine, au contraire, diffèrent les uns des autres sous le rapport de leurs facultés, parce qu'ils doivent s'entr'aider, et qu'ils sont nés pour la vie sociale.

qui déterminent les penchans des individus pour les professions avec lesquelles elles se trouvent en rapport, qu'est fondé l'édifice du corps social. Sans elles, ce merveilleux assemblage des intelligences terrestres ne tarderoit pas à se dissoudre, ou plutôt n'auroit jamais pu s'établir. Il ne faut donc point les attribuer exclusivement à des variétés d'organisation, dont rien, au reste, ne démontre l'existence réelle, c'est-à-dire, à la structure diverse, dans les individus, de l'appareil encéphalique, qui ne peut y influer que comme instrument de transmission intérieure et de manifestation ; mais, portant plus haut nos regards, nous devons les rattacher au plan de l'Intelligence suprême, qui en a formé une des sources de la vie sociale, et, par conséquent, ne point les séparer des intelligences qu'il lui a plu de réunir, et à qui seules elles peuvent appartenir puisqu'elles tiennent à leur nature. Si elles se montrent quelquefois héréditaires et en harmonie avec les ressemblances physiques, cela ne provient que de la liaison intime qui existe entre l'être intelligent et son organisation, et qui fait que telles conditions matérielles sont nécessaires pour l'exercice de telles facultés [1].

---

[1] On a considéré comme un indice certain d'une intelligence très-développée, le volume de l'appareil encéphalique. Voulant apprécier rigoureusement la valeur de cette opinion,

La perfection de la comparaison et du jugement, la justesse et le nombre des idées qui en sont les produits, varient selon les climats ; non point que cette influence agisse physiquement et directement, comme on l'a dit sur les instrumens des fonctions intellectuelles, et que l'organe cérébral, dans tel ou tel peuple, soit plus développé, plus parfait que dans tel autre, mais seulement en entravant ou en favorisant plus ou moins l'exercice de ces fonctions. Dans les climats chauds, par exemple, où un soleil brûlant énerve les forces physiques et condamne

---

nous avons fait construire deux instrumens pour mesurer sur le vivant, par l'un, l'angle facial chez les divers individus, et, au moyen de l'autre, les différens diamètres de la tête. Les résultats de nos observations nous ont démontré que l'angle facial, et le volume du cerveau estimé d'après les différens diamètres du crâne, n'influent nullement sur l'intelligence humaine. Nous avons observé aussi qu'en général le peu d'ouverture de l'angle facial étoit compensé par l'étendue de l'encéphale dans une autre direction (ce qui prouve que la partie antérieure de cet appareil n'est point le siége de l'intelligence comme le disent les matérialistes), et que la petitesse d'un diamètre l'étoit par la grandeur du diamètre opposé ; ce qui démontre que l'encéphale a, à très-peu de chose près, le même volume dans tous les individus de l'espèce ; d'où il faut nécessairement conclure que les variétés qu'ils offrent sous le rapport des facultés intellectuelles, ne proviennent point de leur appareil nerveux.

Nous sommes loin pourtant d'avancer que l'intelligence

au repos , et où , par conséquent, la vie intellectuelle, qui nécessite le concours des mouvemens du corps, est peu active, la comparaison et le jugement ne s'exercent que dans un
cercle d'objets très-rétréci, les idées sont peu
nombreuses ou peu variées ; et cette torpeur
morale , entretenue d'ailleurs par les institutions
politiques et religieuses les plus défavorables au
développement de l'esprit humain , le despotisme et la superstition , fait que les peuples infortunés qui habitent ces régions languissent
dans une éternelle enfance[1].

---

puisse se manifester sans cet appareil; les fœtus acéphales,
et les idiots par un défaut de développement du cerveau, seroient là pour nous démentir. Mais nous soutenons que,
puisque le volume d'un organe ne peut influer sur la nature
de ses produits fonctionnels, mais seulement sur leur quantité absolue, comme le démontre l'observation des faits physiologiques, celui de l'encéphale, cet appareil étant supposé
complet dans ses élémens, ne peut nullement influer sur l'intelligence qui se manifeste dans la variété des idées. Nous
soutenons que ce même appareil n'en est point l'agent essentiel, que ce n'est point en lui qu'elle réside, qu'il ne la possède point, qu'il n'en est qu'une condition matérielle, dont
les rapports, à la vérité, nous sont inconnus, mais dont
mille faits incontestables montrent clairement les limites
(Voyez nos *Prolégomènes*, ch. IV.)

[1] Ce qui prouve que le peu de développement de leur intelligence ne tient point à des causes organiques, c'est que
les individus que des circonstances particulières transplantent

Il en est de même dans les climats hyperboréens, où les objets d'observation sont très-peu variés, où de longues nuits et la neige les dérobent aux regards de l'homme, où un froid long et rigoureux retient presque continuellement cet être dans les asiles souterrains qu'il se creuse, où une nature avare lui refuse presque l'aliment, où enfin son intelligence n'a le temps que de s'exercer pour la satisfaction des besoins les plus pressans de la vie ; les idées des peuples qui les habitent sont peu nombreuses, et leur entendement est très-borné.

Mais il n'en est point ainsi dans les régions tempérées, où l'organisation jouit de toute son activité que rien ne limite, où les productions les plus variées, l'abondance de tout ce qui est nécessaire à la vie, provoquent et favorisent l'exercice des fonctions de l'entendement. Cela est surtout remarquable dans les climats tempérés de l'Europe où l'homme vit sous les influences prospères de la religion la plus pure, des institutions politiques les plus sages et d'une précieuse liberté. Aussi les habitans de ces régions fortunées marchent-ils à la tête de la civilisation, et doivent-ils être considérés comme le véritable type de l'espèce.

------

dans des climats plus heureux, donnent, au bout d'un certain temps, les mêmes preuves d'intelligence que les peuples les plus favorisés.

Ces considérations montrent la cause des différences que présentent entre eux sous le rapport de l'exactitude et du nombre des idées , les
individus qui vivent habituellement isolés et dans
des limites étroites, et ceux qui se trouvent au
centre des sociétés et au milieu d'un vaste champ
d'observation ; les habitans des campagnes , et
ceux des villes ; ceux qu'une éducation soignée à
accoutumés de bonne heure à comparer exactement et à juger avec justesse, et ceux qui, livrés
à eux-mêmes, n'ont pu rectifier leurs erreurs

Le régime influe aussi sur le jugement ; une
nourriture trop abondante , l'abus des mets trop
succulens s'opposent à l'exercice de la pensée.
En effet, l'agent de transmission des impressions perceptibles pénétré de trop de sucs , s'engorge et ne remplit plus exactement ses fonctions.
Tout le monde sait qu'après un repas trop abondant on est impropre à l'étude , que les gens de
lettres sont obligés, dans un travail soutenu , de
supprimer de leurs alimens , et que les grandes
pensées des philosophes chrétiens sont nées dans
l'abstinence.

Quoique les matérialistes considèrent le cerveau comme l'agent exclusif des fonctions intellectuelles , ils n'ont point encore déterminé
quelle est la partie de ce viscère qui exerce la
comparaison et le jugement. Toutefois, ils me-
surent l'activité de ces fonctions et l'étendue de

l'intelligence, sur le volume de cet organe, sur le nombre de ses circonvolutions, et la profondeur des enfoncemens qui les séparent. Cependant ils ne devroient point ignorer que les variétés du volume d'un organe ne peuvent influer que sur la masse de son produit, et n'en changent nullement la nature, et que, par conséquent, si celles de l'encéphale agissoient sur les idées, ce ne pourroit être qu'en modifiant leurs dimensions ; conséquence absurde qui démontre évidemment que ce n'est point là la source des variétés de l'intelligence humaine.

Au reste, nous savons positivement que ce n'est point lui qui compare, qui juge, et que s'il agit dans la pensée, ce ne peut être que comme un simple instrument de transmission intérieure et de manifestation [1].

---

[1] Cet instrument, parce qu'il est matière, se lasse après une action trop soutenue, comme le muscle après des contractions trop violentes ou trop prolongées. Mais cela ne prouve point que c'est lui qui pense, car si cela étoit, il devroit à la suite d'un exercice forcé tendre au repos comme tous les autres organes, et se refuser à la pensée. Mais il n'en est point ainsi, et tandis que la douleur s'y manifeste, la volonté de l'*Être intelligent* ou de l'homme, qui est libre, agit avec la même énergie, comme on le voit dans les efforts soutenus que font les gens de lettres pour résister au sommeil ; ce qui démontre évidemment dans l'homme l'existence de deux êtres, l'un *matériel* et, par conséquent, soumis à toutes les lois de la matière, et l'autre *immatériel* qui s'en montre entièrement indépendant.

CHAPITRE TROISIÈME.

DE LA MÉMOIRE.

—

Si les fonctions dont nous venons de nous occuper font naître les idées, la mémoire les reproduit; et cette faculté, qui est une des preuves les plus incontestables de l'immatérialité de l'homme, puisqu'elle s'exerce indépendamment de toute impression matérielle, et sur des élémens entièrement étrangers à la matière (Voyez *Prolég.*, chap. 3, art. 1ᵉʳ, § IV), n'est pas moins essentielle à sa pensée que la comparaison et le jugement.

Comment, en effet, l'homme pourroit-il jouir de ce noble attribut, s'il ne pouvoit rappeler à son esprit ni ses perceptions, ni ses idées? Comment pourroit-il même former les unes et les autres, s'il n'avoit la faculté de se ressouvenir? N'est-il pas évident que ses perceptions disparoissant aussitôt qu'elles seroient formées, et ne laissant point de traces, il ne pourroit ni comparer, ni juger, en un mot, qu'il ne pourroit penser. Or, puisque sans cette faculté il ne peut y avoir ni vie sociale, ni vie individuelle, il faut nécessairement en conclure que la mémoire, qui y est intimement liée, ou plutôt qui n'est que la pensée s'exerçant sur des perceptions déjà produites ou des idées déjà conçues, tient sous sa dépendance toute la vie de l'homme, qui sans elle ne pourroit exister.

Un autre pouvoir important que possède la mémoire, c'est celui de le faire vivre dans le passé, et de doubler ainsi son existence. L'homme, en effet, enchaîne par son secours le temps qui s'enfuit, s'en rend ainsi le maître, et peut le rappeler au gré de ses désirs. Il peut joindre à chaque instant les événemens passés à sa vie présente ; et comme celle-ci lui échappe sans cesse, que sans cesse aussi son avenir diminue, et que le passé s'en agrandit d'autant, il en résulte que sa vie, par la mémoire, prend de plus en plus d'étendue, jusqu'à ce qu'enfin l'avenir s'évanouisse, que le temps s'arrête, et que l'éternité commence.

Aussi plus l'homme se rapproche de sa fin dernière, plus il trouve de charmes dans ses souvenirs qui finissent par former toute son existence.

Au reste, les douceurs de la mémoire sont senties par tous les hommes, parce que, pour tous, le passé entre comme élément dans la vie. Si nous éprouvons un si vif plaisir en revoyant les lieux qui ont été long-temps notre demeure, c'est qu'ils font naître au-dedans de nous mille souvenirs. Si le sol natal nous est si cher, c'est que tout nous y rappelle nos premiers jours, et nous fait revivre dans un temps qui n'est plus. Si nous ressentons une sorte de douleur lorsque nous sommes témoins de la destruction d'un ancien monument dans le lieu qui nous vit naître, c'est que nous voyons s'évanouir avec lui mille idées du passé qui nous charmoient. Notre cœur palpite de joie à la vue d'un compatriote que nous retrouvons dans un lieu lointain, parce qu'elle nous rappelle tout-à-coup une foule d'é-vènemens de notre vie. L'attachement que nous conservons pour nos anciens meubles, pour tout ce qui a été témoin des jeux de notre enfance, n'a pas d'autre source; et si l'habitant du Vésuve n'abandonne point un sol dangereux pour chercher ailleurs une plus sûre demeure, c'est parce qu'il n'y trouveroit point ses souvenirs.

De même que la comparaison et le jugement, la mémoire offre des variétés remarquables selon les âges, et les divers individus.

Dans l'enfant, où toutes les impressions sont vives, que le présent occupe sans cesse, la mémoire ne s'exerce guère que sur des perceptions ou des idées récentes; rarement le souvenir du passé se réveille-t-il dans un esprit continuellement agité par des impressions nouvelles.

Il en est à peu près de même dans la jeunesse, où des sensations d'une autre nature, mais non moins vives, ne donnent à l'âme aucun relâche, et ne l'empêchent que trop souvent de porter ses regards en arrière, de considérer les évènemens qui se sont succédés, le temps qui n'est plus, et de profiter des leçons de l'expérience.

L'homme mûr sent, de temps à autre, toutes les vanités des projets ambitieux qui le captivent. Fatigué de désirer sans cesse, il porte quelquefois ses regards sur l'avenir; mais, épouvanté par son incertitude, il se réfugie souvent dans le passé, où il trouve, dans les plaisirs de son enfance ou de sa jeunesse, des souvenirs qui charment les rigueurs ou l'ennui du présent.

Mais ces souvenirs sont encore plus précieux pour la vieillesse. A cet âge, en effet, l'homme ne jouit presque plus du présent, soit à cause du peu de vivacité de ses perceptions et des sensations qu'il éprouve, soit parce que, éclairé par le temps sur les vanités terrestres, il fixe moins son attention sur ce qui l'entoure. L'horison de l'avenir, au lieu de s'étendre et de fuir devant lui comme dans la jeunesse, où l'imagination se plaît à en reculer les limites, se rétrécit continuellement à ses yeux. Il ne reste donc plus pour lui que le passé, aussi y pense-t-il sans cesse, et ne vit-il, pour ainsi dire, que dans le temps qui n'est plus.

La mémoire est plus ou moins sûre dans les divers individus, selon que leurs perceptions sont plus ou moins vives, plus ou moins fréquemment renouvelées, et leurs idées plus ou moins exactes et plus ou moins nettes. Elle est susceptible de perfectionnement par l'exercice, et l'on peut lui donner une grande fidélité en disposant les idées conçues dans un ordre tel qu'elles soient intimement liées les unes aux autres, qu'elles forment une chaîne continue dont toutes les parties se trouvent dans une dépendance mutuelle, et en établissant dans cette chaîne des points principaux qui aient des rapports entre eux, et avec toutes les divisions secondaires ; de sorte qu'un seul de ces points puisse rappeler à l'esprit non-seulement ceux qui s'y rattachent, mais encore les divisions secondaires qui viennent y aboutir. C'est la mnémonique naturelle, la mémoire des esprits méthodiques, qui peut seule former les savans.

Si les perceptions et les idées influent sur la mémoire, celle-ci à son tour agit sur la comparaison et le jugement. En effet, plus elle est fidèle, plus nous comparons avec exactitude et nous jugeons avec discernement, et bien souvent nous ne déduisons de nos raisonnemens des conséquences fausses, que parce que notre mémoire manque de fidélité.

La mémoire influe encore sur le jugement d'une autre manière; elle rappelle à notre esprit les évènemens passés, elle multiplie nos objets de comparaison avec les choses présentes, et nous rend susceptibles de recevoir les leçons si précieuses du temps.

Quelle part l'organe cérébral prend-il à l'exercice de cette fonction intellectuelle? et, en supposant qu'il y concoure, quelle est la partie de ce viscère qui y agit? Sont-ce ses lobes antérieurs, comme quelques observations d'anatomie pathologique sembleroient autoriser à le croire? et, de cette partie de l'encéphale, est-ce la substance corticale ou la médullaire qui s'y montre en activité? Quel est, dans tous les cas, le mode d'action de la partie agissante? Ce sont là autant de questions auxquelles on ne répondra sans doute jamais d'une manière positive. Qu'il nous suffise de savoir que, de même que dans les autres facultés intellectuelles, le cerveau ne peut être ici qu'un instrument de notre intelligence, que c'est à cette intelligence qu'appartient essentiellement et exclusivement la mémoire, et que cet organe ne peut par lui-même se *ressouvenir* (Voyez nos *Prolégomènes*, chap. 3, art. 1ᵉʳ, § IV).

CHAPITRE QUATRIÈME.

DE L'IMAGINATION.

CETTE fonction, qui consiste à combiner entre elles des perceptions ou des idées pour en créer des peintures neuves, brillantes ou agréables, et qui flattent notre esprit ou notre cœur, est infiniment précieuse pour la vie morale de l'homme.

En effet, à proprement parler, le présent n'a point d'existence réelle :

« Le moment où je parle est déjà loin de moi. »

Il n'y a dans la vie humaine que le passé et l'avenir, dont l'un va toujours croissant, tandis que l'autre diminue sans cesse. Nous avons vu dans l'article précédent combien le passé avoit pour nous de charmes; nous n'en trouvons pas moins dans l'avenir, et, si nous vivons de souvenir, nous ne vivons pas moins d'espérance : de manière que rappeler dans notre esprit des idées conçues, et faire naître dans notre cœur des espérances toujours nouvelles, en un mot, nous ressouvenir et espérer, composent toute notre existence. Or, si c'est par la mémoire que nous rendons présente notre vie passée, c'est par l'imagination que nous embellissons notre avenir.

Que seroit devenu l'homme sans cette faculté précieuse, au milieu de tous les orages de cette vie? Qui l'auroit soutenu dans toutes les angoisses qu'il devoit y éprouver, s'il n'avoit trouvé dans les douces illusions dont elle le berce et dans la consolante espérance qu'elle fait naître dans son cœur un remède à toutes ses infortunes? Voyez celui qu'un sort rigoureux a frappé; le désespoir d'abord l'accable, il succombe sous le poids du malheur. Mais bientôt l'imagination vient colorer, embellir l'avenir, dont elle fait disparoître toutes les teintes sombres. Alors l'espérance allume son flambeau; l'infortuné la suit; elle lui montre un bonheur souvent chimérique, mais dont l'image suffit pour calmer ses angoisses, et rendre la paix à son cœur.

Que ne doit point à son imagination celui qu'un mal cruel entraîne vers une fin prochaine! Plein de terreur à la vue de la mort qui s'avance, ayant l'âme déchirée par l'idée de tant de doux liens qu'il faut briser, qui pourroit peindre tous les tourmens qu'il éprouve, et qu'exaspère encore la vue des objets chéris dont il faut pour toujours se séparer?... Qui donnera à son âme des consolations efficaces, et l'aidera à supporter la douleur? La religion sans doute; car elle verse sur tous les maux un baume salutaire; mais souvent, hélas! malgré ce secours, l'homme reste dans sa foiblesse, et l'idée de la mort le remplit d'horreur. C'est alors que l'imagination vient à son aide; le mal qui l'accable se présente à ses yeux sous un aspect moins effrayant, l'espérance naît au fond de son âme, toutes les terreurs de la mort se dissipent, l'image d'un heureux avenir le soutient et le console, et la douleur s'évanouit.

Sans doute souvent l'imagination agit en sens contraire, peint les maux des couleurs les plus alarmantes, et remplit l'âme de terreur. Mais, dans ces circonstances même, ce n'est point cette sorte d'influence qui est la plus durable, qui l'emporte par son activité sur la première, et l'espérance reste toujours au fond du cœur.

Enfin, dans les dangers qui nous menacent, comme dans les malheurs dont nous sommes affligés, ce n'est que par l'intermédiaire de l'imagination que la consolante amitié soulage la douleur de notre âme.

Tel est le pouvoir de cette faculté précieuse qui soutient notre foiblesse, et nous aide à supporter nos misères sur cette terre de douleur. Mais elle n'a pas la même puissance dans tous les âges, ni dans tous les individus, où elle offre des variétés remarquables.

Dans l'enfance, que la vivacité des sensations présentes éloigne de toute idée de l'avenir, et qui, par cela seul, est l'âge de l'imprévoyance, l'imagination est presque nulle, ou du moins ne s'étend guère au-delà du présent. Les douleurs morales, peu profondes, n'exigeoient point de consolateur; et l'enfant n'avoit pas besoin non plus d'être trompé sur ses douleurs physiques, dont il ne prévoit point les suites : aussi n'imagine-t-il que sur ses jeux et ses plaisirs du lendemain.

Mais il n'en est pas de même dans la jeunesse et dans la virilité, où les passions les plus violentes, l'amour et l'ambition avec leurs désirs effrénés, tourmentent l'âme de mille manières, où les coups du sort, les revers de fortune, sont le plus fréquens et causent de si douloureuses angoisses, où enfin l'idée de la mort inspire le plus d'horreur. C'est en effet dans ces périodes de la vie que l'imagination exerce le plus son empire, et berce l'homme de plus d'illusions.

Dans la vieillesse, au contraire, où il n'y a presque plus d'avenir, où l'homme, revenu de ses erreurs, se trouve, sur les limites du temps, face à face avec la vérité éternelle, où toutes les illusions s'évanouissent, l'imagination n'a presque plus de puissance; et voilà pourquoi le vieillard, délaissé par l'espérance, se réfugie dans ses souvenirs. D'où l'on voit que, si la vie morale de la jeunesse a pour principe l'imagination, c'est surtout par la mémoire que se soutient celle de la vieillesse.

L'imagination varie dans les divers individus selon la foiblesse plus ou moins grande de leur âme. Ceux que la religion a éclairés sur toute la vanité des choses humaines, qu'elle a armés contre toutes les atteintes des passions, qu'elle a fortifiés contre toutes les infortunes, qu'elle a mis ainsi à l'abri de toutes les rigueurs du sort, n'*imaginent* point, parce que ce remède humain leur est inutile, et qu'ils trouvent dans le secours céleste qu'ils ont reçu tout l'appui dont ils ont besoin. Ceux, au contraire, qui ont négligé ce bien suprême, qui courent de désirs en désirs, qui soupirent continuellement pour des biens périssables, et qui poursuivent sans relâche un bonheur chimérique qui les fuit, éprouvent inévitablement toutes les angoisses qu'entraînent avec eux et leurs désirs ardens, et leurs attentes vaines, et leurs espérances déçues, et tous les revers qui en sont la suite ; et, se trouvant sans défense en présence du malheur, ils succomberoient sans doute ; il faut donc que l'imagination vienne à leur aide, puisqu'elle seule alors peut alléger tant de tourmens. Heureux encore s'ils puisent dans ses illusions des consolations suffisantes! ou plutôt, bien plus heureux s'ils rentrent dans les voies de la sagesse pour ne plus en dévier!

Non-seulement l'imagination influe sur la vie morale et individuelle de l'homme, mais elle agit encore sur sa vie intellectuelle et sociale. C'est elle qui inspire l'orateur, le poète, le musicien, le peintre, le sculpteur, l'architecte, et qui leur fait combiner entre elles des perceptions ou des idées déjà formées, de manière à en créer des peintures neuves ou des objets qui n'avoient point encore été vus. Elle varie, sous ce rapport, dans les divers individus, avec les professions qu'ils exercent, et, selon les climats, par les élémens divers que chacun d'eux lui offre pour ses productions. Elle varie aussi dans les différens âges. L'enfance, où il y a peu d'idées conçues, est celui qui lui est le moins favorable. La vieillesse pourroit bien imaginer, mais, dégoûtée de toutes les illusions terrestres, la vérité seule peut lui plaire, et rien de ce qui lui est étranger n'a de charmes pour elle : aussi sent-on dans les rares produits de son imagination toute la froideur de son âme. C'est dans la jeunesse, qui se repaît de chimères, qui s'élance toujours au-delà de ce qui *est*, parce que rien n'est proportionné à ses désirs, que cette fonction s'exerce avec le plus d'activité, et que ses productions sont les plus brillantes.

Enfin l'imagination influe encore sur les autres

actes intellectuels, mais d'une manière toujours défavorable. C'est ainsi qu'elle nuit à la justesse du jugement en présentant à l'être pensant les objets sur lesquels la comparaison doit s'exercer sous des couleurs qui ne sont point réelles; et c'est là la cause la plus fréquente de nos erreurs. Elle peut même agir au point d'altérer profondément l'intelligence, et de produire la manie. Dans ces circonstances, aucune lésion matérielle n'existe, comme l'anatomie pathologique l'a fréquemment démontré, et le traitement moral est seul efficace; ce qui démontre évidemment que l'être qui *imagine* n'est point un être matériel.

Le jugement influe à son tour sur l'imagination, et la maintient dans de justes limites. Il porte alors le nom de *raison* en morale, et celui de *goût* dans les beaux-arts. Il détermine le choix du *bon* dans l'une, et il préside dans les autres à celui du *beau*.

En général, l'imagination est d'autant plus active qu'elle est moins troublée, moins distraite par les autres fonctions de l'entendement. Voilà pourquoi les lieux obscurs, solitaires, la nuit surtout, favorisent si fort son exercice, et pourquoi c'est principalement pendant l'absence de la lumière que nous éprouvons ses illusions[1]. Tout

------

[1] Souvent, dans cette circonstance, ces illusions sont dues

cela concourt à prouver que l'être qui *imagine* est *simple*, et, par conséquent, immatériel, comme nous l'avons déjà démontré dans nos *Prolégomènes*.

Si l'appareil encéphalique joue un rôle dans l'exercice de l'imagination, agit-il dans son ensemble, ou bien seulement dans quelques-unes de ses parties? Quelle est, dans ce cas, la région agissante, et son mode d'action? Ce sont là autant d'impénétrables mystères; et dans la science de l'homme, où l'on ne doit s'attacher qu'aux notions positives, où il faut soigneusement rejeter tout ce qui est hypothétique et vain, on doit considérer principalement dans l'imagination l'*être intelligent* qui l'exerce (Voyez *Prolég.*, chap. 3, art. 1er, § V), et ne voir dans l'encéphale que son instrument.

C'est sur cet instrument qu'agissent certains alimens, certaines boissons, comme les liqueurs alcooliques, par exemple, certaines substances vénéneuses, telles que l'opium, la jusquiame, enfin certaines causes physiques de maladies qui influent sur l'imagination. En effet, l'être qui *imagine* est immatériel par sa nature; donc ce ne peut être directement sur lui que portent leur action ces causes diverses, qui, par cela seul

---

à l'indécision des contours des corps extérieurs, qui leur prête des formes bizarres et variées, et donne lieu à des idées en rapport avec elles.

qu'elles sont matérielles, ne peuvent exercer immédiatement leur influence que sur un objet matériel.

Mais comment agissent-elles sur l'appareil nerveux intra-crânien? Quelles sont les modifications qu'elles y déterminent? Comment ces modifications particulières peuvent-elles affoiblir, éteindre, exalter, altérer, pervertir l'imagination?... La solution de semblables questions est au-dessus de notre intelligence, et elles seroient plus difficiles encore à résoudre en attribuant cette fonction à l'encéphale; car il faudroit d'abord pouvoir comprendre comment la matière peut *penser*.

Après nous être occupé dans les chapitres précédens des fonctions intellectuelles qui donnent lieu à la formation, à la reproduction et à la combinaison des idées, nous devons exposer, au moins d'une manière générale, l'histoire de ces merveilleux produits de la pensée. C'est ce que nous allons faire dans le chapitre qui va suivre, où nous offrirons, dans un tableau rapide, le domaine de l'entendement humain.

CHAPITRE CINQUIÈME.

DES IDÉES.

L'HOMME est né pour *connoître*, puisque sans intelligence il ne sauroit exister ; mais il est né aussi pour *sentir*, puisque ses sentimens sont les excitans de sa vie individuelle, et les liens de la vie sociale, sans laquelle son existence ne sauroit se soutenir.

Il doit donc se développer en lui deux ordres différens d'*idées*, dont l'un doit embrasser tout ce qui a rapport à son entendement, et dont l'autre doit s'étendre à ce qui est relatif à ses affections morales. Le premier constitue, pour parler le langage des métaphysiciens, le domaine de l'*esprit* ; le second forme celui du *cœur*. Nous nommerons les idées qui appartiennent à l'un, *idées des rapports des êtres*, parce qu'elles constituent la connoissance des propriétés des objets qui nous entourent ; et nous appellerons celles qui composent l'autre, *idées affectives*, parce qu'elles forment tous nos sentimens.

ARTICLE PREMIER.

Des idées des rapports des êtres.

Ces idées naissent toutes de nos perceptions sensitives comparées entre elles ; elles forment donc autant de genres particuliers, qu'il y a en nous de modes de perceptions.

§ I. Des idées qui naissent des perceptions visuelles.

Le premier objet sur lequel nous fixons notre attention à la vue d'une substance, c'est sa *couleur*, parce que, outre que cette qualité nous frappe le plus, sa distinction n'exige point, de la part de notre esprit, une réflexion trop soutenue. Commençons donc par elle l'exposition des idées qui naissent de la vision, et recherchons ce que la couleur des corps est en elle-même.

En analysant rigoureusement cette perception visuelle, nous trouvons que la couleur d'un corps n'est point réellement dans ce corps lui-même, mais seulement au-dedans de nous, qu'elle n'est que l'effet de l'impression que fait sur notre rétine un fluide inconnu dans sa nature, que nous appellons *lumière*, et qui, réfléchi des corps éclairés, vient se rendre dans le fond de notre œil. Une couleur n'est donc réellement, dans son essence, qu'une sensation développée à la suite de l'action de ce fluide, ou plutôt par la modification organique perceptible que notre rétine en éprouve, et sans que nous sachions ce qu'est en lui-même le corps qui la produit. Une preuve évidente de cette vérité, c'est que la couleur des corps dépend de l'état de nos organes, et change avec lui. Dans certains cas pathologiques, les malades voient les objets colorés autrement que dans l'état ordinaire, quoique les humeurs de l'œil aient conservé leur couleur naturelle; ce qui ne peut provenir que d'un changement dans l'état de la rétine, qui éprouve alors une impression particulière du fluide lumineux. Dans la paralysie de cette membrane, l'action de la lumière s'exerce, mais les couleurs ne se forment point, parce que cette action ne peut déterminer aucune modification perceptible; et il en résulte l'absence de toute sensation, c'est-à-dire, ce que nous appelons le *noir*.

Il est donc vrai de dire que rien n'est réellement coloré dans la nature, que nous ne voyons point les corps en eux-mêmes, que nous ne percevons que l'impression du principe inconnu qui est réfléchi par leur surface, et qui vient modifier le fond de notre œil. C'est aux divers élémens de ce principe que sont dues les impressions variées que nous en éprouvons, et chacun de ces élémens a son contact propre, son action particulière, dont la cause réside dans sa nature, comme chaque émanation odorante agit à sa manière sur le nerf olfactif.

En considérant abstractivement la modification que le fluide fait éprouver à la rétine, nous lui donnons le nom générique de *coloration*, de *couleur;* et en comparant entre elles ses nombreuses variétés, par les images diverses que nous en percevons, nous les distinguons les unes des autres par les noms spécifiques de *couleur rouge*, *couleur blanche*, *couleur jaune*, etc.

Les autres *idées* des propriétés des corps que nous acquérons par le sens de la vue, sont celles de leur existence, de leurs dimensions, de leurs distances respectives, de leur figure, des différens états de leur surface, de leur forme, de leur mouvement ou de leur repos.

Lorsque notre rétine est modifiée par une impression lumineuse, et que nous percevons cette modification, nous rapportons l'impression reçue aux divers points d'où partent les rayons qui nous frappent, et nous jugeons qu'il y a sous ces points un être quelconque, une *substance*, un corps. Nous nous formons alors, par abstraction, l'idée générale d'*existence*, et l'idée collective de *nombre*, par les parties différentes de l'espace qu'occupent les corps.

Mais il est à remarquer que nous ne jugeons ainsi de l'existence des objets extérieurs, que parce que le toucher a été déjà notre guide. En effet, sans le secours de ce sens, nous aurions toujours vu les objets au-dedans de nous, et nous n'aurions jamais pu séparer leurs images de nous-mêmes. Mais une fois qu'il nous a appris que les corps que nous voyons sont hors de nous, nous généralisons cette idée, et, par l'expérience continuelle que nous en faisons, nous concevons sans lui l'existence réelle des êtres.

Nous jugeons des dimensions des objets par l'étendue de l'angle sous lequel leurs rayons extrêmes arrivent à notre œil, et nous percevons cet angle en rapportant aux points d'où ils partent les rayons qui, dans notre œil, se trouvent sur la limite de l'image qui y est peinte, comme nous y rapportons cette image elle-même[1]. Mais, comme la grandeur de cette image varie dans les divers individus avec la puissance de réfraction des milieux transparens que la lumière traverse[2], et avec la distance des objets[3], il s'ensuit que nous ne pouvons juger de leurs dimensions que d'une manière relative, et que, pour la déterminer d'une manière absolue et nous accorder entre

---

[1] Voyez fig. 20.
[2] Voyez fig. 21, 22.
[3] Voyez fig. 23, 24.

nous sur ce point, nous sommes forcés d'établir des types de mensuration invariables que nous appliquons à ces dimensions.

Lorsque les objets sont plus ou moins éloignés de nous, c'est en comparant leur distance présumée à la grandeur apparente, que nous apprécions, mais toujours d'une manière approximative, leurs véritables dimensions. Cette appréciation est très-difficile, et souvent impossible, lorsque la distance de l'objet ne peut être exactement estimée.

Les idées générales qui naissent des idées particulières conçues par la mensuration des corps, sont celles de *grandeur,* de *petitesse,* de *longueur,* de *largeur*, etc., et celle, plus générale, de *dimension* ou d'*étendue*, qui les embrasse toutes.

Nous jugeons de la distance d'un objet par ses dimensions apparentes, qui vont toujours en décroissant à mesure que cette distance augmente, et réciproquement; de sorte que, plus il nous paroît petit, plus nous le jugeons éloigné, et plus ses dimensions nous semblent considérables, plus nous l'estimons près de nous. Mais ces jugemens ne peuvent jamais être d'une bien grande exactitude, parce que la grandeur apparente d'un objet ne peut être justement appréciée.

La quantité de lumière qu'un corps projette dans notre œil est en raison inverse de sa distance, donc cette lumière peut encore nous servir à juger de son degré d'éloignement, mais toujours d'une manière approximative, parce que nous ne pouvons point déterminer d'une manière rigoureuse la quantité de lumière que nous en recevons. Il est à remarquer que, dans cette estimation, nos deux yeux nous sont absolument nécessaires. En effet, lorsque l'on regarde un objet avec un seul œil, l'impression que l'on en éprouve est plus foible que lorsque l'on emploie les deux yeux, et l'on ne peut plus juger de sa distance aussi exactement qu'auparavant, car les rapports entre cette distance et la quantité de lumière qu'il envoie à notre œil, rapports que l'habitude nous fait connoître, n'existent plus pour nous.

La perception des intervalles qui existent entre les différents lieux qu'occupent les corps dans l'espace, produit une idée générale qui les comprend tous, et que nous exprimons par le mot *distance*.

Nous jugeons de la figure des objets par l'impression des rayons extrêmes qui partent des limites de leur surface, et qui viennent agir sur notre rétine, en conservant leurs rapports respectifs, et y former un contour exactement semblable à celui de l'objet qui les réfléchit[1]. Ce

----

[1] Voyez fig. 25.

contour devient sensible par l'impression qu'exercent les rayons lumineux sur la ligne qui le forme, et qui contraste avec l'absence de toute action au-delà.

Toutes les variétés de ce contour sont embrassées par l'idée générale et abstraite de *figure*, dans laquelle nous les réunissons.

Le sens de la vue fait naître en nous l'*idée* des différens états de la surface d'un objet, c'est-à-dire de son poli, de ses inégalités, de sa forme, par l'éclat plus ou moins vif des rayons lumineux qui en partent.

Lorsque sa surface est polie, la lumière jaillit également de tous ses points. La masse de ce fluide est considérable, et par conséquent son éclat plus ou moins vif. Lorsque, au contraire, cette surface est inégale, les rayons qu'elle envoie à notre œil ne partent que des points isolés qui forment les éminences qu'on y observe; et les enfoncemens qui séparent ces éminences, et qui se trouvent dans l'ombre qu'elles projettent, y paroissent comme des espèces de taches grisâtres ou noires. Cela vient de ce que la lumière rare qui s'en échappe impressionnant foiblement la rétine, à côté des points où se rend celle plus intense des éminences, elle produit en nous une sensation peu prononcée, qui est celle du *gris*, ou nulle, d'où provient le *noir;* tandis que l'autre, plus abondante, plus fortement sentie, fait percevoir une coloration plus ou moins vive.

Les idées générales d'*inégalité*, de *poli*, naissent de l'abstraction des variétés que présentent les corps dans l'arrangement ou la disposition de leurs molécules sur les limites du lieu qu'ils occupent dans l'espace. Ces limites, qui varient selon les corps, sont embrassées par l'idée générale de *surface*.

Nous concevons, au moyen de l'appareil de la vision, l'idée de la forme des corps, par le mode de projection de la lumière qu'ils réfléchissent. Ainsi, par exemple, un corps *plat* est celui qui projette également la lumière de tous ses points ; un corps *rond* est celui dont l'éclat, dans la partie visible de sa surface, va en diminuant par gradation depuis son milieu, qui est le point le plus éclairé, parce qu'il est le plus près de notre œil, jusqu'à sa circonférence.

L'idée générale de *forme* embrasse toutes les modifications que les corps peuvent nous offrir sous ce rapport.

Nous jugeons de leur déplacement dans l'espace, ce qui nous donne l'idée abstraite de *mobilité* et les idées générales de *mouvement* et de *mobile*, par le changement de direction des rayons lumineux qu'ils envoient à notre œil, changement qui nous avertit qu'ils passent d'un lieu dans un autre. Mais il faut pour cela 1° que le corps qui se meut ne se déplace pas trop lentement; car si le changement de direction se faisoit d'une manière insensible, il ne pourroit être perçu (exemple : l'aiguille d'une montre); 2° qu'il ne soit pas trop éloigné de l'œil, parce que l'angle que formeroient entre elles les lignes de direction successives étant peu sensibles, nous ne pourrions apprécier l'espace parcouru (exemple : les corps célestes); 3° qu'il ne se meuve pas dans le sens de notre axe visuel, parce que la direction de ses rayons ne seroit point changée; 4° qu'il ne se déplace pas en même temps que nous nous déplaçons nous-mêmes, avec le même degré de lenteur ou de vitesse, et dans le sens de notre propre déplacement, parce que le même effet auroit lieu.

Le passage d'un corps d'un lieu dans un autre se compose d'une série de déplacemens plus ou moins nombreux, selon que l'intervalle qui existe entre le lieu primitif qu'il occupoit et celui où il arrive est plus ou moins considérable. Ces déplacemens successifs nous donnent l'idée des *instans*, et celle du *temps*, idée générale qui les renferme tous.

Pendant qu'un corps parcourt une certaine distance en se déplaçant, comme l'aiguille d'une montre par exemple, d'autres peuvent en parcourir une beaucoup plus considérable, et d'autres, au contraire, une bien moindre; or nous concevons par cette comparaison les idées générales de *vitesse* et de *lenteur*.

Enfin le mouvement des corps considéré dans les molécules qui les composent nous fait juger de leur consistance, que nous nommons *solide* lorsque ce mouvement est nul, et *liquide* lorsqu'il s'exerce avec plus ou moins de facilité ou d'étendue. De là naissent les idées abstraites de *solidité* et de *fluidité*.

Telles sont les idées que nous acquérons en exerçant notre jugement sur les perceptions visuelles. Mais, dans cet exercice, nous sommes souvent exposés à errer, soit par des altérations matérielles de l'appareil sensitif qui nous transmet les impressions qui donnent lieu à ces perceptions, soit par l'exaltation de notre imagination, soit enfin par les modifications que reçoivent certaines qualités visibles des objets par les lois que suit la lumière dans sa marche. Ces erreurs peuvent s'étendre à toutes les idées que nous venons d'exposer.

Si, après avoir regardé fixement pendant quelque temps une tache blanche sur un fond noir, nous portons notre vue sur un fond blanc, nous voyons sur ce dernier une tache noire. Cela provient de ce que la région de notre rétine qui avoit été vivement impressionnée par la tache blanche a perdu momentanément sa faculté transmissive; d'où résulte dans cette région une nullité de fonction, et, pour nous, la perception d'une image sur une partie de laquelle se trouve une tache noire, c'est-à-dire l'absence de toute couleur.

C'est aussi par l'affoiblissement ou la paralysie complète de certains points de la rétine, ou bien par l'effet de quelques vaisseaux variqueux situés au-dessous d'elle, et qui la compriment, que certains individus, les vieillards surtout, voient les objets tachés de noir.

Ces sortes de lésions peuvent être plus ou moins étendues, et avoir des siéges différens. Si, par exemple, elles occupent la moitié de la rétine, les individus ne voient qu'une moitié des objets, la droite si la lésion est à gauche, la gauche si elle est à droite ; la supérieure si la rétine est affectée inférieurement, et l'inférieure si c'est la partie supérieure de cette membrane qui est le siége de la lésion. Enfin ce sera le contour de l'image de l'objet qui sera plus ou moins incomplet, plus ou moins irrégulier, si la rétine est altérée dans la région où cette image se termine.

Si, après avoir considéré pendant un certain temps une couleur rouge, nous regardons un corps blanc, il nous paroîtra vert, parce que notre rétine, qui a été trop excitée par les rayons rouges, se trouve avoir perdu sa faculté de transmission pour ces rayons, et n'admet plus que l'impression plus foible des autres élémens de la lumière. Or ces élémens, privés des rayons rouges, forment par leur mélange la couleur verte.

Lorsque les humeurs, ou les membranes de l'œil, se trouvent colorées par quelque fluide étranger qui les pénètre, les objets prennent la teinte de cette couleur accidentelle ; c'est ainsi que les ictériques les voient colorés en jaune.

Si, après avoir séjourné pendant quelque temps dans un lieu très-éclairé, nous entrons dans un autre qui l'est beaucoup moins, tous les objets environnans prennent une teinte d'un gris foncé tirant sur le noir, et ce n'est qu'après un certain temps que nous pouvons les distinguer avec leurs couleurs naturelles. Cela vient de ce que notre rétine, trop fortement excitée dans toute son étendue par le fluide lumineux, a perdu de sa faculté transmissive, qui ne se rétablit que peu à peu.

Nous ne percevons point non plus les qualités visibles des objets lorsque nous sortons d'un lieu obscur, et que notre rétine est impressionnée par une trop vive lumière ; nous éprouvons alors ce que l'on appelle *éblouissement*. Cette membrane se trouvant trop vivement excitée par les images brillantes qui s'y peignent, les fibres circulaires de l'iris se contractent pour s'opposer à l'entrée des rayons lumineux, et une sorte de sensation douloureuse que nous éprouvons nous force de fermer les paupières, et de nous dérober ainsi au trop vif. éclat du jour.

Non-seulement nous pouvons nous tromper sur la coloration réelle des objets, mais encore sur leur existence. Ainsi nous pouvons percevoir des images fantastiques, comme on le voit dans les hallucinations, soit que cela provienne d'une lésion matérielle de l'encéphale ou de ses prolongemens visuels, soit qu'une imagination exaltée nous montre des objets qui n'existent point, ou qu'elle modifie la couleur, la figure ou la forme de ceux que nous voyons réellement, pour en créer des êtres chimériques.

L'appréciation des dimensions des objets n'est pas un moindre sujet d'erreur. Un corps peut nous paroître petit avec des dimensions plus ou moins grandes, et réciproquement, soit à cause de la distance plus ou moins considérable où il se trouve par rapport à nous, laquelle diminue ou agrandit son angle visuel, soit par la nature ou la forme des milieux transparens que traversent les rayons qu'il réfléchit, et qui impriment à ces rayons plus ou moins de convergence (exemples : la lune à son lever; les objets que l'on voit à travers les brouillards).

Un corps peut nous paroître plus ou moins éloigné par ses dimensions peu considérables, ou par le foible éclat qu'il répand, comme il peut nous sembler plus ou moins près par sa grandeur apparente ou réelle, ou parce qu'il est vivement éclairé. C'est ainsi qu'une lumière que nous apercevons la nuit nous paroît à une distance beaucoup moins considérable que celle où elle est réellement. De plusieurs corps placés sur deux lignes parallèles, et par conséquent à égale distance les uns des autres, ceux qui sont situés à l'extrémité de ces deux lignes qui est la plus éloignée de nous semblent se rapprocher, parce que l'angle optique qui nous sert à apprécier leurs distances respectives va sans cesse en diminuant[1].

La figure d'un objet est modifiée, plus ou moins altérée, soit par sa position, soit par la distance à laquelle il se trouve par rapport à nous. Sa position nous dérobe toujours quelques-unes des lignes qui terminent sa surface, et sa distance les confond dans un même plan, ou en change la direction. Ainsi, à un certain degré d'éloignement, la surface d'un polygone nous semblera plane, et les deux côtés d'un parallélogramme paroîtront se rapprocher, en s'éloignant de notre œil, par la diminution toujours croissante de l'angle visuel de l'intervalle qui les sépare[2].

---

[1] Voyez fig. 26.
[2] Voyez fig. 27.

Un corps poli peut n'avoir qu'un foible éclat ou même paroître inégal dans sa surface, par son éloignement, sa position ou la manière dont il est éclairé ; un corps inégal, au contraire, nous semblera poli, s'il réfléchit une lumière abondante. Une surface courbe pourra nous paroître plane, si tous ses points projettent une égale quantité de rayons lumineux, comme une surface plane nous paroîtra courbe par des ombres répandues sur ses limites.

Les objets qui nous environnent, quoique en repos, nous semblent en mouvement, lorsque nous nous mouvons nous-mêmes à notre insu ; parce que c'est à eux que nous rapportons le changement de direction de l'angle visuel, changement qui indique celui de la situation d'un corps dans l'espace. C'est ainsi que, lorsque nous descendons ou que nous remontons une rivière, le rivage semble se mouvoir.

Enfin un corps mou ou liquide ne état de repos peut nous paroître solide (exemple : la neige, le mercure, les métaux en fusion, l'eau en repos, etc.) ; et réciproquement un corps solide peut nous sembler fluide, comme les substances transparentes.

Il est donc évident que, dans toutes ces circonstances, le sens de la vue peut nous égarer, et que nous avons besoin, pour nous préserver de l'erreur, que le raisonnement ou l'expérience nous guident, ou bien que le toucher vienne éclairer notre jugement, comme nous le verrons dans le paragraphe qui va suivre.

§ II. Des idées qui proviennent des perceptions tactiles.

Un corps qui agit sur notre appareil du tact ou sur celui du toucher, y exerce une pression plus ou moins intense, et notre système cutané, qui réagit, par son élasticité, contre cette pression, éprouve une résistance plus ou moins considérable. C'est cette résistance perçue, qui nous fait juger, en la comparant à l'absence de toute sensation dans les autres régions des appareils du tact ou du toucher, que quelque chose *est* au lieu où nous la rapportons. Nous nous assurons ainsi de la réalité de l'existence des êtres, dont la vue nous avoit déjà avertis, ou nous rectifions les erreurs que ce sens nous avoit transmises.

Quoique le tact puisse nous servir comme le toucher dans ces opérations intellectuelles, c'est ce dernier, comme plus mobile et plus facile à employer, que nous mettons ordinairement en usage, dans les cas où nous soupçonnons quelque illusion d'optique, ou des hallucinations, dans nos perceptions visuelles.

Si un corps appliqué à notre système cutané

nous communique une quantité plus ou moins considérable du principe que l'on nomme *calorique*, l'impression que nous en recevons nous fait concevoir l'idée d'un corps *chaud*, et, par abstraction, celle de la *chaleur*. Si, au contraire, ce corps, moins imprégné de calorique que le nôtre, nous en enlève une certaine quantité, c'est l'idée d'un corps *froid*, et, par abstraction, celle de la *froideur* que nous nous formons. Nous réunissons les idées abstraites de *chaleur* et de *froideur*, dans l'idée générale de *température*, qui les embrasse l'une et l'autre, et qui s'applique à l'une ou à l'autre au moyen de l'idée primitive du *chaud* ou du *froid*, que nous y lions par l'intermédiaire d'un adjectif.

Il est à remarquer que nous pouvons errer dans l'appréciation de la température d'un corps, lorsque nous ne prenons pour base de notre jugement, que la sensation qui se développe au dedans de nous à la suite de son application sur notre instrument du tact ou du toucher. Ainsi un corps poli nous semblera plus froid qu'une substance raboteuse, quoique leur température soit égale, parce que le premier, nous touchant par un plus grand nombre de points, nous enlèvera une plus grande quantité du principe de la chaleur. Par la même raison une substance dense, comme, par exemple, du marbre, un métal, etc., nous paroîtra plus froide qu'une autre, telle que le bois, qui aura moins de masse sous un égal volume [1]. L'air des caves nous paroît frais en été, et chaud en hiver, quoique sa température, dans ces deux saisons, soit à peu-près la même. Cela vient de ce que, dans l'une, nous le jugeons d'après l'air chaud que nous venons de quitter, et dans l'autre, d'après le froid que nous éprouvions auparavant.

Si un corps que nous touchons réagit et résiste assez fortement à la pression que nous exerçons sur lui, pour que les molécules qui le composent conservent leur situation respective, nous nous confirmons dans l'idée de sa *solidité* que nous avions déjà acquise par le sens de la vue, et si elles cèdent facilement à cette pression, si elles semblent fuir devant notre organe du toucher en roulant les unes sur les autres, nous sommes assurés de sa *liquidité*. Nous distinguons sa *mollesse*, que la vue ne peut nous faire connoître, par le peu de résistance que nous éprouvons à en changer la forme, et sa *gazéité* par la nature du choc qu'il exerce sur nous quand il est en mouvement; c'est ainsi que l'impression du vent nous donne l'idée de la nature gazeuse de l'atmosphère.

Lorsque nous faisons glisser notre appareil du

---

[1] La faculté de livrer passage au calorique variant dans les différentes substances, elle peut donner lieu à la même erreur.

toucher, ou quelque région de celui du tact, sur la surface d'un corps, et que nous n'éprouvons, dans ce mouvement, aucune résistance, nous concevons l'idée du *poli*, de cet état de la surface d'un corps où toutes ses molécules s'élèvent à une hauteur égale, c'est-à-dire, se trouvent sur le même plan. Celle de la *rudesse* naît de l'appréciation d'une disposition contraire.

L'idée du *mouvement de masse* que la vue nous fait percevoir, est confirmée, dans la perception tactile, relativement aux corps que nous pouvons saisir, par la résistance que nous éprouvons à arrêter ce mouvement, ou par les impressions successives que font, en se mouvant, les divers points de sa surface sur notre appareil du tact ou du toucher. Celle du *mouvement moléculaire* d'un corps en vibration, naît du frémissement qu'il produit sur nos organes.

Enfin l'appareil du tact nous fait concevoir l'idée des lieux ouverts ou plus ou moins exposés à l'air libre, par l'impression qu'exercent sur nous les courans de ce fluide, et qu'il nous transmet : c'est principalement sur ces impressions que se guident les aveugles. Il nous fait distinguer aussi la proximité ou l'éloignement des corps chauds par l'intensité plus ou moins considérable du calorique rayonnant qui l'impressionne.

Mais c'est principalement par l'intermédiaire

de l'appareil du toucher que nous apprécions exactement la distance des corps, leurs dimensions, leur figure, leur forme, leur élasticité, leur degré d'humidité ou de sécheresse; toutes choses que l'appareil de la vision ne peut nous transmettre avec exactitude, et sur lesquelles il égare souvent notre jugement.

Nous jugeons de la distance d'un objet, lorsqu'il est près de nous, par l'étendue des mouvemens de la main nécessaires pour l'atteindre, et, s'il est éloigné, par le nombre et l'étendue d'autres mouvemens, répétés jusqu'à ce que nous le touchions. Ces mouvemens que nous rendons égaux, ou que nous représentons par un corps d'une longueur déterminée et invariable, nous donnent les idées générales de *mesure*, de *type métrique*, de *mensuration*.

Après avoir atteint le corps mesuré, l'avoir touché, *senti*, nous connoissons positivement le *lieu* qu'il occupe dans l'espace, par la direction de la ligne que nous avons parcourue en mesurant l'intervalle qui nous en séparoit, et nous confirmons sur ce point l'idée que nous avions conçue d'après la perception visuelle.

Nous apprécions exactement ses *dimensions* par leur comparaison avec une grandeur déterminée.

Nous nous formons l'idée de sa *figure* par la transmission que nous fait le toucher des rapports respectifs des lignes qui ferment la limite de sa surface. Nous concevons celle de sa *forme*, par la perception de l'arrangement de ses molécules à cette même surface, sur laquelle cet appareil sensitif vient se mouler. Nous acquérons la connoissance de son *élasticité*, par la réaction de ces mêmes molécules, et l'effort qu'elles font pour revenir à leur situation primitive, après qu'elles en ont été éloignées par la pression que nous leur avons fait éprouver. Enfin nous apprécions sa *sécheresse* ou son *humidité*, par sa température, sa consistance, ou l'épaisseur de la couche du liquide qui le revêt.

Ce n'est que lorsque les perceptions visuelles relatives à tous ces objets, ont été rectifiées un plus ou moins grand nombre de fois par les tactiles, que nous pouvons nous passer du toucher dans les idées que nous devons nous en former.

Cependant cet appareil lui-même peut, comme celui de la vue, nous transmettre des impressions fausses, et donner lieu à de véritables illusions. Ainsi, par exemple, après avoir croisé deux doigts, une petite boule que l'on roule sous leur pulpe produit une sensation double ; ce qui ne peut provenir que de l'interversion des rapports naturels de ces deux doigts qui reçoivent alors deux impressions qui ne sont plus d'accord entre elles, et que nous rapportons par cela même à deux objets. Ainsi certaines modifications vitales perceptibles de la peau, nous donnent la sensation d'un insecte qui y rampe; ainsi un corps dont la température ne diffère point de celle des objets environnans, peut nous paroître plus ou moins froid selon sa densité plus ou moins considérable, et le poli plus ou moins parfait de sa surface, selon que nous avons nous-mêmes un plus haut degré de chaleur dans notre système cutané, ou que nous avons reçu, peu auparavant, de la part d'un autre corps, une quantité plus ou moins considérable de calorique, etc.

Une illusion plus remarquable est celle qui a lieu à la suite de la rhinoplastie lorsqu'on a employé la peau du front. Si, après la cicatrisation parfaite, on touche l'extrémité du nez, c'est du front que l'impression paroît naître. Si, au contraire, on touche le milieu de cette région, c'est au nez que l'on rapporte la sensation que l'on éprouve. (*Nouv. Bibl. méd.*, avril 1828, p. 139).

Il est aisé de voir, d'après ce que nous avons exposé dans ce paragraphe, que les idées nées à la suite de l'exercice du jugement sur les perceptions tactiles sont les plus nombreuses, et que l'appareil du toucher est réellement le sens de l'entendement.

Mais il ne faut pas croire que l'intelligence humaine ait, comme on l'a dit, sa source ou plutôt son principe dans la perfection de cet appareil, et que ce soit de la faculté d'opposer le pouce aux autres doigts qu'elle dépende d'une manière exclusive. L'instrument du toucher est sans doute une de ses conditions essentielles ; mais il n'en est point la cause première. Cette cause réside dans les facultés intellectuelles de l'être immatériel qui le met en usage, et avec lesquelles cet instrument se trouve en harmonie par son organisation. De sorte que sans ces facultés, le toucher de l'homme, fut-il encore plus parfait qu'il ne l'est réellement, ne pourroit lui être d'aucune utilité, comme on le voit dans les quadrumanes, où les différences peu sensibles qu'il présente avec celui de l'homme, ne suffisent point pour expliquer l'intervalle immense qui les sépare de ce dernier, sous le rapport de l'entendement.

Le jugement sur les impressions tactiles se perfectionne par l'exercice; voilà pourquoi, dans l'enfance, leur appréciation est si peu exacte, et qu'il faut un temps plus ou moins long pour que les idées qui en naissent puissent se développer.

Ces idées sont aussi d'autant plus précises, et leur développement d'autant plus prompt, que la comparaison des impressions qui les produisent n'est point troublée par des perceptions étrangères. C'est ce qui fait que les aveugles ont le toucher si exquis, ou plutôt jugent avec tant de rapidité et d'une manière si exacte les impressions, même les plus légères, que ce sens éprouve, et que nous ne pouvons nous-mêmes apprécier.

§ III. Des idées qui proviennent des perceptions auditives.

Les perceptions auditives se réduisent toutes à trois sensations principales, susceptibles d'un grand nombre de modifications. Ces sensations naissent du *ton*, du *timbre*, et de la force du son.

En considérant matériellement les vibrations sonores, et en les divisant en *tons* divers d'après les sensations différentes qu'elles produisent sur nous, nous y découvrons des modulations et des rapports d'harmonie, qui, réduits en principes, constituent l'art musical; et nous jugeons, ou plutôt nous sentons ces rapports avec d'autant plus d'exactitude, que nous nous y sommes fréquemment exercés, tandis que, au contraire, tout ce qui est relatif à la force, à l'intensité des sons, nous devient moins sensible par l'habitude.

Mais si nous envisageons les perceptions auditives sous leur rapport intellectuel, c'est-à-dire, dans leurs relations avec la pensée, nous ver-

II.   10

rons qu'elles font naître ou réveillent en nous, par les expressions, soit vocales, soit articulées, dont elles nous donnent la conscience, tous les sentimens dont nous sommes susceptibles, et toutes les idées que nous pouvons concevoir. C'est ainsi qu'elles favorisent singulièrement l'intelligence, dont elles sont une des principales sources, comme nous le montrerons lorsque nous traiterons du langage articulé, qui ne pourroit avoir lieu sans elles, ainsi qu'on le voit dans les sourds-muets.

Le jugement peut s'égarer dans l'appréciation des perceptions auditives considérées comme *sons*, ainsi que dans les visuelles et les tactiles, car elles ont comme celles-ci leurs illusions.

La perception d'un son nous confirme sans doute l'existence du corps qui y donne lieu par ses vibrations sonores, et sous ce rapport l'ouïe se montre congénère de la vue et du toucher. Mais nous pouvons éprouver des hallucinations auditives, comme nous en éprouvons de visuelles et de tactiles ; tels sont les tintemens, les bruissemens d'oreille, des bruits, des sons divers, des paroles même, que nous croyons entendre, et qui ne sont que le produit d'une transmission fausse par lésion matérielle de l'appareil auditif ou de l'encéphale, ou qui prennent naissance dans l'exaltation de l'imagination.

Les modifications vocales que produit ce que

l'on appelle si improprement la *ventriloquie*, et qui imitent des voix rapprochées ou lointaines, de différens tons, de différens timbres, et d'intensités diverses, nous trompent aussi, et nous font croire à l'existence d'individus plus ou moins près ou plus ou moins éloignés de nous, et en nombre plus ou moins considérable.

Enfin un son peut être entendu par la persistance de l'ébranlement de l'appareil auditif, pendant plus ou moins long-temps après que les vibrations qui le produisoient ont cessé. D'un autre côté, des vibrations sonores réfléchies peuvent nous tromper sur le lieu d'où provient le son, comme on le voit dans l'écho.

En général, l'intensité du son est en raison directe de la proximité du corps qui le produit. Nous pouvons donc juger, par les divers degrés de cette intensité, de la distance des corps sonores [1]. Mais il en est ici de cette appréciation, comme lorsque nous employons le sens de la vue ; et, de même que les deux yeux nous sont essentiels pour qu'elle ait un certain degré d'exactitude (Voyez pag. 126), de même aussi nos deux oreilles nous sont nécessaires pour que notre jugement soit à l'abri d'une trop grande

---

[1] Ce jugement est d'une grande exactitude chez les aveugles, où une attention soutenue et une longue habitude l'ont singulièrement perfectionné.

erreur. Cela provient de l'habitude où nous sommes d'employer ces deux organes à la fois dans cette opération intellectuelle. Lorsque nous n'en mettons qu'un seul en usage, les rapports connus entre l'intensité du son et la distance du corps qui le produit , n'existent plus , et nous demeurons sans guide pour juger de l'intervalle qui nous en sépare. Cela est remarquable dans ces pertes subites de l'ouïe qui surviennent d'un seul côté , et où cette estimation ne peut plus s'effectuer qu'après en avoir acquis l'habitude.

Au reste , nous avons le plus souvent besoin du secours de la vue , dans l'appréciation de la distance d'un corps sonore en vibration , comme aussi dans le jugement du lieu qu'il occupe. Un son très-fort peut venir de loin , et un son très-foible peut naître très-près de nous. Des vibrations très-intenses peuvent agiter l'air dans une si grande étendue autour de nous, que nous ne puissions distinguer précisément le lieu d'où naît le son, comme lorsque le lion rugit, ou que le tonnerre gronde.

§ IV. Des idées qui dépendent des perceptions olfactives.

Ces perceptions n'ont rapport qu'à l'entretien ou à la conservation de notre organisation ; elles ne nous sont nécessaires qu'au moment même de l'action des corps qui les font naître; voilà pourquoi la mémoire ne sauroit les reproduire, ni l'imagination les combiner.

Nous les distinguons en les comparant les unes aux autres; et, après les avoir réunies sous le nom collectif d'*odeurs*, nous les divisons en intenses et en foibles, en pénétrantes et en douces, en agréables et en fétides, etc. Les fétides font, en général, naître au dedans de nous l'idée d'un danger à les respirer ou à ingérer les substances d'où elles émanent. Les agréables, au contraire, nous attirent par l'idée que nous nous formons de leur innocuité. Mais sur ce point, nous sommes exposés à errer si l'expérience ne nous guide, car il est des substances alimentaires nuisibles qui répandent un très-doux parfum, tandis que des alimens très-sains exhalent une odeur plus ou moins repoussante. Toutefois ce sont là de rares exceptions à la loi générale qui fait que la fétidité des substances est en raison directe de leur insalubrité.

Les émanations odorantes nous donnent l'idée de l'existence des corps, comme les couleurs, les qualités tactiles, et les vibrations sonores. Elles peuvent nous donner aussi, par leur degré d'intensité, celle du lieu qu'ils occupent dans l'espace, et de la distance à laquelle ils se trouvent par rapport à nous.

Puisque les émanations odorantes vont en divergeant comme les rayons lumineux, et qu'elles forment un cône olfactif qui vient impressionner notre membrane nasale, il est évident que l'axe de ce cône nous indiquera la direction dans laquelle se trouve le corps odorant, comme sa masse, représentée par l'intensité de son impression, nous fera juger de sa distance.

Mais, d'une part, une odeur très-pénétrante peut tellement nous environner, et agir dans toutes les directions avec une intensité telle, que nous ne puissions distinguer le lieu d'où elle émane; et, d'une autre part, une odeur très-forte peut provenir d'un corps placé à une assez grande distance, tandis qu'une émanation foible peut naître d'une substance située très-près de nous. Il est donc évident que l'appréciation du lieu et de la distance des corps odorans par le seul secours de l'appareil olfactif, peut souvent manquer d'exactitude.

Aux idées que les perceptions olfactives peuvent faire naître au-dedans de nous se joignent souvent celles des autres propriétés des substances odorantes; de sorte que les premières forment le premier anneau d'une chaîne intellectuelle dont l'étendue est en raison directe des connoissances que nous avons acquises sur la nature et les propriétés du corps qui agit sur nous.

L'odorat est, comme les autres sens, sujet à des hallucinations. Elles sont fréquentes dans les maladies, où elles dépendent d'une altération particulière du nerf olfactif ; ce qui prouve que les odeurs ne sont que des modifications organiques.

L'appréciation des émanations odorantes est singulièrement favorisée par l'attention. Voilà pourquoi elle est si exacte chez les aveugles, qui ne sont point distraits par les impressions visuelles. Nouvelle preuve que c'est un être intelligent, et non une substance matérielle, qui les perçoit.

§ V. Des idées relatives aux perceptions gustatives.

Les perceptions gustatives, liées exclusivement aux fonctions organiques comme les olfactives, se trouvent aussi comme elles hors de l'influence de la mémoire et de l'imagination. Les sensations auxquelles elles donnent lieu, réunies dans l'idée collective de *saveur*, sont divisées, par la comparaison des effets qu'elles produisent sur nous, en fortes et en foibles, en vives et en fades, en amères et en douces, en agréables et en repoussantes, nauséabondes, etc.

En général, une saveur agréable est un sûr garant de la salubrité de l'aliment qui la possède, comme une saveur dégoûtante est presque toujours l'attribut des substances qu'il est dangereux d'ingérer. Toutefois, comme dans les émanations odorantes, nous avons besoin de l'expérience pour diriger notre jugement sur ces objets ; car il est des substances alimentaires salubres d'une saveur désagréable, tandis que de véritables poisons impressionnent agréablement le sens du goût.

Ce sens produit, comme celui de l'odorat, des hallucinations ; mais cela n'a lieu que dans l'état pathologique ; telle est l'impression d'une saveur amère, aigre, fade ou pâteuse, que l'on éprouve dans certaines affections, sans que rien démontre sur l'organe du goût une substance qui puisse la produire. Le jugement nous donne l'idée de cette altération.

C'est aussi par lui que nous distinguons dans l'impression d'un corps sapide sur la langue 1° ce qui appartient à son contact ; 2° ce qui tient à sa sapidité ; 3° ce qui provient de son émanation odorante (Voyez page 72).

Les idées accessoires que peuvent faire naître au-dedans de nous les perceptions gustatives sont analogues à celles que produisent les olfactives. Voyez ci-dessus page 150, ce que nous avons dit sur cet objet.

§ VI. Des idées qui sont sous la dépendance de la perception des modifications organiques internes.

Cette perception importante qui nous fait éprouver la sensation plus ou moins pénible que nous appelons *douleur*, et celle plus ou moins agréable que nous nommons *plaisir*, nous donne l'idée des besoins de nos organes, et nous porte à leur satisfaction.

La lassitude que nous ressentons après un exercice forcé ou trop long-temps souténu, nous fait concevoir l'idée du *repos* que réclame notre système musculaire, et toutes les idées accessoires des objets propres à nous le faire goûter. La faim nous fait connoître le besoin du fluide nourricier qu'éprouve notre organisme, et réveille en nous l'idée des alimens. La soif excite la conscience du besoin des fluides aqueux qui nous sont nécessaires pour tempérer une excitation trop vive, et provoque le développement de toutes les idées qui se lient à ces boissons. La douleur qui accompagne une rétention trop long-temps prolongée des excrémens et des urines nous avertit des désordres qui pourroient en résulter, et nous détermine à leur excrétion, en suscitant au-dedans de nous toutes les idées relatives à cette fonction salutaire[1]. Le malaise qui naît d'une respiration trop long-temps suspendue nous fait connoître tout le danger qu'il y auroit pour notre substance matérielle à ne pas en rétablir promptement les mouvemens. La sensation que nous fait éprouver la modification organique perceptible de l'appareil de la génération, lorsque cette fonction doit être accomplie, fait naître ou réveille en nous l'idée de l'acte qui la constitue. Enfin, dans les différens troubles de notre organisation, la douleur plus ou moins intense qui s'y développe nous donne la connoissance du siége du mal, et nous met, avec le secours de l'expérience, sur la voie des moyens curatifs et prophylactiques les plus puissans.

Toutefois, notre jugement peut s'égarer dans l'appréciation de ces modifications organiques, comme dans celle des impressions venues du dehors, et nous donner de fausses idées sur les

---

[1] Lorsque l'on résiste à cette perception, les nerfs transmetteurs, trop long-temps sur-excités, perdent leur faculté, l'impression organique n'est plus transmise, la sensation s'évanouit ; et, selon que l'organe est plus ou moins distendu par les matières qu'il renferme, l'excrétion en devient plus ou moins difficile, et souvent même impossible. Voyez dans la *Nouv. Bibl. méd.*, mai 1828, pag. 192, l'exemple d'une paralysie de vessie grave qui fut le résultat de la rétention volontaire des urines.

besoins de nos organes; car il survient dans nos sens internes des hallucinations, comme dans les sens extérieurs. C'est ainsi, par exemple, que la boulimie, ou la faim excessive, a lieu dans des circonstances où l'organisation, bien loin d'avoir besoin de substance nutritive, doit, au contraire, en être privée sévèrement; c'est ainsi que la soif que l'on nomme nerveuse n'indique point un besoin réel de l'organisme, que le satyriasis et la nymphomanie ne sont point l'expression naturelle de ceux des organes génitaux; enfin c'est ainsi que, par l'effet de relations sympathiques, des perceptions internes sont rapportées à des organes qui ne sont le siége d'aucune lésion, comme on le voit dans la douleur que l'on ressent à l'extrémité du pénis lorsqu'il existe une pierre dans la vessie, ou dans celle qui se développe au genou dans la luxation spontanée du fémur.

De même que la vue et le toucher, les sens internes nous donnent l'idée de l'existence de notre substance matérielle. Nous connoissons, en effet que cette substance *est*, non-seulement parce que nous la voyons et que le toucher nous en assure, mais encore parce que les modifications organiques perceptibles qui y surviennent nous le font vivement sentir.

La mémoire n'a point de prise sur ces modifications, et ne peut nous les rendre présentes, parce que leur perception ne devant avoir lieu que dans les besoins de nos organes, il étoit de toute inutilité qu'elles fussent reproduites par cette fonction. L'existence de l'homme auroit été pleine d'amertume, si ses douleurs passées avoient pu revivre dans son souvenir. D'où l'on voit que, si la mémoire concourt à l'existence du corps social en reproduisant les images et les idées, son impuissance, relativement aux perceptions des modifications organiques, concourt au bonheur de la vie individuelle, en déterminant l'oubli des maux.

§ VII. Influence des idées des rapports des êtres sur la vie sociale.

C'est de la combinaison des idées que nous acquérons au moyen du jugement sur les perceptions visuelles, tactiles, auditives, olfactives, gustatives, et sur celles des modifications organiques internes, que résultent toutes les connoissances qui composent le domaine de l'esprit humain.

L'appréciation des qualités extérieures des corps, de leurs caractères distinctifs, a donné naissance à l'*histoire naturelle*, qui, par l'heureuse application des méthodes qu'elle s'est créées, est parvenue à étudier et connoître presque tout ce que ses moyens d'investigation lui permettent d'atteindre dans l'univers.

Les idées sur le mouvement, sur les lois auxquelles il est assujetti dans les diverses substances, sur les propriétés générales des êtres, sur les phénomènes ou les effets qu'elles produisent, ont créé les *sciences physiques*.

Celles qu'on acquiert sur les résultats divers des actions moléculaires que les corps exercent les uns sur les autres, ont produit les *sciences chimiques*.

De l'union des sciences physiques et chimiques, sont nés les *arts mécaniques* et *industriels*.

Les *beaux-arts*, mettant à profit les productions des arts industriels dans l'exécution de leurs conceptions, se sont formés à la longue par l'observation de la nature, dont ils sont les fidèles instrumens ; l'art du dessin, par les idées des lignes qui terminent la surface des corps ; la peinture, par la connoissance des effets de la lumière et des ombres, et de l'influence des distances sur les dimensions apparentes et la couleur des objets ; la sculpture, par les idées acquises sur leur surface, sur les variétés de forme qu'elle présente, et sur les lignes diverses qui en sont la terminaison ; l'architecture, par celles qui proviennent de l'observation des édifices naturels, tels que les grottes avec leurs stalactites, les ponts suspendus, les voûtes de verdure avec leurs colonnes cannelées, etc. ; enfin la musique, par l'étude des sons, et des

rapports de leurs modulations et de leurs con-
binaisons diverses, avec les sensations agréables
ou pénibles qu'ils produisent en nous.

Une connoissance bien plus importante est
celle que l'homme acquiert de sa substance
matérielle ; et c'est encore le jugement qu'il
exerce sur ses perceptions, qui la lui donne, soit
directement, soit par l'intermédiaire des sciences
naturelles, physiques et chimiques.

Il connoît les propriétés physiques et vitales
de ses organes, leur structure, leur disposition,
et leurs rapports respectifs, au moyen des perceptions visuelles et tactiles. Ces mêmes perceptions, jointes aux olfactives et aux gustatives, lui
montrent les qualités extérieures de leurs sécré-
tions diverses. Les sciences physiques l'éclairent
sur le mécanisme de leurs mouvemens de masse,
et les sciences chimiques sur la nature intime
de leurs élémens. La perception des diverses
modifications organiques internes, lui fait sentir
les besoins qu'ils éprouvent, lui indique le siége
de leurs lésions, dont ensuite la vue et le toucher concourent à lui dévoiler la nature, et il
puise dans les sciences naturelles, physiques et
chimiques, des remèdes efficaces pour les guérir.

Tel est l'ensemble des connoissances qui se
développent en nous à la suite de la fonction
perceptive ; examinons rapidement leur influence
sur le corps social.

Les *sciences naturelles* nous donnent les moyens de distinguer les corps qui sont propres à la satisfaction de nos besoins, de ceux qui pourroient nous nuire ; elles fournissent aux arts industriels et mécaniques tous leurs matériaux ; l'agriculture y apprend l'époque de la floraison des plantes, les climats, le sol qui sont les plus convenables à leurs espèces diverses, celles qu'elle doit cultiver pour multiplier les substances alimentaires, et enfin toutes les productions utiles qu'elle nous fournit ; enfin l'art médical en reçoit tous les moyens qu'il met en usage contre nos maladies, et tous ceux qu'il emploie pour les prévenir.

Les *sciences physiques* nous éclairent sur une infinité de phénomènes, qui sont pour la vie sociale d'un précieux secours ; ainsi le cours des astres qu'elles nous enseignent, nous guide sur la surface des mers ; les vents, dont elles nous apprennent les époques régulières, déterminent un grand nombre de nos entreprises commerciales ; ainsi les lois du mouvement, celles du calorique, de l'électricité, de la lumière, qu'elles nous font connoître, deviennent pour nous la source d'une foule d'applications importantes à notre existence individuelle et sociale.

Les *sciences chimiques* nous guident dans un grand nombre d'opérations qui ont pour objet l'hygiène publique et privée, comme la désinfection de l'air, la conservation des alimens et des boissons, le blanchissage, l'art culinaire, la préparation des matériaux de nos vêtemens, celle des médicamens, etc.

Les *arts mécaniques* et *industriels* suppléent à nos moyens physiques dans une infinité de circonstances, comme dans le transport des fardeaux, dans le mouvement à imprimer à de grandes masses, ou dans les cas où il faut nous mouvoir nous-mêmes avec une rapidité que nous ne pouvons nous communiquer. De plus, ils soutiennent ou favorisent les sciences physiques et chimiques, l'agriculture et les beaux-arts, par les instrumens qu'ils leur fournissent, ou les produits divers qu'ils mettent à leur disposition. Enfin, ils entretiennent le corps social d'une manière plus directe, par une infinité de productions essentielles à la satisfaction de nos besoins, telles que les tissus de nos vêtemens, les matériaux de nos édifices et de nos meubles, les ustensiles de première nécessité, etc.

Les *beaux-arts* influent sur la vie sociale par les charmes qu'ils y répandent; l'art du dessin, par la régularité et l'embellissement qu'il introduit dans les produits des arts industriels; la peinture et la sculpture, en faisant revivre des objets qui nous sont chers, en nous conservant les traits précieux de la vertu et de l'héroïsme, en rendant présens à nos yeux des événemens remarquables, ou des actions éclatantes, qui ont eu lieu dans des temps plus ou moins éloignés; l'architecture, par les abris salubres, commodes, élégans ou somptueux qu'elle nous offre; et la musique, par l'expression vive, animée, énergique ou touchante, qu'elle prête à nos sentimens.

Enfin, *la science de l'organisation de l'homme* influe sur le corps social, en montrant tous les rapports qui existent entre cette organisation et les objets qui l'environnent, tels que l'air considéré dans ses divers degrés d'humidité ou de sécheresse, de pesanteur ou de légèreté, de chaleur ou de froideur, les alimens, les boissons, les vêtemens, etc., en faisant connoître les lois hygiéniques qui sont les plus propres à maintenir les fonctions organiques dans leur libre et régulier exercice; et enfin, quand elles sont troublées, en enseignant les moyens les plus efficaces pour calmer la douleur qu'elles produisent, ou pour les rétablir dans leur état normal.

Telles sont les influences des *idées des rapports des êtres* sur la vie sociale. Mais on a dû remarquer que toutes, excepté celles des beaux-arts, n'agissent, en dernière analyse, que sur l'existence physique de l'homme. Il n'en est pas de même de celles que nous allons étudier dans l'article suivant, car elles proviennent d'un autre ordre d'idées, qui constituent ses sentimens, et elles ne s'exercent que sur sa vie morale.

ARTICLE II.

Des idées affectives, ou de ce que l'on appelle affections morales , sentimens , passions , penchans.

L'homme ne peut exister sans exercer son intelligence, et par conséquent sans établir des rapports entre les objets extérieurs et lui. Mais, pour cela, il falloit qu'un certain attrait agît sur son âme , et qu'il y fut sollicité par le plaisir, comme il falloit qu'un sentiment de peine l'empêchât de se livrer aux relations qui pourroient lui nuire. Le jugement, toujours tardif et ne développant par lui-même aucune sensation, n'auroit pu lui suffire dans le plus grand nombre des circonstances, et il avoit besoin d'un excitant plus prompt, et dont les impulsions fussent vivement perçues, pour le déterminer à agir. Or, le sentiment est ce puissant mobile. Ainsi, par exemple, il doit vivre et se conserver, et il est attiré agréablement vers ce qui lui est utile, et éloigné par une affection pénible de ce qui peut lui être désavantageux ; il est né pour la vie en société, et il trouve mille charmes dans son commerce avec ses semblables. Sans ces affections, il n'auroit pu, ni assez vivement désirer les objets qui lui sont nécessaires, ni fuir avec assez de promptitude ceux qui peuvent lui nuire, ni enfin établir avec les autres individus de l'espèce, les rapports intimes qui lui sont d'une rigoureuse nécessité. Or, ces sentimens de plaisir et de peine qui dirigent l'homme dans ses relations, et qui sont à sa vie morale ce que sont les sens de l'odorat et du goût à sa vie physique, ne proviennent que de modifications organiques internes développées à la vue des objets qui l'entourent, par la réaction de son appareil encéphalique sur les viscères où elles surviennent, et qu'il perçoit ensuite plus ou moins vivement. Que nous nous trouvions exposés à un danger imminent, d'abord la vue de ce danger nous frappe, nous en concevons l'*idée*, et, tout-à-coup, par l'influence de l'encéphale, notre cœur palpite, nous ressentons un serrement douloureux à l'épigastre, etc.; nous éprouvons, en un mot, cette affection morale à laquelle on a donné le nom de *frayeur*. Si un objet quelconque nous charme, si un événement heureux nous réjouit, ou si un accident fâcheux nous afflige, il y a toujours, avant le plaisir ou la douleur que nous éprouvons, une *idée première* qui en est la source, une réaction encéphalique sur une partie de notre organisation, ordinairement les viscères épigastriques, et ensuite la perception de la modification vitale qui est l'effet de cette réaction et qui est transmise par les divisions du grand sympathique [1].

Cette analyse peut s'appliquer à tous nos sentimens, et une affection morale, de quelque nature qu'elle puisse être, offrira toujours ces quatre élémens constitutifs, savoir, *idée*, *réaction encéphalique*, *modification organique vitale*, et *perception agréable* ou *pénible* de cette modification.

Il suit de là, comme nous l'avons dit dans nos Prolégomènes, qu'une affection morale n'est, dans sa nature intime, qu'une ou plusieurs idées avec affection organique perçue, et que c'est avec juste raison que nous avons donné le nom d'*idées affectives* à nos sentimens.

Cette manière de considérer les affections morales explique les différences qu'elles offrent dans les divers individus sous le rapport de leur vivacité. On conçoit, en effet, qu'elles doivent

---

[1] Exemple qui montre la nature différente d'une idée de rapports, et d'une idée affective, nées d'un même objet : je me trouve sur le bord d'un précipice, je considère sa profondeur, sa largeur, sa forme, la nature de ses parois, et j'acquiers une *idée de rapports*. Mais ensuite, en examinant sa profondeur, je conçois le danger auquel je suis exposé, et je ressens les effets d'une *idée affective*, en percevant la modification produite par la réaction de l'appareil nerveux intra-crânien.

C'est cette réaction, plus ou moins intense, qui détermine tous les troubles des fonctions, et toutes les lésions organiques qui sont la suite des affections morales.

être d'autant plus vives que les modifications organiques produites par la réaction de l'encéphale sont elles-mêmes plus intenses. Voilà pourquoi de deux individus soumis à l'action d'une même cause morale, l'un s'en montre profondément affecté, tandis que l'autre en ressent à peine l'influence. Le premier perçoit vivement une modification organique qui a une grande intensité, tandis que chez le second cette modification est presque nulle; et l'on dit alors que l'un est *sensible*, et que l'autre ne l'est pas[1]. Voilà pourquoi aussi cette sensibilité et cette insensibilité peuvent être héréditaires, et enfin pourquoi, dans certaines maladies, les affections morales acquièrent une si grande vivacité[2].

[1] Le premier possède le *tempérament nerveux* des physiologistes. Il n'est pas rare de voir, dans ces constitutions, à la suite d'une idée affective, la réaction encéphalique se propager au système musculaire, et déterminer des convulsions.

Dans l'hypocondrie, il y a des modifications organiques internes perceptibles très-intenses; de là une perception qui fait ressentir un trouble intérieur d'où naissent un malaise indéfinissable, la tristesse, le dégoût de la vie, et même le suicide, si la religion a perdu tout son empire sur les infortunés atteints de cette affection.

[2] Lorsque la réaction cérébrale a une très-grande intensité, les nerfs transmetteurs entrent dans une sorte de spasme qui s'oppose à la transmission du principe nerveux aux organes qui doivent éprouver la modification organique perceptible. Alors cette modification n'a plus lieu, et il y a in-

C'est pour n'avoir pas distingué dans les sen‑
timens ce qui est essentiellement moral de ce
qui est purement physique, *la modification or‑
ganique perceptible*, et pour avoir pris l'effet
pour la cause, que l'on a attribué un siége aux

sensibilité complète; ce qui explique ces cas singuliers où,
dans une violente émotion, on demeure entièrement insensible.
Nous avons observé ce phénomène chez une jeune mère qui
vit mourir son enfant dans ses bras. Elle poussa un cri aigu,
puis tout à coup sa douleur s'évanouit. « Je ne conçois pas ce
»que je suis, disoit-elle; mon enfant est mort, il est là, je
»le vois, et je suis insensible. Bien loin d'en être affligée,
»j'irois à présent me promener, je rirois, je chanterois »;
et, pour preuve, elle rioit, elle chantoit. Cet état dura un
jour; il se dissipa peu à peu; le spasme des nerfs transmet‑
teurs cessa, la modification organique eut lieu, et des cris
plaintifs, des larmes amères, abondantes, vinrent attester
qu'elle étoit perçue, et que la fonction nerveuse transmissive
étoit pleinement rétablie.

Dans d'autres circonstances, l'état maladif du cerveau
donne à la réaction de cet organe une telle activité, que la
modification organique qui en résulte, est beaucoup plus
prononcée que dans l'état normal, et sa perception plus vive.
De là vient la sensibilité morale souvent excessive des para‑
lytiques et des épileptiques, et l'irascibilité de ces derniers.

C'est à une modification organique intense et dépravée
par un état pathologique du cerveau, au point de donner lieu
à une perception vive de plaisir lorsqu'on ne devroit res‑
sentir que de l'horreur, qu'il faut attribuer la manie homi‑
cide. Ne voit-on pas la vue des alimens les plus dégoûtans
inspirer dans le pica, par une cause analogue, le plus irré‑
sistible appétit?

passions. On n'a pas fait attention que cette modification organique, s'étendant toujours à un
plus ou moins grand nombre de parties, et variant sous ce rapport selon les individus, il faudroit nécessairement admettre qu'une même
affection morale a plusieurs siéges différens, et
même occupe à la fois plusieurs organes, ce qui
est absurde. On n'a point compris non plus que
nos sentimens n'étant que des perceptions, ils
ne pouvoient avoir de siége matériel (Voyez
Prolég. chap. 3, art. 2).

Lorsqu'une idée affective est impulsive, c'est-
à-dire qu'elle pousse vers l'objet qui la fait
naître, et qu'elle est habituelle, elle forme ce
que l'on nomme un *penchant*.

Lorsque au contraire elle est répulsive, elle
constitue une *antipathie*.

Une idée affective accidentelle, mais vive,
dans laquelle l'être intelligent se complaît, et
dont il s'occupe d'une manière exclusive, prend
le nom de *passion*.

Lorsqu'elle provoque habituellement certaines
déterminations, certains actes, plutôt que d'autres d'une nature opposée, elle forme ce que
l'on appelle le *caractère*.

En considérant dans leur ensemble les affections morales de l'homme, on voit bientôt qu'elles
se composent de sentimens *primitifs* et de sentimens *secondaires*, ou qui proviennent de ceux-

ci d'une manière directe. Les premiers sont intimement liés à ses destinées, qu'ils doivent favoriser, et qui sans eux ne pourroient s'accomplir ; les autres ne sont que des effets de ces affections primitives. Nous allons étudier sous ce double rapport le cœur de l'homme dans les paragraphes suivans.

§ I. Des idées affectives primitives.

L'homme est destiné à exister pendant un certain temps sur cette terre ; il faut donc qu'il aime la vie, car, sans cela, comment pourroit-il vouloir vivre ? Mais, pour aimer la vie, il faut qu'il en sente les douceurs ; et cette sensation, c'est son organisation qui en est la source par les perceptions agréables auxquelles donnent lieu ses modifications diverses. Il faut donc qu'il ait pour elle un attachement proportionné à tous les biens dont elle le fait jouir. Or ce sentiment, qu'il éprouve pour lui-même, parce qu'il s'identifie avec ses organes, constitue l'*amour de soi*.

A l'existence de l'homme se trouve nécessairement liée d'une manière intime sa reproduction ; car comment pourroit-il continuer d'être comme espèce, et par conséquent comme individu, s'il ne pouvoit se reproduire ? Il doit donc ressentir l'*amour du sexe* et celui *de la progéniture.*

L'homme est né pour *connoître;* il ne sauroit *être* s'il n'étoit intelligent. Mais, pour remplir cette destinée, il falloit nécessairement qu'il eût un penchant inné pour le *savoir;* car, sans cela, rien ne l'auroit porté à exercer l'intelligence dont il a été doué. Or ce penchant est l'*amour de la science.*

Il est né pour la vie sociale ; il falloit donc qu'il y fût porté par des sentimens en rapport avec cette manière d'exister ; de là l'*amour filial,* qui le retient dans la famille ; l'*amour de ses semblables,* qui l'attache à la société générale ; l'*amour du sol natal,* qui le fixe dans celle qui l'a vu naître , et l'*amour de la patrie,* qui lui fait sacrifier ses propres intérêts au bien public.

L'homme ne peut exister sans lois morales , elles constituent son principe de vie. Mais quels effets auroient-elles pu produire sur un cœur qui n'y eût point été préparé? Quel auroit été leur pouvoir, sans une disposition secrète qui les fît accueillir d'une manière favorable? Or cette disposition innée, c'est l'*amour de l'équité.*

L'homme, créature privilégiée , est né pour connoître son créateur. Il devoit donc l'aimer ; car comment pourroit-il n'être point pénétré d'amour pour l'*Être tout-puissant* de qui il tient l'existence? De là l'*amour de Dieu.*

L'homme doit modifier tout ce qui l'entoure, commander en maître à la nature entière, étendre son pouvoir sur tout l'univers. Il falloit donc qu'il fût porté par un penchant naturel vers cette destinée, qu'il conçût un vif désir de la remplir. Or ce désir que devoit ressentir toute l'espèce, ce penchant qui devoit être commun à tous les individus, et qui se montre si souvent funeste, c'est l'*amour de la domination*.

Enfin l'exercice de la puissance de l'homme sur tous les objets qui l'environnent entraîne nécessairement le désir de les posséder ; car comment pourroit-il exercer pleinement sur eux son intelligence, s'il ne pouvoit en disposer à son gré ? Ce sentiment, qui le porte vivement vers les objets qu'il doit soumettre à son empire, constitue l'*amour de la possession* ou de *la propriété*.

Telles sont les affections morales primitives qui existent dans le cœur de l'homme, et qui, comme nous le verrons bientôt, sont la source de toutes les autres. Jetons un coup-d'œil rapide sur chacune d'elles en particulier.

1° L'*amour de soi-même*. Ce sentiment, le plus profond de tous, naît avec l'homme, et ne finit qu'avec sa vie. Très-développé dans l'enfant, qui ne donne rien de ce qu'il a, qui veut posséder tout ce qui l'entoure, qui rapporte tout à lui-même et ne voit que lui dans l'univers, il est un peu moins vif dans les âges suivans, où les devoirs sociaux sont mieux sentis. Mais il reprend une nouvelle activité dans la vieillesse , où l'homme, voyant que tout lui échappe, et que sa foiblesse toujours croissante exige sans cesse de nouveaux secours , concentre toute son affection sur lui-même, et se montre indifférent à tout ce qui lui est étranger.

2° L'*amour du sexe* ne se développe qu'avec les organes qui le provoquent, et qui doivent en seconder les effets. Il s'éteint, ou du moins il s'affoiblit considérablement, quand ceux-ci cessent d'agir, comme dans la vieillesse. Il est *prédilectif* ; et cette prédilection , qui varie selon les individus , qui constitue les affections particulières, se trouve en harmonie avec les variétés des traits physionomiques nécessités par la vie sociale , et prévient tous les désordres qui, sans elle, naîtroient de choix communs ou trop limités.

3° L'*amour de la progéniture* , lien primitif de la famille, et par suite de la société entière, est proportionné , dans les parens, aux soins que chacun d'eux doit donner au fruit de leur union. Il est plus vif dans la mère que dans le père, comme un dédommagement des douleurs qu'elle a éprouvés en lui donnant le jour, et des sacrifices qu'elle doit s'imposer, des peines qu'elle doit endurer encore pour le lui conserver. L'amour paternel prend de l'accroissement à mesure que l'enfant avance en âge, parce que alors c'est à ses soins qu'il doit être confié. Dans les animaux, qui doivent vivre isolés, l'amour de la progéniture s'éteint dès que les petits peuvent se passer de leur mère. Dans l'homme, qui doit vivre en société, il se conserve et se perpétue par l'habitude et les rapports réciproques des parens et des enfans ; ce qui montre dans cet être une admirable harmonie entre ses affections et ses destinées.

4° L'*amour de la science* est, comme les sentimens ci-dessus, commun à tous les individus de l'espèce. L'homme brûle du désir de *savoir*, parce qu'il est dans sa nature de *connoître*, et que, sans l'exercice de son intelligence, il ne sauroit exister. Ce désir commence, pour ainsi dire, avec sa vie ; il est très-remarquable dans l'enfance, où il constitue ce sentiment de curiosité qui la porte à tout voir, à briser ce qui la charme le plus, les instrumens de ses jeux, pour les connoître, à tout dissocier, à tout détruire pour remonter aux causalités. Il provoque l'exercice de nos facultés intellectuelles sur tout ce qui nous entoure ; et il est, sous ce rapport, la source première des sciences et des arts. Il s'affoiblit dans la vieillesse, où l'homme, se trouvant sur les limites de la vie, n'est plus attiré par les choses terrestres, et ne recherche plus que l'éternelle vérité.

5° L'*amour filial* est, comme l'amour paternel, un des liens de la famille, et, par suite, du corps social. Il concourt, sous ce rapport, avec l'*amour de ses semblables*, l'*amour du sol natal* et l'*amour de la patrie*, à l'entretien de la vie sociale. Né de l'habitude, qui le fortifie, il s'affoiblit par l'absence, et s'éteindroit même entièrement par des rapports nouveaux, si elle se prolongeoit trop long-temps dans le jeune âge; de là l'utilité de l'éducation paternelle, pour donner de la durée et de la force à ce précieux sentiment. En rapport avec les besoins de l'individu, et fait pour l'attacher fortement à ceux qui doivent y pourvoir, il est très vif dans l'enfant pour celle qui lui a donné le jour et qui doit entretenir son existence. Mais peu à peu, et à mesure qu'il avance en âge, il se partage entre elle et le chef de la famille, qui doit soutenir sa foiblesse et veiller à son bonheur.

6° L'*amour de ses semblables* est à la société ce que l'*amour paternel* et l'*amour filial* sont à la famille. L'homme est entraîné vers ses semblables par un sentiment irrésistible qui est en harmonie avec ses besoins, comme les membres d'une même famille sont liés les uns aux autres, et à leur insu, par leurs nécessités réciproques.

7° L'*amour du sol natal* attache l'homme aux lieux qui l'ont vu naître, prévient les effets de son inconstance et maintient ainsi réunies les sociétés particulières, dont l'ensemble forme le corps social. C'est cet amour qui rend si doux pour ceux qui les habitent les climats les plus rudes, les contrées les plus inhospitalières, et qui prévient ainsi les combats sanglans et continuels que se livreroient sans lui les peuples divers pour la possession des régions les plus fortunées. C'est lui qui fait que le Lapon vit heureux au milieu des frimas, l'Africain sous les feux brûlants de son soleil perpendiculaire, comme l'habitant des contrées méridionales de l'Europe dans son climat tempéré.

L'amour du sol natal prend sa source dans les les souvenirs du passé. L'homme, en effet, s'attache à tout ce qui lui retrace les événemens de sa vie, qu'il cherche à étendre, pour ainsi dire, jusque dans le temps qui n'est plus; et cette affection s'accroît avec le nombre de ses années. Peu développé dans l'enfance, où il n'y a point encore assez de souvenirs, et où l'homme n'est retenu dans le lieu où il a reçu le jour que par les liens de la famille, l'amour du sol natal se fortifie avec l'âge, et devient irrésistible dans la vieillesse, qui, comme nous l'avons déjà dit, ne vit plus que dans le passé. Aussi le vieillard n'abandonne-t-il jamais ses foyers, et meurt-il toujours près du tombeau de ses pères.

L'amour du sol natal est plus prononcé chez la femme que chez l'homme, parce que celle qui est la source de la famille, et d'où doivent provenir tous les soins qu'elle exige, devoit le moins s'en éloigner ; aussi ne la quitte-t-elle que très-rarement, et ne pourroit-elle en demeurer long-temps séparée. Voilà pourquoi l'on voit si peu de femmes avoir le goût des voyages, même dans les familles dont l'aisance affranchit la mère des soins domestiques et de tout travail.

8° L'*amour de la patrie* est ce sentiment qui attache à la société générale par les lois qui la gouvernent et le bonheur dont on y jouit. Il a pour objet les institutions plutôt que les hommes ; d'où l'on voit que la *patrie*, pour un peuple, est ce qu'est la famille pour un individu. Dans l'une comme dans l'autre, ce sont le mode du gouvernement qui y est établi, l'ordre qui y règne, les secours qu'on en attend, la protection qu'on en reçoit, qui sont la source de l'attachement qu'on y porte. La patrie est donc un être moral ; elle ne consiste donc point dans le sol que l'on habite ; et un peuple peut aller s'établir dans une autre région de la terre sans changer de patrie, s'il ne change point ses institutions.

Il est aisé de comprendre, d'après ce que nous venons de dire, pourquoi l'amour de la patrie est nul dans l'enfance, qui ne peut concevoir l'idée qui le constitue, pourquoi il se développe, se fortifie avec l'âge, et s'exalte dans la jeunesse et la virilité, enfin pourquoi il ne s'éteint point dans la vieillesse, qui le nourrit par le sentiment de sa foiblesse et le fortifie dans ses souvenirs.

9° *L'amour de l'équité*, fondement de toute société humaine , existe dans le cœur de tous les hommes ; et le méchant lui-même qui viole toutes les lois de la justice, ne se livre jamais à ses désordres sans faire violence à ce généreux sentiment. Il est le lien de toutes les relations sociales ; il les multiplie et les féconde ; et malheur à la société dont tous les individus résisteroient ses bienfaisantes impulsions !

1° *L'amour de Dieu* naît de la connoissance d'une intelligence suprême et créatrice, il constitue le témoignage, la raison générale des peuples, qui s'accordent tous, et sur l'existence d'un être souverain de tous les êtres, et sur l'amour, et les hommages qui lui sont dus. Il est la source de toutes les opinions religieuses, de tous les cultes répandus parmi les hommes, à travers lesquels on voit clairement, malgré leurs diversités dépendantes des préjugés, des erreurs de l'ignorance, des institutions politiques, des passions même, une conformité de croyance sur l'être qui en est l'objet.

L'amour de Dieu est nul dans l'enfant, qui ignore de qui il tient la vie. Il est souvent étouffé dans la jeunesse par la violence des passions. Il se fait toujours sentir dans la virilité, lorsque rien n'obscurcit l'intelligence. Mais c'est surtout dans la vieillesse, où l'homme, à qui tout échappe, qui voit toutes ses illusions s'évanouir, se trouve en présence de la vérité éternelle, que ce sublime sentiment jouit de toute son activité.

La femme le ressent plus vivement que l'homme. Sa vie plus sédentaire, qui la préserve davantage des égaremens du cœur, et l'habitude de la réflexion que sa vie retirée lui fait contracter de bonne heure, et qui donne plus de rectitude à son jugement, lui font mieux connoître l'Être souverain qu'elle doit aimer, tandis que son âme plus sensible, plus tendre, donne à cet amour une plus grande énergie.

Ce sentiment est d'autant plus vif, chez les individus, que leur éducation a été plus soignée, qu'ils ont un jugement plus parfait, et une imagination plus vive, et qu'ils se trouvent plus éloignés des centres sociaux de corruption.

11° L'*amour de la domination* règne en souverain dans le cœur de tous les hommes. Il se montre dans tous les âges, depuis l'enfance jusqu'à la vieillesse. L'enfant, en effet, veut commander à tout ce qui l'entoure; il balbutie encore qu'il prétend maîtriser ceux qui sont l'appui de sa foiblesse; et ses résistances opiniâtres, et ses pleurs si réitérés, et ses cris d'impatience, attestent assez son penchant à dominer. Plus tard, dans ses jeux, c'est la première place qu'il brigue, c'est le premier rang qu'il dispute, c'est l'honneur de la victoire qu'il prétend obtenir, ce sont des hommages qu'il croit lui être dus et

II.   12

qu'il exige; de là les querelles continuelles qui s'élèvent entre lui et ses petits compagnons. *L'amour de la domination* ne s'affoiblit point dans la jeunesse; il s'accroit dans la virilité, qui est l'âge où il exerce le plus son empire, et où il produit souvent les plus funestes effets. Le vieillard lui-même, bien qu'il sente toute sa foiblesse, ne peut se soustraire à ce sentiment, et il montre par son opiniâtreté inflexible, qu'il en est maîtrisé jusqu'au dernier soupir.

12° Enfin l'*amour de la possession* ou *de la propriété* se montre non moins puissant sur l'âme humaine que celui de la domination. Il apparaît dans tous les âges de la vie comme un témoignage éclatant des destinées de l'homme, de sa puissance modificatrice, et de l'immense héritage que lui lègue l'Éternel. Il est très-actif, très-véhément dans l'enfance. Voyez l'enfant dans le premier âge, il semble ne respirer que pour posséder; il désire tout, il veut se rendre maître de tout, alors même que sa foiblesse le met hors d'état de rien atteindre. Ses cris, ses pleurs, lorsqu'on lui ravit le moindre objet, témoignent assez tout le prix qu'il attache à sa possession. Dans les âges suivans, ce sentiment ne perd rien de sa puissance. Seulement un autre penchant plus impétueux le modère momentanément dans la jeunesse ; mais il reprend toute sa force dans la virilité, et ne s'affoiblit point dans la vieillesse, où l'homme s'attache d'autant plus à ce qu'il possède qu'il est plus près de le quitter.

Tels sont les sentimens primitifs du cœur de l'homme, sentimens auxquels il ne peut se soustraire, car ils constituent son existence, et qui produisent toutes les affections morales secondaires dont nous allons nous occuper dans le paragraphe suivant. Mais auparavant nous ne devons point oublier de faire une remarque importante. Ces sentimens, que l'éducation ne fait que modifier, mais qui sont invariables dans leur nature, sont communs à tous les individus, où ils ne diffèrent que par leur degré de vivacité, et où ils forment, pour chacun d'eux, des dispositions morales identiques, parce que c'est dans cette uniformité, dans cette unité sentimentale, que la vie sociale devoit trouver son existence, comme c'est dans l'identité du principe de la vie physique que l'*espèce*, comme être matériel, devoit puiser la sienne. De là vient que tous les peuples s'entendent et établissent entre eux des relations intimes sur ce qui leur est essentiel, les idées morales et les sentimens. Mais il n'en est pas de même des penchans intellectuels, qui varient, selon les individus, pour le bien commun de tous, car la vie sociale n'existe que par la diversité des dispositions intellectuelles, comme elle ne se soutient que par l'uniformité des affections.

Remarquez encore que nous ne pouvons rien ajouter à notre cœur; qu'il est au-dessus de notre pouvoir d'acquérir aucune *idée affective* nouvelle, et que, sous le rapport moral, l'homme est aujourd'hui le même que dans les siècles les plus reculés; tandis que nous pouvons étendre la sphère de nos *idées des rapports des êtres*, et agrandir notre domaine intellectuel. Cela vient de ce que les idées morales sont le principe de la vie de l'homme, le constituent ce qu'il est, et qu'un être ne peut rien ajouter à sa nature, car, autrement, il pourroit se créer, se modifier, changer à son gré son essence, et détruire l'harmonie de la création. Si l'homme peut étendre son intelligence, c'est que les progrès qu'il fait sous ce rapport ne changent rien à ce qu'il est, qu'il reste toujours le même, et qu'il ne fait que développer ses facultés; aussi entre le savant et l'ignorant, il n'y a d'autres différences que dans le nombre des idées de *rapports des êtres* qu'ils ont acquises, et, dans l'un comme dans l'autre, l'homme se montre avec tous ses attributs.

§ II. Des idées affectives secondaires.

Tout n'est qu'amour dans le cœur de l'homme, nous l'avons vu dans le paragraphe précédent. C'est donc de ce sentiment primitif, dont nous venons d'exposer les divers objets, que naissent toutes ses autres affections morales. Montrons-en le développement, sans sortir des bornes qui nous sont prescrites par la nature même de ce traité.

De l'*amour de soi-même* proviennent le penchant à notre conservation (car on ne peut vouloir conserver que ce que l'on aime), l'horreur qu'inspire l'idée de la mort ou de la destruction de nos organes, la joie dans le bien qui nous arrive et la douleur dans le mal qui nous survient, la crainte que nous éprouvons dans un événement incertain, la frayeur qui nous saisit dans un danger qui nous presse, le désir de posséder tout ce qui peut nous être utile, et l'aversion pour tout ce qui peut nous être désavantageux, la reconnoissance qui suit le bien que l'on nous fait, et le déplaisir qui accompagne le mal que l'on nous cause, la haine pour ce qui met obstacle à l'accomplissement de nos désirs, etc. Lorsqu'il n'est point dirigé par la religion, et qu'il sort de ses limites légitimes, il constitue ce que l'on nomme *égoïsme*. Il produit alors la pusillanimité, l'indifférence ou la froideur du cœur pour tout ce qui nous est étranger, la cupidité, l'envie, la jalousie, l'aversion pour tout ce qui nous blesse, le désir de la vengeance, l'oubli de toutes les lois morales, l'impiété, le mépris de tous les devoirs, un amour sans bornes pour l'indépendance, et il devient ainsi un sentiment véritablement anti-social. C'est alors que l'homme s'écrie, poussé par ses passions désordonnées : « Brisons tous les liens du Seigneur et de son » Christ, et rejetons loin de nous leur joug » (*Ps.* 2). L'égoïsme altère aussi le jugement d'une manière remarquable, et donne naissance à l'orgueil et à la vanité; car celui qui n'aime que lui, n'estime aussi que lui, ne voit rien au-dessus de lui, et veut qu'on l'estime de même.

Cependant cet amour de soi-même ne sauroit ici bas être satisfait. Malgré tous les soins que l'homme prend de combler les désirs qu'il lui inspire, de nouveaux désirs se succèdent continuellement, et un vide immense reste toujours dans son âme; de là viennent l'inconstance qui le caractérise, et le profond ennui dans lequel il traîne son existence, tandis que tout vit paisible autour de lui dans la création. Ce sentiment qu'il éprouve sans cesse, qui se mêle à tous les autres, qui lui annonce que *l'infini* est l'objet vers lequel il doit tendre, qui le tient, selon l'expression énergique du grand apôtre, *comme dans le travail de l'enfantement*, lui apprend que sa destinée est toute différente de celle des autres êtres, et que ce n'est point sur cette terre que se trouve le bonheur parfait qu'il attend.

L'amour du sexe produit la pudeur et ses douces alarmes dans un cœur où il commence à naître, sentiment précieux destiné à en modérer les effets. Légitimé par la religion, il cause ce plaisir pur, cette joie ineffable de deux âmes qui se confondent dans une même vie. Mais lorsqu'il sort des limites établies par la sagesse et la vertu, il trouble la raison et donne à l'imagination une impulsion désordonnée. Il peut même s'opposer au jugement, et causer l'abrutissement ou un état voisin de l'idiotisme, lorsque l'on ne surmonte point l'attrait de la modification organique qui y est liée, et que saint Paul a appelée si énergiquement *l'inspiration de la chair*. Il engendre les agitations du cœur les plus douloureuses, la crainte sans cesse renaissante de perdre l'objet aimé, la jalousie avec toutes ses angoisses, la colère avec toutes ses fureurs, le désespoir avec toutes ses inquiétudes, et mille autres passions funestes qui semblent destinées à punir l'homme de ses égaremens.

De l'*amour de la progéniture* naissent tous les sentimens qui découlent de l'amour paternel et de la tendresse maternelle; mélange de plaisirs et de peines, d'espérances et de craintes, de joie et d'affliction qui montre à l'homme qu'il n'est point de félicité parfaite sur cette terre, et que, même dans ce qu'il y a de plus pur dans ses affections morales, la douleur fait sentir son aiguillon. Lorsqu'il est porté au-delà des bornes, et qu'il n'est point dirigé par la raison, il donne

lieu à cette tendresse aveugle, bien plus dange-
reuse par ses effets que ne le seroit la haine; et
lorsqu'il est exclusif, il produit ces prédilections
funestes qui troublent la paix des familles et en
éloignent pour toujours le bonheur.

L'amour de la science produit ce sentiment
de plaisir que l'on éprouve à la poursuite de la
vérité, pour laquelle l'homme est né, et sans
laquelle il ne sauroit *être*, l'admiration dont on
est pénétré à la vue des œuvres du créateur, et
la joie que l'on ressent en découvrant une vérité
nouvelle. Il est la source première de l'intérêt
que nous inspire tout ce qui nous frappe, tout
ce qui nous surprend, tout ce qui, en éton-
nant notre intelligence, en sollicite vivement
l'exercice, et il donne naissance à cet amour
du merveilleux commun à tous les hommes, et
si remarquable dans l'enfance et chez les peuples
peu civilisés. Porté au-delà des bornes, il provoque une vaine curiosité pour les objets qui
ont été dérobés à notre entendement, et donne
lieu à ce faux savoir mille fois plus nuisible que
l'ignorance par les fausses idées qu'il enfante et
l'orgueil qu'il fait germer au fond du cœur.

L'amour filial donne naissance à la douleur,
aux pleurs, aux cris de l'enfant que l'on enlève
des bras de sa mère. Dans un âge plus avancé,
il produit la reconnoissance pour les soins des
parens, le chagrin que l'on éprouve d'en vivre

séparé lorsque les circonstances l'exigent, la nostalgie, la joie de les revoir après une absence prolongée, enfin tous les sentimens affectueux qui font le bonheur de la famille.

L'amour de ses semblables engendre tous les sentimens secondaires qui s'y rattachent, tels que la pitié, la commisération que nous ressentons à la vue de l'infortune, la générosité qui nous porte à la soulager, la joie que nous éprouvons du bonheur des autres, la douleur que nous causent leurs afflictions, tous les sentimens généreux que l'on observe dans les amitiés électives, et qui ont produit tant d'actions héroïques dont l'histoire nous a conservé le souvenir.

De l'*amour du sol natal* dérivent toutes les affections morales qui s'y lient; c'est l'attachement au berceau qui nous reçut à notre entrée dans la vie, à la prairie témoin des jeux de notre enfance, au vieux chêne sous lequel nous nous sommes si souvent assis, à l'allée solitaire qui entendit le premier soupir de notre cœur; c'est le plaisir ineffable de revivre par la mémoire dans les lieux où nous avons vécu, de voir tous nos jours passés, et jusqu'à nos malheurs retracés dans tout ce qui nous entoure; enfin c'est cette douce tristesse que nous ressentons auprès du tombeau qui renferme les restes d'une mère adorée, d'un fils chéri ou d'une épouse tendrement aimée.

D'autres sentimens secondaires naissent de *l'amour du sol natal;* tels sont le malaise que nous éprouvons, quand il a été fortifié par l'âge, en quittant nos foyers domestiques, l'impatience de les revoir, le tourment que nous cause une absence trop prolongée, la nostalgie qui en est souvent la suite, la joie qui nous pénètre, dans un pays lointain, à la vue inattendue d'un compatriote, dont la présence nous retrace tous nos souvenirs, etc.

L'amour de la patrie enfante tous les généreux sentimens nécessaires à sa défense, et qui produisent tant d'héroïques dévouemens, l'abnégation de soi-même, le sacrifice de ses biens, l'abandon de la vie, le mépris de la mort, et toutes ces déterminations éclatantes dont nous pouvons, nous Français, offrir tant de beaux modèles à tous les peuples de l'univers.

L'amour de l'équité fait naître celui de l'ordre moral, l'estime, le respect, l'admiration pour la vertu, l'horreur pour le vice, et sert ainsi de soutien aux lois divines et humaines relatives au bonheur des intelligences dans la vie en société. Il ne s'éteint jamais dans le cœur de l'homme; c'est lui qui fait éprouver à une âme corrompue la honte dont elle ne peut se défendre, et que manifeste la rougeur du front.

L'amour du Créateur produit les sentimens d'humilité, de respect, d'adoration qu'inspirent

la bonté et la toute-puissance divines, et l'attachement au culte qui lui est dû. Il inspire le goût
de la retraite aux cœurs qu'il pénètre vivement,
et leur fait sentir toutes les douceurs de la vie
ascétique. Chez les peuples qui ont perdu les traditions sociales, dont la raison s'est obscurcie,
que les préjugés et surtout les passions désordonnées égarent, et qui sont tombés dans l'enfance
morale, il inspire tous les sentimens supersti-
tieux du Polythéisme et l'amour pour les divi-
nités imaginaires qu'ils se créent dans les désordres de leur cœur.

L'*amour de la domination* fortifie les penchans individuels pour les professions diverses,
parce que dans toutes, il y a quelque empire à
exercer sur des êtres qui doivent se soumettre
à obéir, et il concourt ainsi à l'entretien de la
vie sociale. Il donne naissance à l'amour de la
gloire et des distinctions honorifiques, qui élèvent l'homme au-dessus de ses semblables, et
étendent son pouvoir ; porté au-delà de ses limites, il produit l'ambition démesurée, le désir
effréné de sortir du rang social où l'on se trouve
placé ; de là naissent toutes les disputes, toutes
les querelles de prééminence, l'envie, la jalousie, la haine, et, dans le cœur des chefs des
empires, la passion funeste des conquérans.

L'amour de la domination est aussi, comme
l'amour de soi-même, la source du penchant

à la liberté sans bornes; car celui qui désire de commander aux autres a, par cela même, de la répugnance à obéir. Il inspire aussi à l'homme le sentiment de sa dignité, qui le rend si sensible aux injures, aux humiliations et aux outrages, et qui, dans bien des circonstances, lui fait préférer la mort à un affront. C'est ainsi que, lorsqu'il est injurieusement frappé au visage, la partie la plus noble de son organisation, parce qu'elle lui est intimement liée comme instrument d'expression de ses sentimens et de ses pensées, il éprouve une angoisse insupportable; et si la religion bienfaisante ne vient calmer sa fureur, il lave dans le sang de son ennemi l'insulte qu'il en a reçue, ou il meurt de la main même qui l'a offensé.

L'amour de la possession ou *de la propriété* fortifie celui du sol natal et celui de la patrie; car on aime le sol natal par la jouissance des biens qu'il procure, et la patrie parce qu'elle en assure la possession. Aussi l'*amour de la propriété*, lorsque les législateurs fondent sur lui les institutions politiques, concourt-il puissamment à la stabilité des empires par le solide appui qu'il offre aux lois établies et par la résistance qu'il provoque contre tout ce qui tendroit à les renverser. Lorsqu'il franchit les bornes que la sagesse lui prescrit, il se change en cupidité, en avarice ; et si l'équité ne lui sert point de guide, si l'égoïsme l'excite, si les lois morales sont mises en oubli, s'il résiste aux cris de la conscience, il produit l'envie avec toutes les actions basses et criminelles qu'elle traîne à sa suite, comme le mensonge, la mauvaise foi, la fraude, le vol, et souvent des forfaits dont la peinture seroit trop horrible.

Telles sont les affections morales secondaires que développent au-dedans de nous nos sentimens primitifs[1] ; telle est en abrégé l'histoire du cœur de l'homme. Mais ces sentimens deviendroient pour lui un tourment insupportable s'il ne pouvoit les exprimer, comme les idées des rapports des êtres qu'il a conçues lui seroient inutiles s'il ne pouvoit les communiquer à ses semblables, et, sans cette double communication, la vie individuelle, comme la vie sociale, ne sauroient exister. Il faut donc nécessairement,

---

[1] Les *sentimens primitifs* que nous avons exposés dans le paragraphe précédent, influent les uns sur les autres, et se modifient réciproquement. Il en est de même des *sentimens secondaires* dont nous venons de nous occuper qui influent aussi sur les premiers, et en reçoivent à leur tour des modifications sensibles. Mais ces influences, si nombreuses, si variées, ne peuvent trouver place dans un traité élémentaire. Chacun d'ailleurs pourra les étudier sur soi-même, en sondant son propre cœur.

pour que l'homme puisse *être*, qu'il possède les moyens de transmettre au-dehors ce qu'il sent, comme ce qu'il pense; ce sont ces moyens que nous allons étudier dans le livre suivant.

LIVRE DEUXIÈME.

DE LA MANIFESTATION DES IDÉES.

Rien n'est plus admirable que cet ensemble d'instrumens organiques que la suprême Intelligence a mis à la disposition de l'homme pour l'expression des idées qu'il conçoit et des sentimens qu'il éprouve. Des traits physionomiques d'une mobilité extrême, un système musculaire capable d'imprimer tous les mouvemens, de donner toutes les situations qu'exigent les gestes et les attitudes à l'appareil osseux qui doit les former; un tube aérifère à l'extrémité duquel l'air, chassé des cellules des poumons par les muscles expirateurs et l'élasticité des côtes, reçoit un mouvement vibratile qui produit la voix; un appareil buccal qui la modifie d'une manière singulièrement variée, et donne naissance à toutes les expressions vocales et à la parole; l'instrument du toucher, qui trace les caractères mystérieux qui la représentent, et qui concourt au développement des productions des arts in-

dustriels et des beaux-arts, expressions particulières des sentimens et des idées ; tels sont les
merveilleux moyens que l'homme possède pour
sortir de lui-même et se montrer au-dehors,
et que nous allons exposer succinctement dans
les chapitres qui vont suivre.

CHAPITRE PREMIER.

DE L'EXPRESSION PHYSIONOMIQUE.

Un grand nombre de muscles concourent à cette fonction. Ce sont l'*occipito-frontal*, qui relève la région cutanée du front, et y détermine les rides transversales qu'on y remarque; le *surcilier*, qui fronce les sourcils et les rapproche l'un de l'autre en les abaissant; l'*orbiculaire* des paupières, qui détermine l'occlusion de ces voiles mobiles; le *releveur de la paupière supérieure*, qui découvre le globe de l'œil; les six muscles de cet organe, dont nous avons parlé en traitant des perceptions visuelles; le *releveur des ailes du nez et de la lèvre supérieure*; *leur abaisseur*; l'*orbiculaire des lèvres*, qui rétrécit l'ouverture buccale et en porte plus ou moins les bords en avant; le *releveur propre de la lèvre supérieure*, qui la dirige en dehors et en-haut; le *petit zygomatique*, qui est son congénère; le *grand zygomatique*, qui relève la commissure des lèvres et la porte en-dehors et en arrière; le *rele-*

veur de l'angle des lèvres, qui le porte en haut, comme son nom l'indique, et un peu en-dedans; le *buccinateur*, large muscle qui forme la joue, et qui, en se contractant, retire l'angle des lèvres en arrière; le muscle qui abaisse cet angle, qu'il porte aussi un peu en dehors; l'*abaisseur* et le *releveur de la lèvre* inférieure; le temporo-maxillaire, et le *zygomato-maxillaire*, qui rapprochent la mâchoire inférieure de la supérieure; les muscles *abaisseurs* de la première, enfin les grand et petit *ptérygo-maxillaires*, qui ont le même usage, et qui, de plus, portent la mâchoire inférieure en arrière ou en avant, selon que l'un ou l'autre se contractent, ou la meuvent d'une manière transversale, selon que ceux de l'un ou de l'autre côté agissent isolément. Tous ces muscles sont animés par les nerfs de la septième paire, qui déterminent les mouvemens exclusivement destinés aux expressions, et par ceux de la cinquième, qui rendent contractiles ceux qui servent en même temps à la mastication des substances alimentaires.

Il faut ajouter à ce système expressif la glande lacrymale, qui, dans la douleur, et souvent même dans la joie, sécrète sympathiquement, par l'intermédiaire de l'influence encéphalique, une plus grande quantité de larmes que dans l'état normal.

Mais bien que l'action des muscles faciaux

mette en jeu l'expression physionomique, elle ne la constitue point essentiellement, elle n'en est que la cause motrice. Ce sont les plis qu'elle détermine sur la région cutanée de la face, et qu'on appelle par cela même les *traits*, qui la forment tout entière, et qui sont une sorte d'écriture saillante où viennent se peindre tous nos sentimens. Plus ces traits sont prononcés, plus l'expression est vive ; de là vient que la physionomie est muette lorsque la tuméfaction de la face, infiltrée de liquides, s'oppose à leur saillie, et qu'elle est si expressive, au contraire, chez les convalescens, où le tissu cellulaire facial se trouve très-affaissé.

Tel est le mécanisme de l'expression physionomique ; considérons-la dans ses rapports avec nos idées et nos sentimens.

La physionomie sert à la manifestation du jugement relatif aux idées communiquées. Incertaine dans le *doute*, immobile, ou bien contractée, dans la *désapprobation*, par l'action de l'orbiculaire des paupières, de l'orbiculaire des lèvres, des releveurs de la lèvre supérieure et des ailes du nez, etc., elle s'épanouit, au contraire, dans l'*approbation* que l'on donne à l'opinion d'autrui, par la contraction des grand et petit zygomatiques, du releveur de l'angle des lèvres, du buccinateur, etc.

Quant aux idées que nous concevons nous-mêmes, la physionomie ne peut les exprimer, parce qu'il n'existe aucun rapport entre les traits et les propriétés des êtres. Elle peint seulement les fonctions qui les produisent ; l'*attention*, par l'immobilité, la fixité des traits, et la contraction des abaisseurs de la mâchoire inférieure ; la *réflexion*, par cette même immobilité, ou par le transport alternatif des regards d'un objet sur un autre. Le jugement, la mémoire et l'imagination n'ont point d'expressions qui leur soient propres, et se confondent, sous ce rapport, avec l'attention. Toutefois, dans la mémoire, souvent les muscles droits supérieurs du globe de l'œil agissent et dirigent en haut nos regards, pour nous isoler en quelque sorte des objets qui nous entourent, et faciliter notre souvenir en nous séparant de tout ce qui pourroit nous distraire. Souvent aussi c'est l'orbiculaire des paupières qui se contracte, et qui nous isole d'une manière plus complète, en voilant la surface antérieure de l'œil.

Mais si la physionomie sert foiblement l'expression des idées, elle n'agit pas de même à l'égard de celle des sentimens, dont on peut dire qu'elle est la peinture fidèle, lorsque la volonté ne vient point arrêter, affoiblir, ou dénaturer ses mouvemens. Et même, dans ces circonstances, le plus souvent l'âme s'y montre à découvert à travers le voile dont la dissimulation l'enveloppe, et elle s'échappe, pour ainsi dire, avec d'autant plus de violence, que la volonté, mue par un autre sentiment, emploie plus de force pour la retenir. Cela provient d'un combat visible entre les mouvemens expressifs sollicités par les affections morales, et les mouvemens volontaires qui s'y opposent ; combat qui atteste toute la puissance du sentiment primitif dont on voudroit réprimer la manifestation importune.

Remarquez que cette victoire du cœur sur la volonté dans l'expression physionomique, est de la plus haute importance pour la vie sociale. Si les hommes avoient pu se voiler réciproquement les sentimens qu'ils éprouvent, quel désordre n'en seroit-il pas résulté? Puisqu'ils devoient se corrompre, n'étoit-il pas nécessaire qu'ils pussent se connoître mutuellement? N'est-il pas urgent, dans une foule de circonstances, de distinguer à des signes certains un faux ami d'un ami sincère? La mauvaise foi, le mensonge, la perfidie, la trahison, le parjure, le crime, ne devoient-ils pas se montrer au-dehors sous des traits évidens, pour que nous ne fussions pas exposés à tous les dangers d'une confiance aveugle, à des soupçons injustes, à des méprises funestes, et à toutes les suites plus ou moins graves d'un faux jugement? Et, en général, n'est-ce pas la physionomie qui nous guide dans un grand nombre de nos relations sociales.

A la vérité, cette physionomie est quelquefois trompeuse ; et l'habitude peut, à la longue, l'assujettir plus ou moins à la volonté. Mais cela n'a lieu que dans les mouvemens de l'âme qui n'ont pas une grande énergie, et même souvent dans ces circonstances, elle n'y est jamais entièrement soumise, et l'on peut, avec quelqu'attention, découvrir les efforts que l'on fait pour en arrêter les mouvemens ; efforts qui demeurent vains dans les affections violentes, sur l'expression desquelles la volonté n'exerce aucun pouvoir.

Considérés dans leurs rapports avec chaque sentiment particulier, les mouvemens physionomiques offrent des variétés innombrables, qui ne diffèrent les unes des autres que par des nuances qu'il n'est point donné à la parole de rendre, et que l'on peut bien mieux sentir qu'exprimer. Essayons toutefois d'esquisser les traits les plus saillans qu'offrent, dans leurs expressions, quelques-unes de nos principales affections morales.

Le *désir* vif, inspiré par un objet présent, se peint principalement dans les yeux ; ils se portent et se fixent avidement sur ce que l'on désire, ils brillent, ils étincellent. En même temps, la bouche s'entrouvre, et, si le désir a beaucoup de violence, il s'en échappe par intervalles de profonds soupirs.

L'*espérance* n'a pas une expression très-prononcée; les traits, légèrement épanouis, annoncent une joie imparfaite qui n'ose se montrer au dehors. Raphaël l'a peinte avec une fidélité remarquable.

Dans l'expression de la *crainte*, qui appartient aux passions tristes, les traits sont comme grippés. Mais il y règne une indécision qui représente les agitations d'une âme qui craint de ne pas obtenir ce qu'elle désire, ou de perdre ce dont elle jouit.

Dans la *jalousie*, les traits sont plus fixes et plus fortement contractés. Il en est de même dans l'*envie*, où quelquefois il se développe un léger sourire, comme convulsif, qui la décèle, et que l'envieux affecte pour cacher son dépit.

Dans l'*étonnement*, les yeux sont largement ouverts, la bouche plus ou moins béante; tous les traits sont fixes, et expriment en même temps la désapprobation.

Dans la *surprise*, la physionomie est la même que dans l'affection précédente; mais, au lieu de blâmer, on admire, si l'on attache à l'objet qui surprend une idée de puissance ou de grandeur.

L'*affliction*, le *regret*, le *repentir*, l'*abattement*, le *découragement*, la *consternation*, le *désespoir*, ont une expression commune; les regards sont abaissés, les yeux sont sans éclat, les traits sont abattus, relâchés, pendans, et souvent arrosés de larmes ; la face est pâle, tout annonce que l'âme a perdu toute sa vigueur ; mais dans le regret, le repentir, le désespoir, la physionomie s'anime par intervalle, et les yeux se portent plus ou moins vivement vers le ciel.

Dans la *joie*, la *gaîté*, la *satisfaction de soi-même*, les yeux sont brillans, la physionomie est animée, tous les traits sont épanouis, un léger sourire entr'ouvre la bouche.

Le *dégoût* et la *répugnance* se peignent autour de cette ouverture et des yeux, les sourcils se rapprochent et s'abaissent, le front se ride verticalement, les paupières se ferment à demi, la bouche se resserre, et sa moitié droite se porte en haut et de côté.

L'*ennui* a une expression analogue, mais moins prononcée, et il s'y mêle fréquemment des bâillemens.

Celle de la *colère* est terrible ; toute la physionomie peint l'égarement, et témoigne assez que cette passion est une véritable vésanie ; les yeux sont largement ouverts, hagards, brillans, animés du désir de la vengeance ; la face est tantôt pâle, tantôt rouge, enflammée, les mâchoires se rapprochent et se serrent, une salive écumeuse couvre l'angle des lèvres, tous les muscles faciaux sont comme agités de mouvemens convulsifs.

L'orgueil et la *présomption* sont remarquables par la fixité qu'ils déterminent dans les traits. L'orgueilleux regarde toujours de haut en bas : tout est inférieur à son mérite. Il y a, dans la physionomie du présomptueux, un air d'assurance qui atteste qu'il croit pouvoir venir à bout de tout.

La rougeur de la face est une expression commune à la *honte* et à la *pudeur*; mais ces deux sentimens offrent chacun des caractères extérieurs qui les distinguent Dans la honte les traits sont contractés, comme grippés, et il règne dans toute la physionomie un air d'humiliation et d'embarras remarquable. Dans la pudeur, les traits sont calmes, l'espèce de confusion qui se répand sur tout le visage est douce et aimable, comme la modestie qui la produit.

La *pitié* se peint dans les yeux, qui souvent se remplissent de larmes, et autour de la bouche, qui se ferme, se relève un peu, et se porte légèrement du côté droit.

L'expression de l'*appréhension*, qui naît de ce que l'on attend, est analogue à celle de l'attention, parce que l'esprit, profondément occupé de l'événement ou du danger que l'on redoute, est, pour ainsi dire, aux aguets de tout ce qui peut l'annoncer. Mais les traits y offrent, de plus, une altération manifeste ; les yeux sont plus ouverts, les sourcils sont relevés, on observe sur le front des rides transversales, la bouche est entr'ouverte, et la lèvre supérieure légèrement portée en haut.

Enfin, dans la *frayeur*, qui provient d'un danger survenu à l'improviste, dans l'*épouvante*, qui a sa source dans ce que l'on présume, et dans la *terreur*, qui est produite par ce que l'on imagine, l'expression physionomique est la même que dans l'appréhension : mais les traits y ont beaucoup plus de saillie, la bouche est plus ouverte, le front plus fortement ridé, les narines sont écartées, souvent une sueur froide inonde le visage, qui est d'une pâleur remarquable.

Une chose digne de notre admiration, dans les mouvemens physionomiques, c'est l'harmonie qui règne entre eux dans chaque expression, et ces rapports, qui lient à chaque sentiment un ensemble particulier de contractions musculaires, ou de traits propres à le manifester. Une foule de muscles concourent simultanément à l'expression d'une affection morale quelconque ; il y a donc entre eux des relations synergiques qui établissent cette expression. L'ensemble de ces mouvemens musculaires forme un système expressif qui se compose de systèmes particuliers propres à chaque affection morale, indispensables au témoignage de ces affections, et qui supposent nécessairement des rapports intimes entre

elles et les contractions musculaires qui les expriment.

Mais, bien que la physionomie soit soumise à
des lois constantes et invariables, et se montre
uniforme dans l'espèce, elle offre néanmoins des
modifications remarquables dans les divers âges,
les sexes, les individus. Elle varie aussi selon
les professions, l'état moral habituel, les climats et la manière de vivre.

Dans l'enfant, le globe de l'œil a tout son développement; ce qui, vu la petitesse de la face,
le fait paroître plus grand que dans l'adulte, et
donne à la physionomie une vive expression. En
même temps cette expression est pleine de douceur; les os de la face ont très-peu de saillie,
les sinus frontaux et maxillaires n'existent point,
un tissu cellulaire graisseux, abondant, remplit
les intervalles des éminences osseuses, ce qui
rend les traits peu prononcés et pleins de douceur. Remarquons, à cet égard, que l'enfance
est l'âge de la foiblesse, et qu'elle ne pouvoit
trouver de l'appui que dans l'intérêt qu'elle devoit inspirer. Or, si ses traits, qui nous charment
par leur suavité, avoient été prononcés et rudes
comme dans l'adulte, ils auroient désagréable-
ment contrasté avec son impuissance, et elle
n'auroit été pour nous qu'un objet repoussant;
nous éprouvons involontairement le pénible
effet de ce contraste, à la vue de ces enfans ché-

tifs, amaigris, dont la peau ridée donne à leurs traits beaucoup de saillie, et qui ressemblent à des vieillards.

Avec l'âge, les sinus faciaux se développent, les saillies osseuses se forment, le tissu cellulaire graisseux s'affaisse ou disparoît, et les traits acquièrent toute leur énergie. Mais ils la perdent dans la vieillesse, où la chute des dents et le rapprochement des mâchoires y déterminent une altération remarquable, et où les rides que la main du temps y a creusées, et qui s'y mêlent, en affoiblissent singulièrement l'expression.

La physionomie de la femme est analogue à celle de l'enfant. Foible comme lui, et destinée à plaire, comme lui elle possède la douceur des traits, qui donne tant d'expression à sa physionomie dans les sentimens affectueux qu'elle éprouve, et qui la rend si touchante dans les douleurs qu'elle ressent.

Les individus varient entre eux sous le rapport de l'expression physionomique, selon la longueur et la couleur des cheveux, l'épaisseur et la longueur des sourcils, de la barbe, des cils, la forme du crâne, les dimensions des os de la face, l'abondance plus ou moins grande du tissu cellulaire qui les recouvre, la couleur de la peau, les dimensions de la bouche et de l'ouverture oculaire, et enfin la couleur des yeux; toutes choses qui se trouvent en harmonie avec la vie sociale, en ce que, modifiant la physionomie dans les divers individus, elles les font différer entre eux sous ce rapport et leur donnent par conséquent les moyens de se reconnoître les uns les autres.

Les cheveux influent sur la physionomie en ajoutant à certaines expressions. Tout le monde sait combien les cheveux épars animent celle des passions tristes, telles que l'affliction, le désespoir, la consternation, et combien les cheveux hérissés ajoutent à l'énergie des traits de la colère. La pudeur n'est-elle pas embellie par les cheveux longs et ondoyans de l'adolescence? Les cheveux blonds ne rendent-ils pas l'expression des sentimens doux plus touchante; et les noirs ne donnent-ils pas à celle des affections violentes plus de vivacité.

Les poils n'influent pas moins que les cheveux sur l'expression physionomique. Des sourcils longs et épais rendent l'expression du dédain, du mépris, de l'indignation, de la colère, etc., beaucoup plus énergique qu'elle ne le seroit par les seuls mouvemens des muscles de la face. De longs cils donnent aux regards, dans la mélancolie, dans la pitié, dans la commisération, dans tous les sentimens tendres, une touchante douceur. La barbe, par la gravité qu'elle imprime à la physionomie, fait ressortir vivement toutes les expressions de la gaîté lorsqu'elles se dévelop-

pent, et donne de l'énergie à celles des sentimens opposés.

Toutes ces influences deviennent évidentes
dans l'absence de ces poils. Qu'un individu rase
ses sourcils, qu'il coupe ses cils, et sa physionomie perdra singulièrement de sa faculté expressive. Les peuples qui conservent leur barbe
n'ont-ils pas les traits beaucoup plus énergiques
dans la colère, dans l'indignation, dans la fureur, etc., que ceux qui sont dans l'usage de la
raser ?

Le crâne influe sur la physionomie par les
degrés de son angle facial. Lorsque cet angle est
très-ouvert (de 80° à 90°), il répand sur les traits
un air de majesté et de douceur qui anoblit et
relève les diverses expressions qui s'y manifestent. Il exerce une influence contraire lorsqu'il
est très-aigu.

Les os de la face modifient la physionomie de
la même manière. Ce sont eux qui forment la
beauté et la laideur du visage, parce qu'ils en
déterminent les saillies et les contours. Lorsque
les os propres du nez, les os unguis, et la partie
inférieure et moyenne du coronal, sont très-
développés, l'expression de la physionomie a
une douceur remarquable, comme on le voit
dans les individus dont les yeux sont très-écartés l'un de l'autre. La proéminence des os malaires rend les joues saillantes. Celle des maxil-

laires et de l'appareil dentaire, porte les lèvres en avant. C'est de la juste proportion du développement de tous ces os que résulte la régularité des traits, et la beauté du visage, qui modifient toutes les expressions physionomiques.

Outre cette influence générale des os de la face, chacun d'eux agit, pour ainsi dire, à part sur ces expressions.

Le peu de développement des os propres du nez, des os unguis, de la partie inférieure et moyenne du coronal, rend les yeux très-rapprochés l'un de l'autre, et donne aux traits du visage un air *simial*. Cette physionomie rend plus vive l'expression du désir, de l'impatience, etc. Lorsqu'au contraire ces os sont très-développés, toutes les expressions des sentimens affectueux y puisent une douceur nouvelle.

Le développement des os malaires répand sur les traits une dureté remarquable, qui augmente l'énergie de l'expression des passions haîneuses. Il en est de même de la proéminence des maxillaires.

Enfin les dimensions des dents, et leurs différens degrés d'écartement, influent évidemment aussi sur la physionomie. Des dents petites et très-rapprochées les unes des autres, rendent le rire plus doux, plus expressif, et augmentent l'expression de la gaîté en y mêlant toute la grâce qu'elles répandent autour de la bouche. Au contraire, des dents grosses, longues et écartées, donnent à tout le visage un air de férocité, qui éclate au moment où la bouche s'ouvre, et qui rend même le sourire effrayant; c'est ce que l'on observe chez les Arabes. Elles ajoutent donc à l'expression des passions cruelles.

Le tissu cellulaire facial sous-cutané adoucit ou donne de la rudesse à tous les traits, selon qu'il est plus ou moins abondant, et qu'il efface ou laisse avec toute leur saillie, les éminences osseuses.

La peau influe sur la physionomie par sa coloration naturelle ou accidentelle. Sa blancheur rend les traits plus apparens; elle favorise aussi l'expression des affections douces. Les traits sont moins sensibles lorsque sa couleur est plus ou moins foncée, et ils y puisent une teinte sombre qui est en harmonie avec tous les sentimens rudes et haîneux. Sa rougeur dans la pudeur et dans la honte, et sa pâleur dans la colère, dans la frayeur, etc., donnent manifestement de l'énergie à l'expression de ces affections morales.

Les ouvertures de la face qui modifient la physionomie, sont celles de la bouche et des yeux. Plus l'ouverture de la bouche est grande, plus les dents sont apparentes, et plus la physionomie a de la dureté. Plus l'ouverture des paupières est considérable dans le sens de son petit diamètre, plus le globe de l'œil est saillant; ce qui

donne un air hagard au visage, et une plus grande
énergie à l'expression de la frayeur. Une disposition contraire rend les yeux à demi-voilés par
les paupières, et répand sur la physionomie une
teinte de douceur. Lorsque le rétrécissement de
l'ouverture oculaire a lieu dans le sens de son
plus grand diamètre, l'œil est rond; disposition
qui ajoute à l'expression de la gaîté, qu'elle semble rendre plus vive et plus pétillante.

Enfin les yeux influent sur la physionomie par
leur éclat et leur couleur.

Vainement, dans les sentimens impétueux, les
muscles de la face se mouvroient vivement et
avec force; vainement les traits seroient saillans;
sans l'éclat des yeux la physionomie resteroit ina-
nimée, parce qu'il faut, pour qu'elle ait une expression véritable, qu'il y ait harmonie d'action
entre tous ses élémens. Cet éclat dépend des humeurs que ces organes renferment, et qui, en dis-
tendant la cornée transparente, la rendent, selon
leur abondance plus ou moins considérable, plus
ou moins propre à réfléchir le fluide lumineux.

Les couleurs les plus communes des yeux,
sont le bleu, le gris-bleuâtre, le jaunâtre ou l'o-
rangé, et le brun plus ou moins foncé. Il n'y a
guère que la couleur bleue, et la brune, qui influent sur la physionomie; la bleue, en y répan-
dant de la douceur et une sorte de langueur mé-
lancolique qui ajoute à l'expression des affections

morales douces ; et la brune , en lui donnant un éclat qui rend plus énergique celle de tous les sentimens impétueux.

Les professions influent encore sur la physionomie. Celles où il y a de grands obstacles à vaincre , des dangers à affronter, lui impriment une teinte de fierté et d'assurance qui contraste avec l'expression de timidité des professions paisibles ; exemple : les soldats , les marins, comparés aux laboureurs. Les acteurs tragiques, dont l'habitude d'exprimer les passions fortes a modifié les traits, offrent, en général, une physionomie sévère que n'ont point les acteurs comiques.

C'est cette même habitude qui fait qu'après de longs malheurs, l'expression physionomique conserve une teinte de tristesse qui ne s'efface jamais.

Dans les climats septentrionaux, la physionomie est, en général, plus calme que dans les contrées méridionales ; ce qui provient d'une vivacité moindre dans les sentimens.

Les peuples qui vivent de chasse , de pêche, qui entreprennent des courses périlleuses, qui sont accoutumés à voir couler le sang des animau xqu'ils ont vaincus, ont une physionomie sévère, mêlée d'une teinte de cruauté , qui contraste avec la douceur des traits des peuples agriculteurs et sédentaires.

Telles sont les modifications qu'éprouve la physionomie par l'influence des causes qui agissent sur elle. Mais souvent elle n'exprimeroit que d'une manière incomplète, et jamais avec assez d'énergie, les affections de l'âme, si le geste et les attitudes ne lui prêtoient leur secours; aussi ces deux expressions s'y trouvent-elles toujours unies, et accompagnent-elles tous ses mouvemens.

CHAPITRE DEUXIÈME.

DU GESTE ET DES ATTITUDES.

L'APPAREIL de ces expressions se compose du système osseux, et du système musculaire que la volonté meut et dirige par l'intermédiaire des radiations des couches optiques, qui déterminent le mouvement des membres thoraciques; des corps striés, qui, de concert avec les hémisphères cérébelliques, produisent ceux des membres abdominaux; par l'influence des cordons antérieurs de la moelle épinière, qui concourent à tous ces mouvemens; et enfin par celle des tubercules quadrijumeaux, qui les équilibrent (Serres, *Anatomie comparée du cerveau*, t. 2, ch. VIII)[1]. Il comprend, pour le *geste*, les leviers

---

[1] M. Flourens a vu, dans ses expériences, que l'ablation du cervelet enlevoit aux animaux la faculté de faire obéir leurs muscles à la volonté. Toutefois on trouve dans le Journal universel des sciences médicales (t. 29, p. 94-95) l'histoire d'une lésion grave du cervelet, qui n'avoit nullement troublé la ré-

osseux qui composent les membres thoraciques, la tête, les vertèbres cervicales, et les muscles qui s'attachent à ces différentes parties et les mettent en mouvement ; et, pour les *attitudes*, la colonne vertébrale, les os du bassin, ceux qui composent les membres abdominaux, et les puissances musculaires qui leur impriment tous les mouvemens, et qui leur donnent toutes les dispositions nécessaires aux expressions diverses.

Il existe dans cet appareil plusieurs harmonies remarquables, qui le rendent propre aux fonctions qu'il doit exercer, et qui sont en rapport avec elles.

D'abord, en considérant le système osseux, on voit la tête articulée avec la première et la seconde vertèbres de manière à pouvoir tourner comme sur un pivot pour l'expression de la *négation*. De plus, les vertèbres cervicales sont articulées entre elles de telle sorte qu'elles se prêtent à des mouvemens de flexion en avant pour

---

gularité des mouvemens de la locomotion. Ce qui démontre que les conditions et le mécanisme des phénomènes physiologiques cérébraux, sont encore loin d'être bien connus.

Le cervelet concourt aux mouvemens expressifs locomoteurs en transmettant le principe de la contractilité musculaire aux membres inférieurs, que les lésions de ses pédoncules et de ses lobes, font tomber subitement dans la paralysie. Le pédoncule et le lobe gauches animent les membres droits ; les droits donnent la mobilité aux membres gauches. (Serres, *Anatomie comparée du cerveau,* etc. t. 2, p. 629 et suiv.)

l'indication de l'*approbation* , d'extension pour l'expression de l'*admiration* et de la *surprise* , d'inclinaison latérale pour celle du *refus obstiné* , etc. Dans les membres thoraciques, l'articulation de l'humérus avec l'omoplate, qui permet au premier de ces os d'exécuter des mouvemens très-étendus, et celles de l'avant-bras avec le bras, et de la main avec l'avant-bras, qui, en donnant à ces parties la faculté de s'étendre et de se fléchir les unes sur les autres , favorisent une foule d'expressions diverses. L'articulation des vertèbres dorsales et lombaires sont telles, que le tronc peut s'incliner en avant, en arrière , et sur les côtés , et déterminer ainsi de nombreuses attitudes. Le fémur, articulé avec le bassin à peu près comme l'humérus avec l'omoplate, peut , quoique moins mobile que lui , parce qu'il doit soutenir la charpente osseuse , se diriger dans tous les sens, et multiplier ces mêmes attitudes, auxquelles s'ajoutent encore celles que peuvent produire la flexion et l'extension de la cuisse , de la jambe, et du pied, qui , construit en forme de voûte , est la base de tout l'édifice organique, et donne un point d'appui solide aux leviers osseux qui exécutent tous ces mouvemens.

Si nous considérons le système musculaire qui les détermine, nous y découvrirons un nombre infini d'harmonies merveilleuses qui publient de toute part la sagesse du Créateur. Qui ne seroit, en effet, saisi d'admiration à la vue de cette foule de puissances qui, groupées en systèmes particuliers d'agens, concourent toutes, dans leurs divisions respectives, à des mouvemens communs? Les fléchisseurs de la tête agissent d'une manière simultanée pour l'incliner en avant, et se trouvent ainsi en rapport avec le mode d'articulation des vertèbres cervicales; le sterno-mastoïdien d'un côté agit seul lorsqu'il faut que la face se dirige du côté opposé, et il forme ainsi une harmonie évidente avec le mode d'articulation qui existe entre l'occipital et la première vertèbre du cou; les muscles qui s'attachent d'une part aux parois thoraciques et de l'autre à l'humérus, et qui lui font exécuter des mouvemens si variés et si étendus, offrent une connéxité remarquable avec l'articulation orbiculaire de cet os avec l'omoplate. En un mot, il n'existe pas une seule action musculaire qui ne soit en harmonie avec l'articulation du levier osseux qu'elle doit mouvoir; et, dans cet accord admirable, les muscles qui demeurent en repos pendant que leurs antagonistes agissent y concourent eux-mêmes par leur inaction.

Enfin nous ferons remarquer une autre sorte d'harmonie entre le geste et les attitudes d'une part, et les affections morales de l'autre; c'est que ce sont toujours des mouvemens d'élévation, d'abaissement, de flexion ou d'extension, qui à cause de leur facilité et de leur promptitude, servent à l'expression des sentimens.

Considérons, relativement à la rapidité du geste et des attitudes, que ces deux fonctions expressives, quoique exercées par des muscles soumis à l'empire de la volonté, sont néanmoins comme instinctives dans l'expression des violentes affections de l'âme. Pourquoi cela?..... O admirable effet de la prévoyance divine!... C'est, d'abord, afin que ces mouvemens, qui souvent sont liés à des sentimens qui doivent être promptement manifestés, ne fussent point confiés à un jugement toujours tardif, et se développassent avec une rapidité proportionnée au but qu'ils devoient remplir ; et, en second lieu, afin qu'une âme accablée par une affection morale trop vive de joie ou de douleur, en fût promptement soulagée par les mouvemens qui doivent l'exprimer. Qui ne sait, en effet, combien le poids d'un sentiment violent se trouve allégé par l'expression qui le manifeste, et quels graves désordres peuvent résulter de sa concentration au fond du cœur! N'est-ce pas pour cela que les mouvemens des membres ont d'autant plus d'étendue, et sont d'autant plus rapides que les passions que l'on éprouve ont de vivacité, et que c'est aux membres thoraciques, comme plus mobiles, que leur manifestation a été confiée?

Les membres thoraciques, à cause de cette

mobilité, sont destinés à exprimer et les idées des rapports des êtres, et les affections morales. Le tronc et les membres abdominaux, qui sont beaucoup moins mobiles, ne servent qu'à la manifestation des sentimens. Enfin la tête et le cou, qui, par le nombre et la facilité de leurs mouvemens, se rapprochent des membres thoraciques, et qui d'ailleurs se trouvent intimement liés à la face, servent à ces deux sortes d'expressions.

De même que la physionomie, le geste et les attitudes ne sont point des moyens expressifs conventionnels. Leurs divers élémens sont tous en rapport avec nos sentimens et nos idées. Ils se développent, comme à notre insu, à chacune de nos conceptions, et nous ne pourrions les changer, les altérer, sans détruire entièrement cette admirable harmonie. Bien différens de la parole, qui est diversement modifiée par les climats, les localités, et par d'autres causes dont nous parlerons dans la suite, ils sont les mêmes chez les différens peuples; et si l'on y remarque quelques variétés, elles n'ont rapport qu'à l'étendue, au nombre, à la vivacité des mouvemens, et nullement à leur nature expressive. La suprême Intelligence a voulu par là remédier aux effets de la diversité des langues, nécessitée par l'ordre naturel des choses, et par conséquent inévitable, et s'opposer à ce que la communication morale entre les divers individus de l'espèce fût jamais interrompue.

C'est principalement dans l'expression des fonctions intellectuelles que se montre l'uniformité du geste et des attitudes parmi les hommes.

L'*attention*, qui n'est qu'une perception soutenue, comme nous l'avons déjà dit, se peint dans tous par les mêmes attitudes. Dans cette fonction, tous les mouvemens sont interrompus, le corps conserve la position qu'il avoit auparavant, la bouche est béante, les yeux sont fixés sur l'objet que l'on considère, la respiration est comme suspendue, ou très-lente, pour éviter jusqu'au trouble que pourroit causer le bruit de l'air.

La *comparaison extérieure* se manifeste par la même attitude que l'attention. Mais la *comparaison intérieure*, ou la réflexion sur des perceptions déjà produites ou des idées déjà conçues, offre une expression moins animée, parce que dans la première l'*être intelligent* se porte au-dehors, tandis que dans la seconde il se concentre au-dedans de lui-même. Les yeux sont abaissés, ou se détournent de ce qui pourroit les distraire ; bien souvent ils sont couverts par une main, sur laquelle la tête s'appuie en s'inclinant en avant ou sur l'un ou l'autre côté ; tout le corps est dans une position molle et nonchalante : les membres fléchis et cherchant le repos, peignent l'éloignement de l'esprit pour ce qui est extérieur, et sa concentration sur ce qui l'occupe.

L'expression du *jugement* se confond avec celle des idées qui en sont le produit. Celle de l'*imagination* n'a aucun trait frappant qui la caractérise. Il en est de même de celle de la *mémoire*, qui est analogue aux signes extérieurs de l'attention. Toutefois, lorsqu'elle s'exerce péniblement, elle provoque certains mouvemens particuliers, tels que le frottement du front, etc., qui annoncent l'impatience que nous éprouvons de saisir les idées qui nous échappent.

La manifestation des *idées des rapports des êtres* au moyen du geste, est très limitée, parce qu'il ne peut se prêter qu'incomplètement à tous les mouvemens, soit généraux, soit partiels, qu'elles exigent ; et si l'on n'y ajoute des élémens artificiels, comme le font les sourds-muets, il se borne à représenter, mais jamais d'une manière précise, la figure, la forme, le volume des corps, l'état de leur surface, le lieu qu'ils occupent dans l'espace, leur position, leur mouvement ou leur repos : la figure, par les contours que les mains tracent dans l'air ; la forme, par celle qu'elles circonscrivent ; le poli de la surface, par leur mouvement horisontal ; le volume, par l'espace qu'elles embrassent, soit seules, soit de concert avec le reste des membres thoraciques ; le lieu qu'ils occupent dans l'espace, par la direction qu'on leur donne ; la position, verticale, inclinée, ou horisontale, par celle qu'elles prennent elles-mêmes ; et enfin le mouvement ou le repos, par leur état d'immobilité, ou leur mouvement plus ou moins rapide.

A ces expressions, il faut en ajouter quelques autres qui s'y lient d'une manière plus ou moins intime. Telles sont celles d'*appellation*, d'*approbation*, de *désapprobation*, d'*affirmation*, de *négation*, qui s'effectuent et par le geste, et par les mouvemens de la tête[1].

Mais si les *idées des rapports des êtres* ne sont pas communiquées par ces moyens de manifestation, il n'en est pas de même des *idées affectives*, qu'ils peignent de la manière la plus complète, lors surtout que les attitudes viennent ajouter à leur expression.

Le *désir*, lorsqu'il est foible ou modéré, ne s'exprime point par le geste, mais lorsqu'il est ardent et soutenu, et que l'attente l'accompagne, l'impatience s'y joint, et il provoque

---

[1] Dans le geste d'*approbation*, l'inclinaison de la tête en avant annonce la soumission à l'opinion d'autrui ; on *fléchit*. Dans la négation ou la désapprobation, on refuse ce que l'on vous demande, ou l'on nie ce que l'on vous dit ; on *secoue* une sorte de joug que l'on voudroit vous imposer.

une foule de mouvemens qui attestent combien celui qui l'éprouve brûle d'obtenir ou d'atteindre l'objet désiré. On le voit, en effet, changer à chaque instant de position par le sentiment qui le tourmente ; tour à tour agité par la crainte, et rassuré par l'espérance, il exerce mille mouvemens divers. Tantôt il médite sur les obstacles qu'il pourra rencontrer, et il prend l'attitude de la réflexion profonde. Tantôt il se livre à l'espérance, et se meut vivement dans son impatience de jouir. Alors il va, il vient, il retourne, il revient encore, et s'épuise ainsi dans une continuelle agitation ; il lui semble que ses mouvemens rapides hâteront la marche du temps qui doit lui livrer l'objet qu'il désire. A ces témoignages de son impatience succèdent souvent ceux du dépit et du désespoir ; et tous ces mouvemens opposés se succèdent les uns les autres, jusqu'à ce que la possession de l'objet désiré les arrête en éteignant le sentiment qui les produit, ou que des obstacles insurmontables, en anéantissant l'espérance, fassent aussi cesser le désir.

L'*espérance* est un sentiment paisible qui, en général, ne se manifeste au dehors que par une expression de sérénité ou de joie répandue sur tout le visage. Mais la *crainte* rend les mouvemens foibles, et donne aux attitudes un air d'abattement remarquable, par la réflexion sur les obstacles plus ou moins grands qui peuvent s'opposer à la satisfaction du désir.

La *surprise*, l'*étonnement*, l'*indignation*, l'*horreur*, l'*admiration*, l'*enthousiasme*, ont pour leur expression des gestes et des attitudes à peu-près analogues, et qui ne diffèrent que par leur degré de vivacité. Dans tous ces sentimens, les bras sont élevés et étendus, les doigts écartés les uns des autres, et le corps reste immobile. Mais on s'arrête de surprise, on est prêt à reculer d'étonnement, on recule d'horreur, on frémit d'indignation, l'admiration vous élève, et l'enthousiasme vous agite vivement.

Dans les sentimens tristes, tels que l'*affliction*, le *regret*, le *repentir*, l'*abattement*, le *découragement*, la *consternation*, le *désespoir*, etc., on observe une attitude commune à tous, qui est celle de la réflexion profonde, mais souvent dans le regret, le repentir, le désespoir, il se joint, par intervalles, à cette expression, des gestes brusques, vifs, irréguliers, qui peignent énergiquement tout le trouble de l'âme.

Dans les mouvemens que provoquent la *joie*, la *gaîté*, la *satisfaction de soi-même*, il règne une vivacité douce, une liberté, une aisance, qui expriment cet état heureux d'une âme agréablement émue par un succès désiré, charmée, ravie de tout ce qui l'entoure, ou qui ressent la douce influence de tout le bien qu'elle a fait[1].

Le *dégoût*, la *répugnance*, l'*ennui*, le *dédain*, le *mépris*, ne provoquent que des mouvemens répulsifs, ou des attitudes nonchalantes, qui expriment l'aversion. Dans le dégoût, le corps reste en repos devant l'objet qui inspire ce sentiment; dans la répugnance, il s'en éloigne, en même temps que les mains semblent le repousser; dans l'ennui, il change à chaque instant de situation, mais d'une manière lente et comme sans but, pour peindre le vague des sentimens et des idées d'une âme que rien de ce qui l'entoure ne peut plus captiver. Dans le dédain et le mépris, il se détourne, pour témoigner le peu de cas qu'elle fait des objets qu'elle ne croit pas digne de son attention. Il se joint quelquefois à ce mouvement un haussement d'épaules, qui exprime la gêne que lui fait éprouver une sorte de poids dont elle cherche à se débarrasser.

La colère donne lieu ordinairement à des mouvemens violens, et à des attitudes énergiques. Quelquefois, au contraire, et lorsqu'elle est très vive, le corps est agité d'un tremble-

---

[1] La danse, non pas cette danse froide, mesurée, réduite en principes, qui n'a aucun rapport avec les sentimens, qui n'exprime rien, mais cette danse vive, animée, où la physionomie et le geste concourent à peindre l'état de l'âme, est encore une expression énergique de la joie et de la gaîté.

ment général, et se trouve dans un état voisin de la paralysie. Dans ces circonstances, ses mouvemens sont foibles, irréguliers, ce qui rend presque toujours les coups du furieux incertains et mal assurés, et sa colère sans effets funestes.

. L'*orgueil* et la *présomption* se peignent au dehors par une certaine fermeté, une sorte de hardiesse dans les mouvemens, et une fierté dans les attitudes, qui annoncent le prix que l'on ajoute à son propre mérite, et la certitude de réussir dans les projets que l'on a conçus.

Les mouvemens qui sont l'expression de la *honte* sont incertains, confus, ils peignent énergiquement le trouble intérieur d'une âme qui rougit de ses vices, et qui est bouleversée par l'éclat du jour. Le corps se détourne, la tête s'incline comme pour échapper à la lumière, en même temps que les yeux s'abaissent, et que le front se couvre de rougeur.

L'expression de la *pudeur* ressemble, sous certains rapports, à celle de la honte; mais elle en diffère essentiellement par une timidité douce, par un embarras aimable, répandus dans les mouvemens et les attitudes, et qui annonce le trouble charmant de l'innocence, dont la seule idée du vice vient colorer le front. Si la tête s'incline, si le corps se détourne, c'est moins pour se cacher, que pour éviter des regards qui feroient naître des sentimens ou des idées qu'une vertu sans tache repousse avec vivacité.

La *pitié* se peint au dehors par des mouvemens et des attitudes pleins de douceur, comme le sentiment qui les fait naître. Toutes les articulations fléchies semblent représenter l'attendrissement du cœur; les mains se joignent pour exprimer les liens qui nous unissent à l'infortuné qui nous touche; et elles indiquent, en se rapprochant sur la poitrine, l'impression que fait sur nous le malheur.

L'*appréhension*, l'*alarme*, la *peur*, l'*effroi*, la *terreur*, l'*épouvante*, le *respect*, la *vénération*, offrent des attitudes et des mouvemens très remarquables. L'attitude de l'appréhension se rapproche beaucoup de celle de l'attention; mais on y observe une expression plus animée; un des membres abdominaux est porté en avant, et soutient le corps, qui est incliné dans cette direction, tandis que les membres thoraciques, étendus horizontalement, sont dans une immobilité complète. La frayeur rend le corps immobile en opprimant les forces musculaires, et semble suspendre tous les mouvemens vitaux. Quelquefois elle donne lieu à un tremblement général qui peint fidèlement toute l'agitation de l'âme. Dans la terreur et l'épouvante, le corps se détourne, recule, ou fuit avec précipitation. Dans le respect, il est immobile, les yeux sont baissés; on s'incline dans la vénération; on tombe à genoux dans celle que l'on témoigne à l'Être suprême, ou dans le culte qu'on lui rend.

Tels sont les rapports des idées et des sentimens avec le geste et les attitudes. Mais ces rapports éprouvent, de la part de certaines circonstances particulières, des modifications remarquables qu'il est important de signaler.

Dans le premier âge , les gestes et les attitudes sont nuls. Cela dépend de plusieurs causes ; d'abord de ce que les mouvemens musculaires n'ont ni assez de force, ni assez de précision pour pouvoir les exercer ; et ensuite de ce que les idées des rapports des êtres n'existent point encore, et que les sentimens sont confus. Aussi les gestes, à cette époque de la vie , se bornent à des mouvemens généraux du corps et des membres , sans précision , ni régularité , et n'expriment que deux sensations générales, vagues comme eux, le plaisir ou la douleur.

A mesure que le langage articulé se développe, que les idées des rapports des êtres se forment, les gestes et les attitudes qui s'y rapportent se régularisent. Mais il est à remarquer que ceux qui sont relatifs aux idées affectives sont plus tardifs, parce que ces idées, peu nombreuses encore, trouvent dans la voix un moyen suffisant d'expression.

Mais dans la jeunesse, où le sentiment surabonde, où le cœur est plein, où toutes les affections ont une vivacité extrême, le geste est vif, animé, et s'accompagne d'attitudes toujours très-expressives.

Dans la virilité, ces expressions s'affoiblissent avec la fougue des passions; elles s'éteignent presque entièrement dans la vieillesse, où le cœur, à peu près muet, cède à l'esprit tout le domaine des fonctions expressives.

Dans la femme, les gestes et les attitudes sont bien plus nombreux, bien plus vifs, bien plus énergiques que dans l'homme, comme les affections morales qu'ils servent à exprimer. Cela est remarquable, surtout dans la colère, où les gestes les plus véhémens, les attitudes les plus expressives, les plus pittoresques, impriment à ce sentiment un caractère extérieur tout particulier.

Les individus offrent aussi de très-grandes variétés sous le rapport de ces fonctions d'expression. Elles dépendent toutes de la vivacité plus ou moins grande des affections morales qu'ils éprouvent. A une sensibilité vive s'allient presque toujours des attitudes et des gestes nombreux, rapides et énergiques. Le contraire se remarque lorsque la modification organique perceptible qui entre comme élément dans les affections morales, est peu intense, ou que la raison en réprime les effets.

Les professions influent sur le geste et les attitudes en les régularisant. Ainsi les individus accoutumés à parler en public, les acteurs tragiques surtout, mettent involontairement dans ces moyens expressifs, par l'effet de l'habitude, des formes régulières, qui n'ont pas toujours l'énergie des mouvemens naturels.

Enfin les climats modifient ces mêmes moyens d'une manière remarquable. Tout le monde sait que les peuples des pays chauds s'expriment avec beaucoup de gestes et de nombreuses attitudes, tandis que les peuples du Nord, plus froids, plus calmes, manifestent d'une manière bien plus paisible leurs idées et leurs sentimens.

CHAPITRE TROISIÈME.

DE LA VOIX.

———

Les mouvemens physionomiques, les gestes et les attitudes, dont nous venons de nous occuper dans les chapitres précédens, peignent vivement, comme nous l'avons vu, toutes nos affections morales. Toutefois ces expressions diverses trouvent dans la voix un auxiliaire puissant, qui même leur donne une énergie nouvelle, et qui s'y joint presque toujours dans les sentimens violens.

Une chose bien digne de l'admiration de quiconque étudie l'homme et le considère sous un point de vue philosophique, c'est la nature des agens à qui la *suprême Intelligence* a confié la transmission des témoignages des diverses affections de notre âme. La lumière communique, à travers l'air atmosphérique qui lui livre passage, les expressions physionomiques, les gestes et les attitudes, et ce dernier transmet les mouvemens vocaux. Or ces deux fluides se trouvent dans une parfaite harmonie avec le besoin que nous avons de manifester promptement au dehors les sentimens qui nous agitent. En effet, d'une part la rapidité de leur marche fait que nous n'éprouvons aucun retard dans cette communication, et d'une autre part la chaîne non interrompue qu'ils forment entre nous et nos semblables établit la sûreté qu'elle exige.

Mais l'air atmosphérique, outre sa marche rapide, et sa continuité entre tous les individus de l'espèce, possède une autre propriété qui le met en harmonie avec les fonctions qu'il a à remplir. Cette propriété est sa faculté vibratile ou sa *sonorité*, qui le met en rapport avec la structure de l'organe de l'ouie, et la faculté transmissive du nerf auditif. C'est cette propriété qui détermine, ou plutôt qui constitue essentiellement la voix, dont nous allons d'abord exposer le mécanisme.

La voix est un son rendu par l'air expulsé hors de la cavité thoracique.

Pour que la voix, considérée comme expression, puisse être produite, il faut 1° que l'air extérieur pénètre dans la cavité du thorax; 2° qu'il en soit chassé avec un certain degré de force; 3° qu'il reçoive dans son trajet un mouvement vibratile; 4° enfin que le son qui résulte de ce mouvement soit ensuite modifié selon les affections qu'il doit exprimer. Il faut donc qu'il y ait 1° un réservoir susceptible de dilatation et de rétrécissement pour recevoir l'air atmosphérique et se prêter à son expulsion, et des agens pour opérer cette dilatation et ce rétrécissement, et pour expulser l'air que ce réservoir renferme; 2° un tube pour diriger ce fluide au dehors; 3° un organe particulier pour lui communiquer dans son trajet le mouvement vibratile; 4° enfin un appareil pour mettre le son produit par ce mouvement en harmonie avec les affections morales.

Or le réservoir, destiné à recevoir l'air extérieur, est formé par les poumons, organes situés, l'un à droite, l'autre à gauche, dans la cavité thoracique, et composés d'une infinité de cellules (*les cellules bronchiques*) qui aboutissent, par des tubules, à des conduits plus considérables, lesquels forment par leur réunion deux tuyaux principaux, cartilagineux, élastiques, qu'on nomme les *bronches*. Ces cellules sont unies entre elles par un tissu cellulaire lâche qui en favorise la dilatation par l'air atmosphérique, et munies de fibres musculaires qui concourent à leur resserrement pour l'expulsion de ce fluide[1]. Elles sont tapissées intérieurement par une mem-

---

[1] Cet appareil musculaire, découvert par Reiszeisen, a été mis en évidence par M. le professeur Cruveilhier.

brane muqueuse dont la sécrétion s'oppose au contact trop irritant de l'air extérieur et des corpuscules qui y nagent, et leur masse générale est enveloppée d'une membrane séreuse qui facilite le mouvement des poumons.

Les agens qui produisent la dilatation et le rétrécissement du réservoir pulmonaire, et qui y déterminent l'accès et l'expulsion de l'air, sont 1° les côtes, arcs élastiques, en partie osseux et en partie cartilagineux, disposés obliquement de haut en bas et d'arrière en avant, de manière que leur élévation détermine la dilatation de la cavité thoracique, et leur abaissement la diminution de sa capacité; 2° les muscles qui élèvent les côtes, et que l'on appelle *inspirateurs*, parmi lesquels se trouve compris le diaphragme, cloison musculeuse qui forme la paroi inférieure du thorax, qu'elle dilate de haut en bas en se contractant; 3° enfin les muscles qui abaissent les côtes, et que l'on nomme *expirateurs*. Les côtes concourent elles-mêmes à leur abaissement par leur élasticité propre et celle de leurs ligamens articulaires, qui les ramènent du degré de torsion qu'elles ont éprouvé à leur situation ordinaire.

Le conduit qui dirige l'air hors de la cavité thoracique est la *trachée-artère*, tube formé de demi-cerceaux cartilagineux, placés successivement les uns au-dessus des autres, et unis

entr'eux par un tissu fibreux. Ce tube se continue inférieurement avec les deux tuyaux bronchiques, qui n'en sont que les divisions, et est
tapissé comme eux d'une membrane muqueuse.

L'organe qui met l'air en vibration est situé à
la partie supérieure de la trachée, qui lui transmet l'air sorti des poumons. Il porte le nom de
larynx, du grec λάρυγξ, sifflet. Il est composé
de plusieurs cartilages de grandeur et de forme
différentes, et mus par différens muscles pour
les diverses fonctions qu'ils ont à remplir.

Le plus grand, le plus remarquable de tous,
formant à lui seul presque toute la partie antérieure de l'organe, représente une sorte de bouclier, et semble destiné à garantir des chocs extérieurs les parties qu'il recouvre ; il a reçu, à
cause de cela, le nom de thyroïde (de θυρεός,
bouclier, et εἶδος, forme). Au-dessous de celui-ci,
se trouve un autre cartilage de forme annulaire,
appelé cricoïde (de κρίκος, anneau, et εἶδος,
forme), qui, formant un demi-cercle antérieurement, où il peut être en quelque sorte considéré comme le premier anneau de la trachée,
s'élargit, prend plus d'épaisseur et s'élève postérieurement, pour soutenir deux autres cartilages, qui complètent la paroi postérieure du
larynx, et s'articuler avec eux. Ceux-ci, appelés
aryténoïdes, représentent une partie de la gorge
d'un entonnoir, ce qui leur a fait donner le nom

qu'ils portent (de ἀρύταινα, entonnoir, et εἶδος, forme). Ils sont unis au précédent par une articulation très-mobile, et articulés entre eux par leur face interne, au moyen d'une capsule lâche et de ligamens extensibles, qui leur permete nt des mouvemens très étendus.

La glotte est une espèce d'anche, située dans le larynx, et formée par quatre replis de la membrane muqueuse qui tapisse la surface interne de cet organe. Ces replis, disposés par paires, et l'un au-dessus de l'autre, de chaque côté, se fixent, d'une part, aux cartilages aryténoïdes, et vont s'attacher de l'autre, en marchant de dehors en dedans et d'arrière en avant, à l'angle rentrant du thyroïde, où ils se confondent entre eux. Ils forment donc un angle dont le sommet est en avant, et dont les côtés, fixés par leurs extrémités à deux cartilages mobiles, doivent nécessairement suivre tous les mouvemens de ceux-ci.

Chaque repli muqueux inférieur renferme un ligament consistant et élastique qui en suit la direction, et qui s'implante aussi, postérieurement, aux cartilages aryténoïdes, et, antérieurement, à l'angle rentrant du thyroïde. Ces ligamens donnent aux replis qui les recouvrent la consistance et l'élasticité nécessaires pour entrer en vibration par le choc de l'air expiré. Ils constituent les bords de l'anche vocale, les organes essentiels à la production des sons, dont les modifications

dépendent des mouvemens divers que les cartilages du larynx exécutent.

Les mouvemens de ces cartilages peuvent se
réduire à deux ordres, savoir: 1° ceux qui sont
propres au thyroïde et au cricoïde ; 2° ceux qui
appartiennent exclusivement aux aryténoïdes.

Lorsque les cartilages thyroïde et cricoïde se
meuvent, ils s'écartent l'un de l'autre, supérieu-
rement, par un double mouvement de bascule,
qui les rapproche inférieurement. Ce mouvement
est déterminé par le muscle crico-thyroïdien,
qui, d'une part, s'attache au cricoïde, et de
l'autre au thyroïde. Son effet est, évidemment,
de tendre les bords de la glotte ou les replis muqueux dont nous venons de parler.

Les mouvemens qui appartiennent aux cartilages aryténoïdes sont de quatre sortes: 1° ils
peuvent se rapprocher du thyroïde ; 2° s'en éloigner ; 3° ils peuvent s'écarter l'un de l'autre ;
4° se rapprocher et se joindre même par leur
face interne. Le premier de ces mouvemens est
produit par les muscles thyro-aryténoïdiens,
qui, d'une part, se fixent à l'angle rentrant
du thyroïde, et de l'autre à la face antérieure
et près de la base des aryténoïdes. Son effet est
de raccourcir le diamètre antéro-postérieur de
la glotte, et, par conséquent, d'en relâcher les
ligamens. Le mouvement qui éloigne les aryténoïdes du thyroïde est déterminé par les muscles

crico-aryténoïdiens postérieurs, véritables antagonistes des précédens, produisant par conséquent des effets contraires, et s'attachant, d'une
part, aux faces postérieures et latérales du cricoïde, et, de l'autre, au bord inférieur de la face
postérieure des aryténoïdes. Le mouvement qui
éloigne l'un de l'autre ces deux cartilages, et qui,
par conséquent, élargit transversalement la glotte,
dépend de la contraction des muscles crico-aryténoïdiens latéraux, dont les fibres se fixent sur
le cricoïde, et au bord externe et inférieur des
aryténoïdes. Enfin, ces mêmes cartilages sont
rapprochés l'un de l'autre par l'action du muscle
aryténoïdien, dont les fibres sont transversalement placées sur leur face postérieure. L'effet
de cette action est le rétrécissement transversal
de la glotte.

Telle est l'admirable structure du larynx,
organe essentiel de l'instrument vocal, dont il
forme, pour ainsi dire, l'embouchure. Les autres
parties qui complètent cet instrument, et qui
sont destinées à convertir en voix expressive le
son développé dans le larynx, sont le pharynx,
l'épiglotte, le voile du palais, les cavités nazale
et buccale, la langue, les lèvres, les arcades den-
taires, et les muscles qui les rapprochent ou les
éloignent l'une de l'autre.

Mais l'appareil de la voix, avec son organisation si merveilleuse, ne pourroit remplir ses

fonctions, si l'influence nerveuse ne venoit animer les muscles qui en déterminent les mouvemens. Or, cette influence lui est transmise par un grand nombre de nerfs, qui naissent presque tous des parties latérales de la moelle épinière. Ce sont, pour les muscles des parois thoraciques, le nerf respiratoire supérieur du tronc (accessoire de l'épine), le diaphragmatique, le nerf respiratoire interne, et les intercostaux; pour le système musculaire des cellules bronchiques, les nerfs pneumo-gastriques; pour les muscles du larynx, deux branches de ce dernier nerf, savoir, le laryngé supérieur, qui se distribue aux muscles aryténoïdien et crico-thyroïdien, et le laryngé inférieur ou récurrent, qui se répand dans les muscles crico-aryténoïdiens postérieurs et latéraux, et thyro-aryténoïdien; pour le pharynx, l'épiglotte, le voile du palais et la langue, quelques filets du laryngé supérieur, le glosso-pharyngien et le lingual; enfin pour les lèvres et les muscles maxillaires, des divisions des nerfs de la septième et de la cinquième paire [1].

---

[1] Voyez l'exposition du Système général des nerfs par Charles Bell.

Les centres nerveux qui concourent à la production de la voix par l'intermédiaire de toutes ces branches nerveuses, sont le demi-centre ovale, le corps restiforme, et les régions cervicale et dorso-costale de la moelle épinière (Serres, *Anat. comparée du cerveau*, t. 2; ch. VIII.

Tel est l'appareil vocal considéré d'une manière générale. Examinons maintenant son mécanisme dans la production des sons, et les
rapports de la voix avec nos diverses affections
morales.

Lorsque nous voulons développer un son vocal, nous déterminons l'entrée de l'air extérieur
dans nos organes pulmonaires, par l'action du
diaphragme et des muscles inspirateurs, et nous
contractons ensuite, plus ou moins fortement,
les muscles qui compriment et abaissent les parois thoraciques. Ce fluide alors, pressé de toutes
parts, s'échappe par la trachée-artère, et traverse
le larynx.

Mais pour qu'il entre en vibration dans cet
organe, il faut que la glotte soit suffisamment
rétrécie, et que les ligamens qui en forment les
limites, soient assez fortement tendus, et jouis-
sent d'une élasticité convenable. Si l'on pratique
une ouverture à la trachée, au-dessous de la
glotte, il y a aphonie; si la glotte est trop dilatée,
l'air, la traversant trop librement, n'exerce sur
les ligamens vocaux qu'un frottement foible qui
ne peut les faire vibrer; enfin si ces ligamens ne
sont pas assez fortement tendus ou suffisamment
élastiques, le même effet a lieu, et aucun son
n'est produit.

Des expériences faites sur des animaux vivans prouvent que la glotte se resserre pendant

la production des sons; c'est le muscle aryténoïdien qui produit ce resserrement, en rapprochant l'un de l'autre les cartilages aryténoïdes.
L'élasticité des ligamens vocaux est sensible sur
les cadavres; mais elle est bien plus considérable
pendant la vie, par l'action des muscles crico-
aryténoïdiens postérieurs et crico-thyroïdiens,
qui concourent à leur tension.

C'est donc en frappant contre ces ligamens
élastiques, tendus et suffisamment rapprochés,
que l'air, chassé plus ou moins fortement des
poumons, vibre et devient sonore : voilà la production du son, considérée d'une manière générale. Examinons maintenant les causes des différentes modifications qu'il peut éprouver.

Le son de la voix humaine présente, comme
tous ceux produits par les corps sonores en général, trois qualités différentes l'une de l'autre,
savoir : 1° le timbre, 2° le ton, 3° la force.

Le *timbre* de la voix dépend uniquement de
la nature des vibrations des bandes vocales. Il
peut être plus ou moins clair, plus ou moins
éclatant, ou plus ou moins sourd, selon que ces
vibrations sont elles-mêmes plus ou moins par-
faites. Il est entièrement subordonné aux divers
degrés d'élasticité des ligamens vocaux, comme
le timbre d'une lame métallique est d'autant plus
pur, que ses molécules ont plus d'élasticité, et
sont dans une agrégation réciproque plus uni-

forme et plus parfaite. D'où l'on voit qu'en dernière analyse, le timbre de la voix a sa source dans la structure intime des bords de la glotte; qu'il sera net et clair si ces bords sont très élastiques, rauque et peu distinct, au contraire, s'ils ne peuvent vibrer qu'imparfaitement. C'est par la structure infiniment variée de ces lames, que l'on peut expliquer toutes les variétés du timbre de la voix, considérée dans les divers individus.

Le timbre naturel de la voix est modifié et changé en expression par les dimensions et les formes diverses que peuvent prendre le pharynx, l'isthme du gosier et les autres parties de l'instrument vocal. On sait, en effet, que l'on peut rendre à volonté la voix plus ou moins rauque, plus ou moins sourde, plus ou moins étouffée, ou éclatante, selon les sentimens que l'on veut exprimer.

Nous avons vu, en étudiant les perceptions auditives, qu'un son est plus ou moins aigu, selon que les vibrations qui le produisent sont plus ou moins rapides, c'est-à-dire, plus ou moins nombreuses dans un temps donné; que la rapidité des vibrations d'un corps sonore, est en raison inverse des dimensions de ce corps; et que le *ton* du son né de ces vibrations, est d'autant plus grave ou plus aigu, que les dimensions du corps sonore sont plus ou moins considérables (voyez p. 54).

En appliquant ces principes au *ton* de la voix humaine, on voit évidemment qu'il est déterminé, d'une part, par l'épaisseur, et, de l'autre, par la longueur des ligamens vocaux. La première de ces dimensions, jointe à un degré de contraction habituel et constant de l'aryténoïdien, détermine le ton naturel et fixe de la voix ordinaire; la seconde, susceptible d'une infinité de modifications, par les nombreux degrés de contraction du même muscle et des crico-aryténoïdiens latéraux, ses antagonistes, produit cette longue échelle de tons que la voix humaine peut parcourir.

C'est aux variétés infinies de ces deux dimensions des bandes vocales, qu'il faut attribuer toutes les variétés individuelles de la voix considérée dans son *ton*. On conçoit par là pourquoi l'enfant l'a plus aiguë que l'adulte, et la femme plus que l'homme.

Des expériences faites sur des chiens ont fait voir que dans la production des sons les plus graves, les lèvres de la glotte vibroient dans toute leur longueur, et qu'à mesure que le ton s'élevoit, elles se joignoient et se serroient l'une contre l'autre, de manière à diminuer de plus en plus l'étendue de la portion vibrante. Or, d'après ces expériences, et les rapports d'organisation qui existent entre les animaux sur les-

quels elles ont été faites et l'homme, on a conclu qu'il existoit la plus grande analogie entre
l'instrument de la voix humaine et un instrument
à anche, où, pour produire des sons de plus en
plus aigus, il faut comprimer et raccourcir de
plus en plus la portion vibrante de la languette.
Mais cette comparaison n'est point exacte; on n'a
tenu aucun compte d'une autre influence qui
concourt puissamment à la production de la
voix. En effet, ce son ne se développe point par
le seul rétrécissement de l'angle que forment
entre eux les ligamens de la glotte; il faut encore,
pour qu'elle ait lieu, que ces ligamens éprouvent,
comme nous l'avons déjà dit, une tension plus ou
moins considérable. Aussi, en même temps que le
muscle aryténoïdien se contracte et rapproche
l'un de l'autre les ligamens vocaux, le crico-
aryténoïdien d'une part, et le crico-thyroïdien
de l'autre, agissent et tendent évidemment ces
ligamens; le premier, en tirant en arrière les
cartilages aryténoïdes, le second en écartant su-
périeurement l'un de l'autre le cricoïde et le thyroïde, par le mouvement de bascule qu'il leur
fait éprouver. A la vérité, l'échelle de cette tension n'est pas très-étendue; et c'est parce qu'elle
ne suffiroit point pour déterminer une grande
variété de tons, que l'intelligence suprême y en
a joint une autre, qui est celle du rétrécissement

de la glotte ou du raccourcissement de la partie vibrante des ligamens vocaux [1].

Ainsi, l'organe de la voix humaine n'est exclusivement ni un instrument à anche, ni un
instrument à cordes, mais un composé des deux.
Il se rapproche d'un instrument à cordes, quoi-
qu'il en diffère sous beaucoup de rapports, par
la tension variée dont les ligamens vocaux sont
susceptibles ; et il tient d'un instrument à anche,
en ce que les deux lames de la glotte forment,
par l'écartement de leur extrémité postérieure,
la moitié d'une anche ordinaire. Dans un instrument à cordes, les chevilles où elles sont fixées
déterminent les tensions diverses qui produisent
les tons ; dans l'organe de la voix humaine, ce
sont les muscles crico-thyroïdiens et crico-aryténoïdiens postérieurs qui tendent plus ou moins
les lames de la glotte. Dans un instrument à
anche, ce sont les lèvres du musicien qui, en
pressant sur le milieu de l'anche, en rapprochent
de plus en plus les bords, rendent de plus en
plus courte la portion vibrante, et par conséquent le son de plus en plus aigu ; dans l'ins-

---

[1] Le ton de la voix baisse dans le chant plus ou moins long-
temps prolongé, par l'affoiblissement de la contractilité des
muscles tenseurs et constricteurs de la glotte ; affoiblissement
qui fait que les lames vocales se trouvent moins tendues et
moins rapprochées l'une de l'autre, que dans le ton primitif.

trument de la voix humaine, c'est le muscle aryténoïdien qui, en rapprochant l'un de l'autre les cartilages aryténoïdes, et par suite les ligamens vocaux qui y sont fixés, diminue de plus en plus l'écartement des bords de la demi-anche que forment ces ligamens, raccourcit de plus en plus leur portion libre, que fait vibrer l'air expulsé des poumons, et rend, par conséquent, la voix de plus en plus aiguë.

Dans la voix ordinaire, le *ton* dépend des dimensions des lames de la glotte, et de l'état respectif des puissances opposées qui les rapprochent et les éloignent, les tendent ou les relâchent. Plus ces lames sont longues et épaisses, plus elles sont éloignées l'une de l'autre, et relâchées par l'action des muscles crico-aryténoïdiens latéraux et thyro-aryténoïdiens, plus aussi le ton de la voix est grave. Il est, au contraire, d'autant plus aigu, que les ligamens vocaux sont plus minces et plus courts, comme on le voit dans les enfans et les femmes, et qu'ils sont plus tendus et plus rapprochés. Toutes les variétés de ton que l'on remarque dans la voix humaine, dépendent de celles dont sont susceptibles les dimensions, le rapprochement, et la tension de ces ligamens.

Le ton naturel ou ordinaire de la voix, ainsi déterminé par les dimensions des lames de la glotte et leur degré de tension, s'abaisse ou s'élève, selon la nature des affections morales avec lesquelles il doit être en rapport, par l'action des muscles qui augmentent ou diminuent les dimensions des parties de l'instrument vocal, situées au-delà du larynx. Ainsi, par exemple, dans les tons graves, cet organe descend par la contraction des muscles sterno-thyroïdiens, qui se mettent en harmonie avec les muscles crico-aryténoïdiens latéraux, dilatateurs de la glotte, et le pharynx s'alonge. Le larynx s'élève, au contraire, dans les tons aigus, par l'action des muscles thyro-hyoïdiens, milo et génio-hyoïdiens, qui entrent en synergie avec les crico-aryténoïdiens postérieurs, l'aryténoïdien, et les crico-thyroïdiens, constricteurs de la glotte, et tenseurs de ses ligamens, et le pharynx perd de son étendue.

Plus l'échelle des dimensions dont cet organe est susceptible, et celle de l'ouverture de la glotte, sont considérables, plus la voix a d'étendue, et peut parcourir un grand nombre de *tons*.

Plus l'action musculaire qui détermine les changemens de dimensions de l'instrument vocal est prompte, vive, facile, plus la voix a de *flexibilité*.

Elle possède la *justesse*, lorsqu'elle produit avec exactitude tous les tons qui forment une modulation. Cette faculté nous paroît provenir de la facilité, de la régularité, et de la précision des mouvemens qui concourent au développement des sons [1].

La *force* ou l'*intensité* du *son* dépend de l'étendue des vibrations du corps sonore qui le produit. Or, cette étendue est subordonnée à l'intensité du choc que fait éprouver aux replis vocaux l'air qui sort des organes pulmonaires, ou, en d'autres termes, à la quantité de mouvement dont cet air est animé; donc, plus la masse et la vitesse de ce fluide seront considérables, plus les vibrations des lames de la glotte seront étendues, et plus le son sera fort. Il suit de là que plus la colonne de l'air expiré est dense et volumineuse, plus les muscles expirateurs sont puissans, plus aussi la force du son est remarquable; ce qui explique pourquoi les individus qui ont les poumons les plus vastes, et qui sont en outre très-vigoureux, ont aussi la voix la plus forte; ce qui explique aussi pourquoi, dans certaines maladies où les poumons diminuent de capacité, et dans d'autres où les muscles expirateurs perdent de leur force, la voix s'affoiblit considérablement, et s'éteint même quelque-

---

[1] On a dit que la voix *fausse* dépendoit de la fausseté de l'oreille. Mais si cela étoit, les individus qui chantent faux, entendroient faux, et, par conséquent, ne trouveroient rien d'agréable dans les productions musicales; et cependant beaucoup d'individus à voix *fausse* éprouvent un vif plaisir à entendre des modulations justes, et des accords harmonieux.

fois d'une manière complète ; pourquoi la voix est plus forte en hiver qu'en été, avant le repas que lorsque l'estomac est plein d'alimens, etc.

La force naturelle de la voix diminue ou augmente dans l'expression des diverses affections morales ; et ces modifications dépendent du degré d'érection de l'épiglotte, qui, selon nous, est destinée à réfléchir le son dans la cavité pharyngienne, et à augmenter ainsi la résonnance de la voix, comme aussi à s'opposer à ce qu'elle prenne de l'acuité, sans que la volonté y concoure, lorsqu'elle est déterminée par une forte expiration ; effet que produit une languette souple, élastique, placée obliquement dans le tuyau d'un instrument à anche.

Le voile du palais, en se relevant et en se plaçant dans une position horizontale, augmente la largeur de l'ouverture que doit traverser l'air sonore pour pénétrer dans la bouche, et augmente ainsi l'intensité de la voix. Il la diminue, au contraire, s'il se relève au point de fermer les ouvertures postérieures de la cavité nasale ; ce qui rend la voix sourde et nasillarde.

La base de la langue, selon qu'elle s'abaisse ou se relève, et qu'elle agrandit ou diminue par là l'ouverture de l'isthme du gosier, influe aussi sur la force de la voix en rendant le passage de l'air plus ou moins libre. Il en est de même des mâchoires lorsqu'elles s'éloignent ou se rapprochent l'une de l'autre, et de l'ouverture de la bouche lorsqu'elle s'agrandit ou se resserre.

Il ne nous paroît point que l'alongement ou le raccourcissement de la trachée influent sur la voix. Si les chanteurs raccourcissent le cou dans les tons graves, et l'alongent dans les aigus, c'est pour faciliter, dans le premier cas, l'action des muscles qui abaissent le larynx, et, dans le second, pour favoriser celle des muscles qui l'élèvent; car en portant la tête en arrière, ils leur donnent un plus solide point d'appui.

Dans la voix flûtée, les piliers du voile du palais se tendent et se rapprochent en formant une sorte de seconde glotte qui modifie le timbre de la voix.

Dans les sons graves, l'épiglotte s'aplatit et s'applique sur le dos de la langue; dans les aigus, elle se roule en cornet, et condense ainsi les rayons sonores.

Dans le phénomène vocal si improprement appelé *ventriloquie*, il y a 1° contraction forte, soutenue, des muscles inspirateurs; 2° rétrécissement de la glotte par l'action des constricteurs du larynx; 3° contraction lente et graduelle des muscles des parties abdominales; 4° enfin rétrécissement de l'isthme du gosier. L'air s'échappe alors lentement à travers la glotte, et le son qui se produit dans cette ouverture, prenant un timbre sourd et étouffé dans la cavité du pharynx, imite parfaitement une voix lointaine.

Il est une autre modification de la voix qui dépend de ce que, en chassant l'air à travers le larynx, nous laissons à la glotte toute son étendue; c'est la *voix basse*. On conçoit, en effet, que, les bords de cette ouverture n'étant point suffisamment rapprochés l'un de l'autre, le courant aérien, quelle que soit la force qui l'expulse, ne peut avoir la quantité de mouvement nécessaire pour les faire entrer en vibration.

Tel est le mécanisme de la voix. Examinons maintenant quels sont ses rapports avec nos idées affectives.

La voix est une fonction d'expression étrangère aux idées des rapports des êtres, auxquelles la parole est seule consacrée. Plus prompte, plus énergique que celle-ci, et par conséquent plus propre à témoigner au dehors ce qui se passe dans notre âme, elle est exclusivement destinée à la manifestation des sentimens; et tandis que la première varie parmi les peuples, comme les objets qu'elle doit exprimer, les expressions vocales sont identiques dans tous, comme les sentimens qu'ils éprouvent. Liées à ce qui constitue une des parties les plus essentielles de la vie humaine, aux grands mouvemens de l'âme qu'elles doivent communiquer, ne falloit-il pas, pour la sûreté de cette communication importante, qu'elles fussent uniformes parmi les hommes? Ne falloit-il pas que tous les individus de l'espèce pussent s'exprimer réciproquement leurs affections morales dans tous les lieux où ils se rencontreroient? C'est pour cela que, dans toutes les régions du globe, ils poussent tous les mêmes gémissemens dans la douleur, les mêmes lamentations dans le désespoir, les mêmes cris dans l'épouvante et les mêmes éclats de rire dans la gaîté.

Toutes les modifications de la voix, considérée comme moyen de manifestation des idées affectives, se réduisent aux *exclamations*, aux *cris*, aux *gémissemens*, aux *lamentations*, aux *sanglots*, aux *soupirs*, au *rire* et à la *voix modulée* ou au *chant*.

Les *exclamations* sont des sons brusques et forts que nous développons lorsque notre âme se trouve agitée vivement et à l'improviste. On n'en compte que trois, qui sont : *ah!... eh!... oh!..* [1]; Mais elles sont susceptibles de mille expressions différentes selon le ton de la voix, ses inflexions, selon l'expression physionomique et celle du geste, qui les accompagnent, et qui se trouvent toujours en harmonie avec elles.

L'exclamation *ah!..* peut exprimer une foule de sentimens divers, tels que l'indignation, l'hor-

---

[1] Les sons vocaux *i* et *u* ne sont pas des exclamations.

reur, la répugnance, la colère, le désir de la vengeance, où elle prend souvent un son sourd et comme étouffé par le serrement des mâchoires, le repentir, l'admiration, l'étonnement, la surprise, la frayeur, la terreur, l'épouvante, etc.

L'exclamation *eh!*..., moins fréquemment employée que la précédente, peint, comme elle, l'admiration, l'étonnement, la surprise, etc.

L'exclamation *oh!*... manifeste les mêmes sentimens; mais elle est aussi l'expression énergique du désespoir, de l'accablement, de l'indignation, de l'horreur, de la pitié, d'une commisération profonde, etc[1].

Les *cris* sont des exclamations prolongées et provoquées par un sentiment vif et de quelque durée, tel qu'une douleur aiguë, un chagrin violent, une joie excessive et inattendue, une frayeur subite causée par la vue d'un danger imminent, grand et inévitable, etc. Ils sont formés par le son *A*, qui, à cause de la promptitude et de la facilité de son développement, se trouve en harmonie avec le besoin pressant que l'âme ressent, dans ces circonstances, de manifester promptement ce qu'elle éprouve. Dans une douleur violente et prolongée, produite par une

---

[1] On peut joindre à cette expression le son vocal *u* qui sert à témoigner un profond mépris.

cause physique, les cris offrent trois tons différens, l'un grave, l'autre aigu, et le dernier qui l'est moins, et l'on passe de l'un à l'autre d'une manière chromatique.

Il est d'autres cris que l'on pourroit nommer *appellatifs*, parce qu'ils sont poussés dans l'intention d'*appeler*, et de réclamer des secours dans le péril. Ils sont moins prompts que ceux dont nous venons de parler, parce qu'ils sont précédés de la réflexion qui fait juger de la nature du danger, et des secours que l'on peut attendre. Mais, formés par les sons *E* ou *O*, ils sont plus aigus et d'une intensité plus considérable ; ce qui étoit nécessaire pour qu'ils fussent sûrement transmis.

Le *gémissement* est une voix plaintive, tendre, pitoyable, produite par une âme accablée par la douleur. On observe dans cette voix deux tons successifs, l'un aigu, l'autre grave, qui la termine. Sa monotonie, la répétition constante de la même inflexion, lui donne une énergie d'expression remarquable ; elle témoigne un état continuel de souffrance, et la situation d'une âme qui *fléchit*, qui succombe sous le mal qui l'oppresse, et que rien ne peut soulager.

La *lamentation* est l'effusion d'un cœur qui ne peut ni se contenir, ni s'arrêter. Elle est formée par une voix grande, sombre, lugubre, opiniâtre. Elle ne s'observe ordinairement que dans la femme. Elle n'a lieu le plus souvent dans l'homme que dans les grandes calamités publiques. Dans un individu, elle est le signe d'une grande pusillanimité.

Le *sanglot* est une suite non interrompue de voix basses, produite par de petites inspirations successives et comme convulsives, et terminée par une vive et longue expiration. Rare dans l'homme, où il annonce une grande foiblesse d'âme, il est plus fréquent chez la femme, qui, d'une part, résiste moins à la douleur, et qui, de l'autre, devoit la peindre avec plus d'énergie, pour obtenir l'appui dont elle a besoin, ou pour désarmer la force, contre laquelle elle n'a aucun moyen de résistance. C'est par la même raison que le sanglot est si fréquent dans l'enfance, où il se mêle à toutes ses autres expressions de douleur. Il y est toujours uni aux larmes, comme dans la femme, et souvent aux gémissemens.

Le *soupir* est une voix foible, basse, produite par une expiration prompte précédée d'une profonde et lente inspiration. Il sert à exprimer le désir, la crainte, la peur, la joie, la tristesse, la compassion, le repentir, le regret, l'abattement du désespoir et toutes les passions qui resserrent spasmodiquement les organes thoraciques, et qui y font naître ce malaise inexprimable que le soupir fait cesser [1].

Le *rire* se compose d'une succession de sons forts, courts, précipités, monotones, formés par une suite non interrompue d'expirations petites, rapides, et comme convulsives, et d'un son plus ou moins éclatant, plus ou moins prolongé, produit par une profonde inspiration. Il exprime particulièrement la gaîté, ou cette agréable situation de l'âme développée par la vue ou le récit d'un événement plaisant, par une réponse naïve, une saillie spirituelle, une épigramme fine et piquante, par des propos plaisans et enjoués, enfin par toutes les combinaisons d'idées qui, par le contraste qu'elles offrent entre elles, ou leur singularité, frappent l'esprit d'une manière vive, prompte, inattendue et agréable [2].

Il existe une différence remarquable entre

---

[1] Ce malaise dépend d'une diminution dans l'activité des phénomènes chimiques de la respiration, par la lésion des divisions pulmonaires du grand sympathique; lésion déterminée par la réaction cérébrale qui a lieu dans ces passions. Le soupir le fait cesser, en introduisant dans le poumon une plus grande quantité d'air atmosphérique.

[2] Le rire qui éclate pour le moindre objet, et pour ainsi dire à tout propos, annonce une fausse appréciation des rapports des choses, et forme un des caractères distinctifs de la bêtise : *stultus noscitur cachinno.*

l'expression du rire et celle du sanglot. Celle du premier est *expirative*, et par cela seul elle se trouve en harmonie avec le sentiment expansif qu'elle manifeste. Celle du second, au contraire, est *inspirative*, et est par conséquent en rapport avec l'affection qu'il exprime, et qui tend à se concentrer au fond du cœur.

Le *chant* est la *voix modulée*, ou composée d'une suite de sons appréciables. Ces sons que l'art musical a renfermés dans l'échelle harmonique, *ut*, *ré*, *mi*, *fa*, *sol*, *la*, *si*, et qu'il a exprimés par des signes particuliers appelés *notes*, forment, par leurs combinaisons diverses, la rapidité ou la lenteur avec lesquelles ils se succèdent, et le rhythme de mouvement qui leur est imprimé, une infinité de modulations qui se trouvent en rapport avec nos différentes affections morales. Ainsi, par exemple, les mouvemens lents, les tons graves, les modulations *majeures*, expriment la terreur, l'alarme, etc. : les mêmes mouvemens, les tons aigus, les modulations *mineures*, peignent la tristesse, l'affliction profonde, etc. Les mouvemens rapides, la succession irrégulière de tons aigus et graves, des modulations tantôt majeures, tantôt mineures, expriment le désespoir, tandis que la gaîté éclate en modulations majeures, en tons aigus, qui se succèdent avec rapidité.

Non seulement le chant, et les instrumens de

l'art musical qui s'y mêlent, qui le représentent, ou y suppléent, peignent les sentimens que l'on éprouve, mais encore ils les inspirent à ceux que leurs sons viennent frapper. Tout le monde connoît les effets de la musique sur le cœur de l'homme. On sait que le son du tambour, de la trompette, et les accens d'une musique guerrière, soutiennent ou excitent le courage, et inspirent l'ardeur des combats; que des modulations tristes font verser des pleurs, que la musique sacrée inspire la piété, et la vénération pour la majesté divine. Alexandre courut aux armes aux accens d'Archigénide, et les déposa sous l'influence d'une autre modulation; Pythagore désarma de jeunes fous, par un chant grave; et la harpe de David calmoit la mélancolie et les fureurs de Saül.

Enfin, le chant exerce sur l'individu qui le produit une influence particulière; c'est celle de le dérober à l'ennui. La vie humaine n'est qu'une recherche continuelle de sensations ou d'idées; lorsque ces alimens lui manquent, la langueur morale, ou l'ennui survient. Le même effet a lieu dans un travail dont l'uniformité fatigue, et semble épuiser la sensibilité. L'homme alors cherche, dans le chant, des sensations variées qui l'excitent, et lui fassent sentir qu'il *est*.

Tels sont les rapports des modifications de la

voix, avec nos affections morales; mais cette
fonction n'est pas la même dans les différens
âges, dans les sexes, dans les divers individus,
où elle offre, sous le rapport de son ton, de son
timbre, de sa force, etc., des variétés nombreuses, qui influent sensiblement sur son expression.

Dans l'enfance, le ton de la voix est plus aigu
que dans l'âge adulte; les lames de la glotte y
sont et plus minces et plus courtes, et le pharynx et les autres cavités de l'instrument vocal y
ont de moindres dimensions. Son timbre y est
aussi plus doux, et la force du son moins considérable, ce qui provient de la structure des
lames de la glotte, et de ce que les puissances
musculaires expiratrices n'ont point encore acquis toute leur intensité. Il est à remarquer que
cet état de la voix de l'enfant, est, comme son
expression physionomique, en harmonie avec
sa foiblesse, qui, ayant besoin de protection et
d'appui, devoit pour en obtenir plus sûrement
réunir tout ce qui pouvoit le plus nous plaire et
nous toucher. Aussi toutes ses expressions vocales ont-elles une douceur entraînante; tandis
que si sa voix étoit grave, d'un timbre rude,
d'une grande force de son, il ne seroit pour
nous qu'une repoussante monstruosité.

A l'époque de la puberté, où l'individu peut
exister par lui-même, alors qu'il est homme,

et qu'il doit faire partie du corps social, en même temps que ses traits physionomiques se prononcent et prennent leur état harmonique avec l'établissement de ses relations avec ses semblables, les puissances expiratrices acquièrent de l'énergie, le larynx se développe, s'accroît surtout d'arrière en avant, et fait saillie au-devant du cou ; ce qui, en augmentant la longueur des ligamens de la glotte, qui eux-mêmes prennent plus d'épaisseur, donne à la voix la gravité qu'on y remarque, et à laquelle concourt aussi le développement des cavités de la bouche et du pharynx.

Mais ce n'est point seulement le ton de la voix qui se modifie à l'âge de la puberté ; son timbre aussi change et s'altère. Cela provient de l'épaississement, du gonflement des ligamens vocaux, qui éprouvent une sorte de surexcitation nécessaire à leur accroissement ; surexcitation qui y amène une quantité de fluides nutritifs proportionnée aux dimensions qu'ils doivent prendre. On dit alors que la voix *mue ;* elle est rude, rauque, sourde, ce qui dure jusqu'à ce que les lames vocales aient acquis leur entier développement. Alors l'engorgement de ces lames se dissipe, elles reprennent leur élasticité, et l'individu offre, dans sa voix, la force et le timbre qu'elle doit avoir jusqu'à la vieillesse.

A cette période de la vie, l'instrument vocal

éprouve encore des changemens remarquables.
Les muscles expirateurs perdent de leur puissance, et, par conséquent, les sons de leur intensité; les cartilages du larynx s'ossifient, les
ligamens vocaux prennent de la sécheresse, et la
voix devient criarde; ces ligamens étant moins
mobiles, et les muscles qui les meuvent moins
actifs, l'échelle des tons vocaux perd de son étendue; et enfin la foiblesse des contractions du
système musculaire vocal les rend incertains et
irréguliers, et la voix devient *chevrotante*, ce que
l'on remarque dans presque tous les vieillards.

Toutes ces modifications vocales influent sur
l'expression des sentimens dans la vieillesse.
Ainsi, par exemple, la *voix cassée*, qui contraste
fortement avec la gaîté, par cela seul qu'elle
annonce la destruction prochaine de l'organisme, donne à cette affection de l'âme une plus
vive manifestation. Ainsi, dans l'effroi, dans la
douleur, dans le désespoir, etc., cette même
voix, qui annonce la foiblesse, rend plus énergique l'expression de ces sentimens. Qui pourroit entendre, sans en être vivement ému, les
lamentations d'un vieillard? Qui pourroit résister aux accens d'une voix tremblante et altérée
qui implore l'appui de la force, ou les secours
de la pitié.....? Remarquons à cet égard qu'il
existe, entre la vieillesse et ses expressions vo-

cales la même harmonie que dans l'enfance, et que ces deux âges, qui sont ceux de la foiblesse, possèdent, dans leur instrument vocal, un moyen puissant d'obtenir la protection et l'appui qui leur sont nécessaires.

Les variétés de la voix dans les deux sexes ne sont pas moins remarquables que celles que l'on observe dans les âges divers. Dans l'homme, le son vocal est grave, rude, intense : il se trouve en harmonie avec la force et le pouvoir. Dans la femme, au contraire, qui se rapproche de l'enfant par son organisation, il est aigu, doux, flexible et beaucoup moins fort que chez l'homme; ce qui provient des dimensions moindres du larynx et des lames de la glotte, dont la structure donne à son timbre une douceur remarquable, et de celles de toutes les autres parties de l'instrument vocal, dont les agens musculaires sont d'ailleurs beaucoup plus mobiles. La femme devoit plaire et toucher ; elle devoit même commander à la force dans un grand nombre de circonstances, pour n'en être point opprimée; et c'est dans la flexibilité et la douceur de sa voix, comme dans celle de sa physionomie, qu'elle trouve un puissant moyen de l'asservir. Qui ne sait combien ses expressions vocales sont touchantes, combien ses cris de douleur sont déchirans, ses sanglos et ses lamentations énergiques , et quel pouvoir elle puise dans un simple soupir!

C'est par une admirable variété dans la structure et les dimensions des organes vocaux, et dans l'énergie, la mobilité, la régularité d'action des puissances musculaires qui les meuvent, que la voix offre ces différences infinies de *ton*, de *timbre*, d'*intensité*, d'étendue, de justesse et de flexibilité que l'on remarque dans les divers individus. Ces différences , de concert avec les traits physionomiques et les autres caractères extérieurs, donnent aux membres du corps social le moyen de se reconnoître , et se trouvent ainsi en harmonie avec nos besoins!.. Qui n'admireroit cette prévoyante bonté de l'Intelligence suprême , qui a tout fait pour assurer nos relations réciproques, sans lesquelles nous ne pourrions exister?

Les variétés individuelles de la voix influent singulièrement sur la manifestation des affections morales. Une voix grave et forte, par exemple, rend le cri de la colère plus terrible ; une voix aiguë donne plus d'énergie à celui du désespoir, de la frayeur, de l'épouvante ; une voix douce rend plus touchante l'expression de la douleur.

Mais bien que la fonction vocale manifeste vivement tous les mouvemens de l'âme , elle a besoin d'être aidée par un autre moyen d'expres-

sion qui rende cette manifestation plus complète;
Ce moyen, cette autre fonction expressive si
nécessaire, c'est *la parole*, que nous allons étudier dans le chapitre suivant.

CHAPITRE QUATRIÈME.

DE LA PAROLE.

CETTE mrveilleuse expression est le complément essentiel de toutes les autres. Sans doute la physionomie, les gestes, les attitudes et la voix peignent vivement au dehors toutes nos affections morales ; mais il n'appartient qu'à la parole de les exprimer pleinement. C'est surtout à la manifestation des *idées des rapports des êtres*, pour laquelle les autres fonctions expressives seroient insuffisantes, et à l'établissement des relations individuelles qu'elle est destinée ; démontrant ainsi d'une manière incontestable que l'homme est né pour la vie en société. Aussi cet être est-il le seul dans la nature qui la possède, parce qu'il est le seul qui doive penser ; et si les animaux qui se rapprochent le plus de lui par leur organisation, comme les singes, ne la peuvent produire, ce n'est pas qu'ils manquent de moyens physiques, car, sous ce rapport, ils ne diffèrent nullement de l'homme ; mais c'est que leur nature s'y refuse, en un mot, qu'ils ne sont point intelligens.

On ne peut donc pas dire, avec le professeur Richerand, que «le singe, chez lequel la bouche, » la langue et les lèvres sont conformées comme » dans l'homme, *parleroit comme lui*, si l'air, en » sortant du larynx, ne se répandoit dans ses sacs » hyothyroïdiens, qui se gonflent, puis se vident, » de manière qu'il ne peut point à volonté four- » nir aux diverses parties de la bouche les sons » qu'elles seroient capables d'articuler[1].»

En effet, d'abord cette conformation n'est pas commune à tous les singes; elle n'existe point dans le grand *babouin hamadrias*, dans la *guenon Patas* (*Simia rubra*), le *bonnet chinois* (*S. simica*, l.), ni dans la *guenon mone* (*S. mona*), le callitriche (*S. sabœa*), etc.; et cependant ces animaux ne *parlent* pas. Dans beaucoup d'autres, le sac membraneux s'ouvre au dessous de la glotte, et ne peut point par conséquent intercepter le passage de l'air entre cette ouverture et la bouche; tels sont le coaïta (*S. paniscus*), le sagouin marillina (*S. rosalia*), etc.; et ils ne *parlent* pas, bien qu'ils aient de la voix.

Remarquons, en second lieu, que si cette organisation étoit le seul obstacle à la parole chez ceux où on l'observe, cet obstacle ne pourroit

____

Nouveaux Élémens de Physiologie, 9ᵉ édition, t. 2, p. 402.

être assez considérable pour les en priver totalement; car, tout l'air de leur organe pulmonaire ne pouvant évidemment être renfermé dans leur sac hyo-thyroïdien, il est clair que le son qui arrive à l'ouverture de la bouche est assez intense pour y recevoir une modification sensible , et ils pourroient au moins parler *bas* [1].

Au reste, ce qui tranche toute difficulté sur ce point, c'est que les animaux à qui nous apprenons à prononcer des mots, et qui, par conséquent, ont une organisation propre à les produire, ne *parlent* pas d'eux-mêmes; or, cela ne démontre-t-il pas évidemment que la parole ne dépend point essentiellement de cette organisa-

---

[1] D'ailleurs, puisqu'ils ont de la voix, et que nécessairement leurs sons vocaux sortent par l'ouverture buccale, pourquoi n'y seroient-ils pas articulés?

Remarquons encore que les sacs hyo-thyroïdiens ne se vident jamais, que l'air qu'ils renferment est seulement renouvelé en partie par celui qui y pénètre à chaque expiration; qu'ils ne peuvent pas même se vider, ce qui est manifeste dans les singes qui ont ces réservoirs cartilagineux ou osseux, comme l'alouate, et que, par conséquent, ils sont toujours pleins. Or, d'après cela, il est évident qu'il arrive assez d'air sonore à l'ouverture buccale, pour que l'articulation des sons fût possible, si réellement ces animaux pouvoient *parler*.

Nous pensons que ces sacs sont seulement destinés à donner plus de résonnance à la voix. Les singes *hurleurs*, où ils sont très-vastes, osseux, et, par conséquent, très-élastiques, en sont la preuve.

tion, mais seulement de l'intelligence qui la met en exercice?

Mais quel est le mécanisme de cette fonction expressive? Quels sont ses rapports avec les idées et les sentimens? Enfin quelles sont les variétés qu'elle présente? Ce sont là autant de points de son histoire qu'il est important d'étudier.

L'appareil organique de la parole est le même que celui de la voix. Comme dans cette dernière, l'air renfermé dans les poumons en est chassé par les puissances expiratrices, est mis en vibration par les lames de la glotte à son passage à travers le larynx, et le son qui résulte de ce mouvement vibratile est modifié, au-delà de cet organe, par les autres parties de l'instrument vocal, dans son *ton*, dans son *timbre*, et dans son *intensité*. Mais à cette modification, il s'en ajoute un grand nombre d'autres produites exclusivement par la langue, les dents et les lèvres, et qui déterminent l'union réciproque, l'*articulation*, de plusieurs sons différens ; de là le nom de *langage articulé* que l'on a donné à l'ensemble de ces modifications, ou à la *parole* [1].

---

[1] Un physiologiste de nos jours a pensé, d'après plusieurs observations pathologiques, que les lobes antérieures du cerveau étoient les agens matériels de la parole. Toutefois, d'autres faits ont montré cette fonction complètement abolie, sans que ces lobes offrissent la moindre lésion, ce qui prouve au moins qu'ils ne constituent pas les seules conditions matérielles nécessaires à son exercice.

Ce langage se compose de plusieurs sons principaux ou élémentaires, *modifiés*, et de sons secondaires, *modifians*.

Les premiers sont :

a , é , è , e , i , o , u ,

aé , aei , ai , an , ao , au , aian , aien , aion ,

éa , éé , ei , éo , eoi , eu , en ,

ia , ié , iè , ie , iai , iei , ian , ien , ieu , in , io , ion , iou ,

oa , oé , oei , oi , oin , on , ouai , ouan , oué , oue , oui ,

ua , ué , ue , ui , uo , uan , uin , un.

On les appelle *voyelles*, parce qu'ils sonnent, qu'ils forment une voix par eux-mêmes. Les sept premiers portent le nom de *voyelles simples*; les autres s'appellent *voyelles composées* ou diphthongues , δίφθογγοι , de δὶς , deux fois , φθέγγομαι je sonne , parce qu'ils ont un son double.

Tous ces sons ont leur prononciation particulière :

a , le plus simple, le plus facile, et aussi le plus fréquent de tous , naît , la bouche étant pleinement ouverte , et la langue abaissée.

é est produit par l'application de la partie moyenne de la surface de la langue contre le palais, la bouche étant moins ouverte que dans *a*.

è est formé par la langue abaissée vers la pointe, et la bouche un peu plus ouverte que dans *é*.

e provient d'une légère diminution dans le diamètre horizontal de la bouche.

i est produit par l'application de la partie antérieure de la surface de la langue contre le palais.

o est formé par l'abaissement de la langue et le rétrécissement de la bouche, qui s'arrondit.

u est produit par cette ouverture rétrécie, et portée en avant, ainsi que la langue.

On peut déduire de ce mécanisme celui de tous les sons qui forment les voyelles composées.

Mais ces modifications, quelque nombreuses qu'elles soient, ne suffiroient point pour l'expression de la pensée, dont les élémens sont infinis comme les objets qu'elle embrasse. Il a donc fallu d'autres mouvemens pour en produire de nouvelles. Or ces mouvemens *modificateurs* sont encore exercés par la langue, les dents et les lèvres, et les sons qui en résultent forment les *consonnes*, ainsi nommées parce qu'elles ne sonnent réellement que par leur union avec les voyelles. Ainsi, par exemple, les sons *ba*, *ma*, *pa* sont formés par *a* modifié par les lèvres: *za*, *sa*, etc. est *a* modifié par les dents, et il l'est dans *da*, *la*, *na*, *ta*, etc. par la langue, dont les mouvemens varient pour chacun de ces sons.

Il seroit inutile et fastidieux de décrire tous les mouvemens qu'exercent les organes de la parole pour produire tous les sons qui composent cette fonction d'expression ; ces considérations générales doivent suffire pour en faire comprendre le mécanisme, que chacun, d'ailleurs, peut saisir sur soi-même en les articulant.

L'union des consonnes avec les voyelles, c'est-à-dire les modifications de celles-ci par les mouvemens divers des organes qui agissent sur elles, forment les *syllabes* (de συλλαβεῖν assembler), et les syllabes, en se combinant entre elles, forment les mots.

Les syllabes se prononcent en abaissant ou en élevant la voix, et en modifiant le *ton* selon certaines règles, qui constituent ce que l'on appelle l'*accent* ou la *prononciation.*

Tel est le mécanisme de la parole ; examinons-en les rapports avec les idées et les sentimens.

Les mots, tels que nous venons de les considérer, ne pourroient servir à l'expression de la pensée, si, par leur structure diverse, ils ne correspondoient aux objets qu'ils doivent représenter ; car, ces objets variant entre eux sous une infinité de rapports, nous ne pourrions les exprimer clairement et d'une manière complète, si les mots ne différoient entre eux dans la même proportion. Voilà pourquoi une langue qui a peu de mots, qui est *pauvre*, est beaucoup moins propre à la manifestation des idées qu'une autre langue qui est *riche*, c'est-à-dire où les mots sont abondans.

D'abord il est indispensable, dans toute langue, qu'il y ait des mots pour exprimer les objets considérés en eux-mêmes, comme corps, comme *substance;* car sans cela comment pourroit-on les représenter? Ces mots sont les *substantifs*, et les pronoms, qui souvent les remplacent pour rendre le discours moins monotone ou pour lui donner plus de rapidité.

Il faut aussi une expression qui montre d'une manière précise le corps dont on parle, qui le lie à l'idée que l'on en manifeste; car sans cela cette manifestation seroit vague. Cette expression est l'*article* (de ἄρθρον articulation, prononciation distincte), qui, par sa forme variée (le, la, les, ô, du, des, à, au, etc.), indique, non-seulement le nombre et le genre, mais encore une foule de rapports, tels que ceux de *nomination simple* (le roi), d'*appellation* (ô roi), de *propriété* (du roi), etc[1].

Il n'est pas moins nécessaire que les qualités

---

[1] Dans les langues où l'article manque, ses fonctions sont remplies par les diverses terminaisons du substantif et du pronom, comme on le voit dans la langue latine.

de l'objet dont on parle soient exprimées ; car ce sont ces qualités qui le font distinguer et reconnoître. Il faut donc qu'il y ait des mots *adjectifs*, qui ajoutent à la dénomination de l'objet que l'on désigne, qui le qualifient, et que, à cause de cela, l'on devroit appeler plutôt *qualificatifs*. Ces adjectifs expriment, par leurs divers modes de terminaison, comme les substantifs, le nombre et le genre auxquels appartiennent les objets que l'on veut désigner.

Mais tout est mouvement dans la nature, tout exerce ou éprouve une action ; et une langue qui n'auroit que les élémens précédemment exposés seroit sans faculté expressive ; car elle ne nous feroit rien connoître de ce qui se passe autour de nous. Il faut donc nécessairement des mots pour peindre ces actions si diverses exercées ou reçues. Or ces mots, ce sont les *verbes*, ainsi appelés parce qu'ils constituent essentiellement la *parole*, qu'ils en forment la partie la plus importante, et que sans eux elle ne seroit d'aucune utilité. Ces *verbes*, en effet, par leur admirable construction, par une foule de terminaisons variées qui en forment les *conjugaisons* diverses, font connoître si les actions qu'ils représentent sont exercées sur un objet extérieur ou sur soi-même, si elles viennent du dehors, si elles sont présentes, passées, futures, commandées, conditionnelles, désirées, indéterminées, et montrent, avec leur *genre* et leur *nombre*, les *personnes* qui les exercent ou qui en sont l'objet.

Mais ces actions sont des degrés, elles sont plus ou moins intenses, plus ou moins foibles, plus ou moins rapides, plus ou moins lentes et plus ou moins complètes. L'expression du *verbe*, pour être pleine et entière, doit donc être modifiée selon toutes ces variétés ; et elle l'est, en effet, par l'*adverbe*, qui modifie aussi celle de l'adjectif, lorsqu'il s'y joint, car ce dernier exprime une manière d'être qui est une sorte d'action.

De plus, l'action exprimée par le *verbe* a nécessairement des rapports de *lieu*, d'*ordre*, d'*union*, de *séparation*, d'*opposition*, de *but*, de *cause*, de *moyen*, etc.; car elle peut s'exercer dans un lieu plutôt que dans un autre, avant ou après une autre action, simultanément avec celle-ci, isolément, contre un objet déterminé, dans un but spécial, par une cause particulière, avec certains moyens, etc. Il faut donc que ces rapports soient représentés par la parole. Or ils le sont au moyen des prépositions (*dans, autour, auprès, sur, sous*, etc.; *avant*, etc.; *avec*, etc.; *sans*, etc. ; *contre*, etc.; *pour*, etc.; *attendu*, etc.; *par*, etc.), ainsi appelées parce qu'elles sont toujours placées avant les mots qui en sont les expressions complémentaires.

Enfin les idées qui ont des relations réciproques seroient sans suite et sans liaison entre elles, si

rieu ne les unissoit ; le discours seroit décousu
et n'auroit le plus souvent aucune signification
exacte ou même réelle. Il faut donc encore des
expressions particulières qui soient les moyens
d'union de ses différentes parties, qui lient entre
elles les idées principales et les accessoires, et
qui en forment un tout complet ; c'est aux *con-
jonctions* qu'appartient cette fonction importante.

Tels sont les élémens de la parole, qui, par
leurs terminaisons et leurs combinaisons diverses,
assujetties à des règles dont l'ensemble forme
cette partie de la grammaire que l'on appelle
syntaxe (σύνταξις construction, de συντασσω j'ar-
range, je dispose ensemble, qui à son tour dérive de συν ensemble, et τασσω je place), composent cet admirable système d'expression, si
propre à manifester au dehors toute notre pensée.

Mais ces élémens, pour être mis en usage,
n'exigent pas seulement de la mémoire ; car, si
cela étoit, il s'ensuivroit que ceux chez qui cette
faculté seroit le plus développée s'exprimeroient
avec le plus de précision et d'exactitude ; ce qui
est loin d'avoir toujours lieu. Puisque les mots
expriment des rapports, il faut nécessairement
qu'un choix éclairé préside à leur usage ; et c'est
ce choix qui caractérise les qualités diverses
d'élocution que l'on remarque dans les individus. C'est aussi sous ce rapport que l'on a eu

II.   18

raison de dire que le *style étoit l'homme*. Un *esprit facile* est celui qui distingue aisément les expressions les plus propres à exprimer avec fidélité les rapports des choses. Un *esprit brillant* saisit celles qui sont le plus capables de les peindre avec éclat. Un *esprit poétique* est celui dont le style st plein d'images. L'*esprit clair* se distingue par un discours dont toutes les expressions offrent un sens suivi et sans obscurité, etc.

Mais, pour que ces choix soient parfaits, il faut nécessairement le sentiment de la convenance des expressions avec les idées et la nature du sujet, ou le *goût*, et l'appréciation exacte des rapports des mots avec les objets qu'ils doivent exprimer.

Il faut aussi le secours de l'habitude; on sait combien elle influe sur la facilité de l'élocution dans les professions qui exigent l'exercice fréquent de la parole. Enfin il est nécessaire de bien connoître la langue que l'on emploie, et toutes les nuances d'expression des mots divers qui la composent. Voilà pourquoi nous éprouvons tant de difficulté à parler ou à traduire une langue étrangère, et pourquoi nous nous y exprimons le plussouvent avec si peu d'exactitude, ou que nous la traduisons si peu fidèlement. Dans l'un et l'autre cas, nous appliquons à chaque mot un mot de notre langue qui nous semble y correspondre; et comme nous ignorons les nuances d'expression

qui distinguent les mots étrangers des nôtres, notre
discours se trouve rempli d'expressions inexactes,
et notre traduction fourmille d'erreurs.

Tout ce que nous venons de dire montre de
quelle importance il est de bien connoître la nature et la valeur de tous les élémens de la parole, puisque c'est par son secours que nous
comprenons ce que l'on nous communique, et
que nous manifestons au dehors tout ce qui se
passe au dedans de nous.

C'est au moyen de ces élémens, en effet, que
nous apprenons nos devoirs mutuels et toutes
les lois qui nous gouvernent; que nous exprimons les idées que nous avons conçues des qualités, des propriétés de tous les êtres qui nous
environnent, et de leurs rapports réciproques
et avec nous; que nous les *abstrayons*, que nous
les généralisons, que nous les dénommons, que
nous les indiquons aux autres, que nous nous
dénommons, que nous nous désignons nous-
mêmes: désignations qui sont la base d'un grand
nombre de nos relations sociales, et sans lesquelles la vie en société ne sauroit avoir lieu.
Enfin c'est par ces élémens, qui viennent au
secours des expressions physionomiques, du
geste, des attitudes et de la voix, lorsque ces
moyens de manifestation ne peuvent nous suffire, que nous peignons si vivement et avec tant
d'exactitude toutes nos affections.

Mais une influence bien plus importante du langage articulé, c'est celle qu'il exerce sur la formation même des idées. Sans la parole, en effet, la pensée seroit nulle, et l'intelligence muette ne pourroit rien produire, comme elle ne pourroit rien manifester. C'est par la parole intérieure que l'homme pense; c'est en se représentant à lui-même les objets au moyen des mots qu'il conçoit des idées, comme c'est par ces mêmes mots qu'il les exprime: de sorte que c'est avec une grande vérité que l'on a dit qu'il *pensoit sa parole*, comme il *parloit sa pensée*[1].

La parole ne crée point, mais elle fixe les idées, que l'intelligence combine au moyen des expressions qui les représentent. Cette union des idées avec la parole, qui est telle qu'elles se produisent mutuellement, est un mystère impénétrable. La pensée n'est pas la parole, mais sans elle elle ne pourroit naître et paroître au dehors. A son tour, la parole n'est pas la pensée, mais, sans celle-ci, elle ne pourroit se former : la parole sépare, dans notre esprit, les idées les unes des autres, et en fait disparoître la confusion, comme les lignes qui terminent la surface des corps, et qui les limitent, nous font distinguer tout ce qui nous entoure. C'est une sorte de miroir qui réfléchit fidèlement, et à nous-mêmes et

----

[1] M. de Bonald.

aux autres, tout ce qui se passe au dedans de nous. C'est une lumière vive qui éclaire subitement notre âme, et qui lui fait concevoir tout-à-coup, et ce qu'elle sent, et ce qu'elle pense. Si les mots nous manquent, il n'y a qu'obscurité dans notre esprit; on le voit lorsque la mémoire est infidèle. Enfin les idées *générales, collectives, abstraites*, si importantes pour les relations sociales, sont encore un produit de la parole; et jamais nous ne pourrions les comprendre sans cette précieuse faculté, puisque, ne recevant par nos sens que des impressions dont nous ne pourrions rien généraliser ni abstraire, nous ne penserions que des individualités.

Il est donc évident que, sans le langage articulé, l'homme ne concevroit, comme les animaux, que des images, n'éprouveroit que des sensations, et ne produiroit au-dedans de lui aucune idée. Tel seroit le sort de ces infortunés qui, se trouvant privés en naissant du sens de l'ouïe, ne peuvent apprendre à parler, s'ils ne recevoient, par l'éducation, le langage du geste qui supplée à celui des mots qui leur manquent. Telle est la destinée déplorable des idiots, qui, inférieurs aux brutes parce qu'ils n'ont pas comme elles l'instinct, ne conçoivent aucune idée parce qu'ils ne parlent point, ou sont privés de la parole parce qu'ils ne peuvent penser, qui ne tiennent leur existence que par les soins de leurs semblables, et montrent ce que devient l'homme lorsqu'il ne peut exercer sa plus précieuse faculté.

Toutefois, ce langage ne s'acquiert que d'une manière lente et graduelle ; il varie donc dans les âges. Il varie aussi, dans les individus, par le nombre plus ou moins considérable de ses élémens ; et cette différence s'observe aussi dans les divers peuples, qui, de plus, en offrent de remarquables dans la structure de leurs langues. Jetons un coup d'œil rapide sur ces variétés qui influent tout-à-la-fois et sur la production et sur la manifestation des idées.

L'homme ne parle point en naissant ; un temps plus ou moins long doit s'écouler avant qu'il jouisse pleinement de cette précieuse prérogative, et, pendant tout ce temps, semblable aux animaux, il n'exerce son intelligence que sur des sensations et des images, qui forment seules le domaine de son entendement.

Toutefois, bien différent de ceux-ci, il conçoit les expressions qu'il entend ; transmises par son appareil auditif, ces expressions germent dans sa pensée. Bientôt il les applique aux objets qu'elles représentent ; ce qu'il témoigne et par ses gestes, et par ses regards [1]. Bientôt aussi il cherche à les

---

[1] Cette pensée de l'enfant, qui se manifeste avant que ses organes de la parole puissent articuler les sons, prouve évi-

imiter, il *bégaie*. D'abord, ce sont les syllabes les plus faciles à former qu'il prononce, telles que les *labiales ma*, *pa*. Il s'exerce ensuite sur d'autres moins aisées, puis sur des mots. En même temps que son langage se forme, ses idées se multiplient, jusqu'à ce qu'enfin il connoisse tous les objets qu'il est à portée d'étudier dans la sphère sociale où il se trouve placé. Si, ensuite, son éducation se perfectionne, s'il apprend sa langue, s'il se livre à l'étude des choses qui forment le domaine de l'esprit humain, s'il *voit* beaucoup d'objets, il acquiert une infinité d'expressions, et par conséquent d'idées, qui étendent son intelligence. Si, au contraire, borné à l'éducation de son enfance, il n'apprend rien au-delà, il n'acquiert des expressions que dans ce qu'il entend prononcer, ce qui même produit souvent en lui des idées fausses, faute d'une explication suffisante, et son intelligence se trouve bornée comme son langage articulé.

Cette différence dans le nombre des mots, dépendante, soit de l'éducation plus ou moins parfaite, soit des relations sociales plus ou moins étendues, est manifeste dans les divers individus de l'espèce; ainsi les habitans de la campagne

---

demment l'existence d'un être intérieur différent de la matière organisée, et qui exerce ses facultés avant que celle-ci puisse agir.

connoissent moins d'expressions articulées que ceux des villes, et ont, par conséquent, moins d'idées, comme, parmi ces derniers, ceux qui sont éloignés des lieux où les rapports sociaux sont le plus actifs, possèdent, pour leur parole, moins d'élémens que ceux qui se trouvent dans une situation plus favorable.

Il existe d'autres variétés individuelles de cette expression, qui, quoique moins importantes, doivent néanmoins être signalées, à cause de leur influence sur la manifestation des idées.

Le mécanisme de l'articulation des sons varie, dans les divers individus, par des différences qui existent dans l'organisation de l'instrument du langage, et la facilité de ses fonctions. Dans les uns, la parole est libre, et ils offrent ce que l'on appelle la *netteté* de la prononciation. D'autres joignent à cette netteté la promptitude ou la rapidité de l'expression articulée ; ils possèdent ce que l'on nomme la *volubilité*. Dans d'autres, la parole est plus ou moins lente, plus ou moins embarrassée, plus ou moins difficilement perceptible, comme on le voit dans ceux qui bégaient, qui balbutient, qui grasseient, qui bredouillent, qui articulent les sons d'une manière comme convulsive.

La netteté et la volubilité de la parole dépendent d'un prompt développement des idées, en même temps que de la précision et de la succession rapide des mouvemens des organes qui articulent les sons; ce qui suppose l'intégrité de ces organes et de toutes les conditions qui président à leurs fonctions.

La lenteur de l'articulation des sons provient plutôt d'une disposition morale particulière, que de l'organisation, comme on le voit dans les individus qu'on appelle *froids* ou *phlegmatiques*. Elle naît du mode de la succession des idées, qui, se développant et se succédant les unes aux autres d'une manière lente ou pénible, déterminent nécessairement, dans les mots qui les représentent, le même mode d'enchaînement et de succession.

En général, la volubilité de la parole coexiste avec une vive sensibilité. Elle concourt le plus souvent à l'expression des passions véhémentes. Quelquefois pourtant un sentiment violent s'y oppose, rend le discours entrecoupé, et même arrête la voix en même temps que la parole.

Le bégaiement naturel consiste dans cette difficulté du langage articulé qui le rend interrompu par intervalles, de manière que l'individu qui l'éprouve s'arrête à certaines articulations, en coupant et répétant les mots et les syllabes. Elle provient d'une sorte de spasme qui se développe par intervalles dans les muscles des lèvres et de la langue, les maintient fixes pendant un certain temps dans l'état où ils se trouvent, et leur fait prolonger où répéter, malgré la volonté, l'articulation des mêmes sons ; de là vient que celui qui bégaie s'arrête aux labiales *ba*, *bé*, *pa*, *pé*, etc., ou aux gutturales *ga*, *gué*, *gui*, etc., les entrecoupe, les répète, lutte inutilement contre la puissance organique qui les articule, reste par intervalle la bouche béante, et fait, pendant un temps plus ou moins long, de vains efforts pour passer à d'autres articulations. Cette affection est purement nerveuse, la timidité l'augmente ; un bègue qui parle devant des personnes qui lui imposent, articule bien plus difficilement que lorsqu'il s'adresse à celles avec lesquelles il vit familièrement. Ce vice disparoît dans la voix modulée. Nous connoissons un individu qui bégaie extraordinairement dans le discours ordinaire, et dont la prononciation a toute la facilité normale dans le chant. Il paroît que le sentiment qu'il donne à cette expression vocale, excite l'influence nerveuse, et lui rend toute sa régularité [1].

Le grasseyement est cette prononciation vicieuse dans laquelle certaines consonnes sont prononcées avec difficulté ou d'une manière irrégulière. Ainsi celui qui grasseie donne au *C* et au *D*, le son du *T*. Il prononce la lettre *R* de la

---

[1] On guérit le bégaiement par une sorte de gymnastique de la parole, soutenue par une ferme volonté.

gorge, en la faisant précéder d'un *C* ou d'un *G*. Cela provient du peu de mobilité de la langue, qui est retenue trop près de ses bords par le repli de la muqueuse *buccale*, qui s'y réfléchit.

Le balbutiement dépend, soit d'un vice d'organisation, soit d'un défaut de précision et d'exactitude dans les mouvemens des organes qui concourent à l'articulation des sons. La prononciation est imparfaite, foible, se fait en hésitant et avec peine. Les articulations sont peu sensibles, et il s'y mêle une sorte de sifflement qui les rend encore plus obscures. Il n'y a guère que les labiales *ba*, *be*, *bi*, etc. qui soient distinctement entendues, ce qui fait que celui qui balbutie, semble ne parler que du bout des lèvres.

Dans le bredouillement, les sons semblent ne point sortir de la bouche. Ils se confondent, roulent pèle-mèle dans cette cavité, et ne produisent qu'un bruit sourd, sans articulations distinctes; c'est la volubilité unie à la confusion.

Enfin, dans la parole convulsive, l'individu qui la présente s'arrête involontairement sur certaines syllabes, qu'il ne peut lier avec celles qui doivent suivre; puis tout à coup, et sans pouvoir modérer ses mouvemens, il articule avec une rapidité extrême et d'une manière successive un plus ou moins grand nombre de mots. Il se développe un spasme momentané qui semble lier la langue et les lèvres, organes qui reprennent ensuite toute leur mobilité, et qui semblent même en acquérir une nouvelle.

L'âge, diverses maladies, apportent encore des différences dans le langage articulé. Ainsi la chute des dents chez le vieillard rend inexacte la prononciation des syllabes dentales. De plus, la cavité buccale se trouve rétrécie par le rapprochement des mâchoires ; ce qui gêne la mobilité de la langue. Les lèvres elles-mêmes ont trop d'étendue, et leur muscle orbiculaire se contracte avec moins de facilité ; ce qui gêne aussi l'*articulation* d'une manière sensible. Le vice de conformation connu sous le nom de *bec de lièvre* rend impossible la prononciation des consonnes labiales B, M, P, qui prennent le son du V et du PH. La surdité congéniale produit le mutisme, par l'impossibilité où elle met l'enfant de percevoir les sons qu'il doit imiter pour parler.

Enfin le sexe influe évidemment sur la parole. La femme apprend plus vite à articuler que l'homme. Ses organes sont plus flexibles, plus mobiles, sa prononciation est plus nette, plus rapide, ce qui est en harmonie avec l'intensité de ses affections morales, et le besoin qu'elle a de les exprimer. Aussi, dans les passions violentes, la volubilité de son langage est extrême, et peint avec une grande énergie toute la vivacité de ses sentimens.

Les peuples présentent, comme les individus,

des variétés nombreuses sous le rapport de la parole considérée comme moyen de manifestation des sentimens et des idées. On y observe, en effet, des langues plus ou moins abondantes en expressions plus ou moins *riches*, selon le degré de leur civilisation, et les régions plus ou moins productives où ils vivent. L'intelligence d'un peuple se mesure à la richesse de sa langue; car plus il a de mots, plus le domaine de son entendement est étendu; et ses idées sont d'autant plus exactes que la structure de son langage peut se prêter à l'expression de tous les rapports des objets qui l'entourent.

Mais une différence non moins remarquable qu'offrent entre eux les peuples divers, c'est celle des élémens de leur parole respective, qui varient non-seulement de nation à nation, mais encore, dans chacune d'elles, de province à province, et même souvent de ville à ville. Quelles sont les causes de ces diversités si nombreuses? Pourquoi l'homme ne parle-t-il point partout la même langue? Cela démontreroit-il que la parole est une expression conventionnelle, que chaque peuple a établi à son gré la sienne, et que, par conséquent, le langage articulé est une production de l'esprit humain?

Tra ions en peu de mots cette question importante; sa solution nous guidera dans la recherche des causes qui ont déterminé les variétés dont nous venons de parler.

L'homme ne peut rien ajouter à sa nature; il ne peut créer ce qui lui est *nécessaire*; il ne peut que le modifier. Cette proposition est incontestable; car, pour créer ce qui lui est *nécessaire*, il faudroit évidemment qu'il en fût privé; et s'il en étoit privé, il ne pourroit point *être*, puisqu'un être n'*est* qu'autant qu'il possède ce dont il a besoin pour exister. Or la parole est nécessaire à l'homme, car sans elle il ne pourroit penser, et sans pensée il ne pourroit entretenir son existence. Donc, d'après cette seule considération, il est évident qu'il n'a pu créer son langage articulé[1].

Mais en voici une autre preuve plus convain-

---

[1] L'homme, par sa nature et ses destinées, ne peut exister sans penser au moyen de la parole. Si, comme les animaux, il ne pensoit que par des sensations et des images, son intelligence ne pourroit se développer convenablement, et se mettre en rapport avec son mode naturel d'existence. Elle ne lui suffiroit donc point, et puisqu'il n'a pas comme eux l'instinct, il est évident qu'il ne pourroit *être*.

Puis donc que l'homme ne peut pas penser sans parole, dire qu'il a inventé sa parole, c'est dire qu'il a inventé sa pensée. Mais, pour inventer la pensée, ne faut-il pas une pensée préexistante, car comment *inventer* sans *penser?* Il est donc évident que la création de la parole ne lui appartient point, à moins qu'il n'ait créé sa pensée, c'est-à-dire, qu'il se soit créé lui-même; ce que vraisemblablement personne ne supposera.

cante encore s'il est possible. Pour créer une langue, il faut nécessairement concevoir des idées générales, abstraites, collectives. Car comment, par exemple, inventer un *substantif* sans avoir auparavant l'idée de l'objet qu'il représente, un *adjectif* sans concevoir des qualités, un *verbe* sans connoître l'action que ce mot exprime, un *adverbe*, une *préposition* sans comprendre les rapports de cette action qu'ils représentent, et même une *expression* quelconque sans avoir auparavant l'idée du mot *expression*. De plus, il faut nécessairement communiquer la langue que l'on crée, la faire comprendre aux autres, convenir avec eux de la valeur des mots, en convenir avec soi-même. Mais, pour avoir ces idées, pour établir cette communication mutuelle, ces conventions réciproques, la parole est absolument nécessaire; car sans elle nous ne pouvons penser, nous entendre nous-mêmes, nous faire comprendre aux autres, et comprendre les idées qu'ils nous communiquent : donc la création d'une langue quelconque, suppose évidemment un *langage articulé préexistant*; donc incontestablement l'homme n'a pu inventer cette expression merveilleuse; donc elle lui a été donnée.... Mais à quelle époque l'a-t-il reçue?... Au moment même où il a commencé d'*être*, car il n'a pu exister avant de la posséder, puisqu'il n'a pu *être* sans penser, et qu'il n'a pu penser sans *parler*;

d'où il faut nécessairement conclure qu'il a été créé *parlant*[1].

Remarquez encore que si l'homme avoit créé lui-même son langage, il se seroit écoulé nécessairement un certain temps pendant lequel il n'auroit point *parlé*. Mais alors comment se seroient établies l'éducation des enfans, la connoissance des devoirs réciproques et toutes les relations sociales sans lesquelles il ne sauroit exister? N'est-il pas évident que le langage d'action ou le geste, qui se borne à l'expression des mouvemens de l'âme, et qui ne sert à celle des idées que lorsqu'il est secondé par la parole, n'auroit pu lui suffire, et qu'il n'auroit pu *être* par cela seul qu'il n'auroit pu *parler*. D'où il faut encore conclure qu'il a toujours possédé la parole, et que, comme il n'a pu être en son pouvoir de se la donner à lui-même, une puissance supérieure l'en a doué.

De plus, faisons observer que l'homme, existant primitivement sans langage, comme on l'a

____

[1] On peut démontrer la création de l'homme, par le raisonnement suivant : L'homme n'a pu exister avant de posséder la parole, car il n'a pu *être* sans *penser*, et il n'a pu *penser* sans *parler*. Mais sa parole lui a été donnée, et on ne peut la concevoir isolée de l'être qui devoit l'exercer. Donc, puisqu'il n'a pu *être* avant de l'avoir reçue, qu'elle a été créée, et qu'il a dû exister avec elle, il est évident qu'il a lui-même été créé.

supposé, n'auroit jamais pu sentir la nécessité d'une langue, et, par conséquent, l'inventer. Semblable alors aux animaux, satisfaisant, comme eux, ses besoins, il n'auroit jamais été tenté de sortir de l'état où il se trouvoit, et il seroit resté, comme eux, dans un éternel mutisme. Il n'auroit même jamais pu changer sa situation primitive, car un être quelconque ne sort pas de l'état qui le constitue ce qu'il est, de son essence, de sa nature, sans cesser d'exister.

D'ailleurs, l'homme vivant isolé, puisqu'il étoit sans parole, une langue inventée par un individu n'auroit jamais pu être transmise au reste de l'espèce, qui n'auroit pu la comprendre; car, pour qu'une langue soit intelligible, il faut avoir des termes de comparaison déjà formés. Mais, en supposant que l'expression d'un objet physique et frappant les sens, eût pu être établie, comprise, propagée parmi les individus à l'aide du geste (ce qui ne se peut, puisque, pour inventer une expression quelconque, il faut avoir nécessairement l'idée de l'objet qu'elle représente, et, pour avoir cette idée, il faut *parler*), il sera toujours reconnu impossible de créer des expressions pour des objets qui ne frappent point les sens, qui sont des généralités, des abstractions, telles que celles de *matière*, d'*ordre*, de *mode*, de *figure*, de *mouvement*, de *verbe*, de *temps*, d'*aoriste*, de *syntaxe*, etc., et de les faire entendre aux autres.

Enfin, la parole entretient l'existence du corps social, par les idées générales et collectives qu'elle lui fait concevoir, et qu'elle seule peut donner. Ces idées générales établissent nos relations réciproques, et sans elles nous ne pourrions connoître que des individualités, qui ne pourroient suffire à l'existence de l'espèce. Or, l'homme a toujours vécu en société; donc il a toujours possédé la parole.

Ce merveilleux langage est, selon l'expression d'un profond penseur de nos jours, comme la vie; nous en jouissons sans connoître ce qu'il est. Bien loin d'avoir pu l'inventer, nous ne pouvons le comprendre. Il est la lumière du monde moral, le lien de la société par les lois qu'il rend générales, et par les idées qu'il exprime; en un mot il règle l'homme, en même temps qu'il explique l'univers.

Cette conclusion incontestable que la parole n'est point le produit de l'esprit humain, en amène naturellement une autre. Puisque l'homme a été créé doué du langage articulé, il doit y avoir eu nécessairement une langue primitive, et c'est cette langue qui doit avoir donné naissance à toutes les autres. Rien, en effet, n'est plus facile à concevoir. Ce langage des anciens jours s'altéra dans la suite des temps par la confusion

babélienne, par les migrations des peuples, l'oubli du sens des mots, l'altération de leur prononciation, la corruption des traditions orales.
Il s'est ensuite mêlé avec toutes les expressions
nouvelles que les découvertes ont nécessitées,
et qui ont été créées sur des modèles que possédoient les hommes, expressions qui ont varié,
dans les différens peuples, avec les localités et
leurs productions diverses, avec les temps, les
mœurs, les usages, les institutions politiques et
religieuses, avec le mélange de ces peuples entre
eux ; et, de toutes ces causes réunies, sont nées
les langues diverses que nous connoissons, et
dans lesquelles, comme nous le verrons bientôt,
la langue primitive se montre encore, malgré
toutes les altérations qu'elle a subies.

Mais quelle est cette langue primordiale, ce
type admirable de tous les langages humains ?
C'est la parole des enfans d'Israël, de ce peuple
de prédilection que l'*Être des êtres* a conduit
comme par la main à travers les siècles, pour
répandre sur la terre les oracles de sa sagesse,
depuis l'origine des choses jusqu'à la rédemption ;
c'est la *langue hébraïque*.

On voit encore, aux environs de Babylone, les restes
de la tour de *Babel*, qui présente l'aspect d'une montagne
brûlée, comme les saintes écritures l'avoient prédit. (*Rela-
tion du voyage du capitaine Keppel à Babylone*, publi a
Londres en 1829.)

Cette langue, en effet, se montre dans toutes les autres langues comme un monument éternel destiné à apprendre à tous les siècles la source unique d'où elles sont émanées. Dans toutes, on aperçoit des restes de ce langage si simple, et en même temps si riche, si sublime, si énergique, que parloient les premiers hommes, et que l'on ne peut lire sans une sainte horreur, en pensant qu'il est l'ouvrage de la Divinité même[1].

Considérez toutes les langues de l'univers; toutes vous offriront des conformités remarquables de structure, et de consonnance, dans un grand nombre de mots, avec la parole des Hébreux.

Dans la langue chaldéenne, vous trouverez סופא (sopha), *fin*, qui vient de l'hébreu סוף (souph), qui a la même signification; זמר (zammar) *chanteur*, dérivé de l'hébreu זמר (zimmer) *chanter*; מלך (mélech) *Roi*, qui est entièrement hébraïque; etc.

Dans la langue syriaque, תריץ (thérits) *droit*, provient évidemment de דרך (dharach) *diriger*; חלא (chala) *verre*, dérive de חלי (chali) *collier*;

---

[1] Le génie de cette langue prouve encore que l'homme n'a pu créer la parole. En effet, des milliers de siècles se seroient écoulés avant que cette parole eût pu se perfectionner; et cependant voilà qu'à l'époque la plus reculée où nous puissions remonter, paroît tout à coup la langue la plus parfaite s'al fût jamais!

דלקתא (cheltka) *fourreau*, vient de חלל (cha-lal) *creusé*, *percé*, etc.

Dans la langue persane, *hadis*, qui est le livre des sentences des douze prophètes de la Perse, vient de עדה (hédhah) *témoignage*; *monar*, *phare*, dérive de בור (nour) *lumière*; etc.

Dans la langue grecque, une multitude de mots sont incontestablement d'origine hébraïque. Ainsi ἀγείρω je rassemble, βαιὸς petit, modique, βαρις tour, ἰταλὸς veau, ὁμιλέω je parle, ἄδω je rassasie, ἔδω je mange, etc., sont nés de אגר (aghar) *rassembler*, בהו (bohou) *vide*, בור (bor) *prison*, טלה (talél) *agneau*, מלל (malal) *parler*, עד (hadh) *proie*; etc.

Dans la langue latine, *sapere* savoir, tire son origine de ספר (sofer ou soper) *habile dans la connaissance des lois*; *ad*, de עד (hadh) *usque*, *ad*; *edo* je mange, de עד (hadh) *proie*; *rex*, de ראש (rosch) *le chef*, ou de רעה (Rahah) *le pasteur*; etc.

On trouve dans la langue saxonne *aritit* directement, provenant évidemment de דרך (dharach) *diriger*; *hatan* ordonner, dérivé de עדה (hédhah) *loi*. De l'hébreu עב (habh) *nuée épaisse*, sont nés, dans la même langue, *ahébban* élever jusqu'aux nues, dans la langue belge, *haven*; dans la teutonique *heben*; dans l'anglaise *heaven*, qui signifient ciel, etc. Dans la langue germanique, *cupressen haum* provient manifestement de כֹּפֶר (chopher), qui signifie un arbre résineux, et *bog*, fléchi, courbé, de בּוּךְ (bhoch), être dans l'embarras ; etc.

Dans la langue espagnole *almenar* lanterne , vient de נֵר (nour) lumière ; *énano* nain, de נִין (nin) fils : *nacar de perlas*, nacre de perle, de נָקָה (nakah), être pur , blanc ; *assechar*, examiner , visiter , chercher, de סָחַר (sachar) parcourir ; azeite , huile, de זַיִת (zaïth) olivier ; *Rey*, Roi, de רֹעֶה (rahah) chef ; etc.

La langue italienne offre *savio*, je sais, dérivé de סֹפֵר (sofer ou soper), habile jurisconsulte ; *casa* maison , *casare* marier , de כָּסָה (casah) couvrir , mettre à l'abri ; etc. Du même mot כָּסָה provient caser dans la langue française, qui , comme toutes les autres, offre une multitude d'expressions dérivées de l'hébreu, exemples : *comme*, qui vient de כְּמוֹ (Kémo) comme ; *soupé*, qui dérive de סוֹף (*souph*, selon la prononciation massorétique, *soup* selon la chaldéenne), fin, terminaison , parce que ce repas termine la journée ; *date*, *dater*, qui viennent de דָּת (dath), ordre , édit, parce que les édits fixoient les époques ; *sac*, qui est l'hébreu שַׂק (sac) ; *faillir*, qui provient de פָּלַט (falat) échapper ; *badiner*, formé évidemment de בָּדָא (bhadha) feindre ; Roi, qui tire son origine de רֹעֶה (rahah) chef ; etc.

Si nous considérons les langues africaines ,

nous trouverons, dans la Nubie, *mélek*, qui est exactement le mélek ou mélech hébraïque מלך, et qui signifie aussi Roi; à Bérébère, on dit *mek*, abréviation de mélek. Dans la même région, *salem* signifie paix, et vient évidemment de l'hébreu salom, שלום qui a la même signification: *shédid* fort, dérive de sadhaip שדי, tout-puissant. Dans l'Abyssinie, *Ras* signifie Roi, comme en hébreu *Rahah*, רעה le chef, le conducteur, d'où est aussi provenu, dans l'Inde, la qualification de *Raja*; etc.

Les langues des peuples américains ont des analogies très-remarquables avec celles des nations asiatiques d'où ils sont sortis; ainsi, par exemple, dans le langage natchez et algonquin *missi* signifie fleuve, et l'eau en général est désignée par *Mys* dans le Japonais; en Chipperray, bois est exprimé par *mittic*, et par *mide* en Samoyède; on trouve, pour écorce, en Quichua, *cara*, en Ostiaque *kar*, en tatare *kaëré*, en Slavon *kora*, en Finnois *kor*, etc., etc. Mais les langues de l'Asie possèdent un grand nombre de mots qui ont évidemment leur origine dans la langue hébraïque; ainsi *schouria* et *shour*, qui, en sanscrit et en zende, signifient *soleil*, et dérivent de l'hébreu אור, *hour*, feu; le *mys*, eau, des Japonais, vient de l'hébreu מים, *maïm*, qui a la même signification; Kitto, rivage en Yakoute, est né manifestement du כתף, ketef, des Hébreux;

le sanscrit *pura*, montagne, est évidemment provenu du chaldéen טוורא, *toura*, etc., etc. d'où il est naturel de conclure que les langues américaines ont eu, comme toutes les autres, leur source primitive dans celle des Hébreux.

Une chose digne de remarque dans la considération des diverses langues, c'est la conformité des élémens de la parole ou des lettres et des mots. Dans toutes, en effet, on trouve les mêmes voyelles et les mêmes consonnes, qui ne diffèrent que par la forme des caractères, et qui se ressemblent toutes par la prononciation ; ce qui atteste évidemment leur origine commune, et démontre par cela même que l'homme ne les a point inventés [1].

---

[1] Il est impossible à l'homme de produire d'autres sons vocaux ou articulés, que ceux qui résultent des combinaisons réciproques des voyelles et des consonnes connues ; si donc il a inventé la parole, pourquoi ne peut-il pas créer aujourd'hui des sons nouveaux comme au temps où il inventa ce précieux langage ? Et s'il ne peut former de nouveaux élémens dans cette fonction expressive, n'est-il pas évident qu'il n'a pu le faire à aucune époque, et que, par conséquent, la création de la parole ne lui appartient point.

Dira-t-on que cela dépend de son organisation, dont les mouvemens se trouvent renfermés dans certaines limites ? Vaine objection ! d'abord on ne peut déterminer les bornes des mouvemens des organes de la parole, que l'on conçoit pouvoir être infinis. Remarquez ensuite que cette expression n'est point, dans son essence, un objet matériel, puisque nous

On y observe encore une identité parfaite dans la nature de ces mêmes élémens, dans ce qui constitue l'essence d'une langue, c'est-à-dire le nom, l'adjectif, le verbe, l'adverbe, etc. , qu'il faut bien distinguer des choses accidentelles, comme la structure et le nombre des mots ; et cette identité est une nouvelle démonstration de l'unité de leur origine.

Telle est l'histoire élémentaire de la parole considérée dans son mécanisme, dans ses rapports avec l'expression des idées et des affections morales, dans ses variétés et dans son origine.

---

nous parlons à nous-mêmes intérieurement, et que nous pensons notre parole bien que nous n'articulions aucun son. C'est donc l'esprit qui parle au-dedans de nous, et nous n'employons nos organes que pour manifester au-dehors notre pensée. Mais puisque cette expression appartient essentiellement à l'être spirituel, il demeure évident que c'est à lui qu'il faut en attribuer les bornes. D'où il faut nécessairement conclure qu'elles tiennent à sa nature, qu'elles ont, par conséquent, toujours existé, et que la parole est aujourd'hui, dans ses élémens, ce qu'elle étoit au commencement des choses.

Remarquez, relativement à la nature spirituelle de la parole, une preuve manifeste que nous en offre l'enfant qui bégaie. Il distingue, en effet, aux mots qu'il entend, bien qu'il ne puisse les prononcer, les objets qu'ils désignent ; et sa parole, imparfaite au dehors à cause de l'imperfection de ses organes, est évidemment parfaite au-dedans puisqu'elle lui fait reconnoître avec exactitude tous les objets qu'elle représente.

Nous allons nous occuper dans le chapitre suivant d'un autre mode d'expression qui, quoique étranger en apparence à la science physiologique par sa nature, s'y lie néanmoins d'une manière si intime dans son objet, que nous laisserions un vide dans les fonctions qui nous occupent, si nous nous abstenions de le signaler.

CHAPITRE CINQUIÈME.

DES VÊTEMENS CONSIDÉRÉS COMME MOYENS EX-
PRESSIFS COMPLÉMENTAIRES DES MOUVEMENS
PHYSIONOMIQUES, DU GESTE, DES ATTITUDES,
DE LA VOIX, ET DE LA PAROLE.

C'EST une grande et belle pensée que celle d'avoir fait servir nos vêtemens, primitivement destinés à favoriser ce sentiment de pudeur qui tient à notre nature et à nous défendre contre l'intempérie des saisons, à l'expression de nos idées et de nos affections morales. Frappant constamment nos regards, susceptibles de mille formes, de mille couleurs diverses, et ne variant pas moins entre eux par leur nature, aucun objet extérieur n'étoit plus propre à cette manifestation. Aussi tiennent-ils, sous ce rapport, par des liens nombreux, à notre vie sociale et individuelle, en nous fournissant une multitude de signes aussi fidèles qu'énergiques pour nos idées des rapports des êtres, et pour nos sentimens.

Si nous les considérons dans leurs relations

avec la vie sociale, nous les verrons exprimer
les idées de tous les *pouvoirs* qui président à sa
conservation.

Signes de la *majesté royale*, ils nous représentent le pouvoir suprême; marques distinctives des *autorités secondaires*, ils nous font reconnoître tout ce qui se réunit autour de lui pour
en soutenir l'influence ou pour en augmenter
l'éclat; caractères de l'*ordre judiciaire*, ils nous
montrent la puissance importante qui fait exécuter les lois et veille à la sûreté publique; représentant le *pouvoir militaire*, ils nous font distinguer la force légale qui maintient au dedans la
tranquillité des citoyens, et combat au dehors
les ennemis de la patrie; enfin rendant sensible
la *puissance religieuse*, ils nous font connoître
l'autorité divine qui veille sur les mœurs.

Ces expressions des pouvoirs sociaux, que
nous attribuons aux vêtemens, sont si réelles,
que si elles n'existoient pas, rien ne nous attes-
teroit la présence des objets qu'elles représentent,
et nous ne pourrions en concevoir l'idée que
par leurs dénominations.

Mais ces dénominations, êtres purement abstraits, qui ne frappent point les sens, suffiroient-
elles pour les faire reconnoître et produire les
sentimens qu'ils doivent inspirer? Si le monarque
étoit vêtu comme les autres hommes, la royauté
auroit-elle assez d'éclat, seroit-elle assez *expri-*

mée pour être environnée du respect qui lui est dû? Si le juge, sur son tribunal, ne portoit point avec lui des signes pour montrer le pouvoir que la loi lui donne, la justice, qu'il représente, seroit-elle assez sentie, et obtiendroit-elle la considération qui ajoute à sa puissance? Si le pouvoir militaire n'étoit exprimé par les vêtemens de ceux qui l'exercent, auroit-il cette force morale qu'il ressent lui-même, et se feroit-il assez reconnoître pour le maintien de l'ordre public? Enfin si le pouvoir religieux n'offroit aucune marque extérieure, s'il étoit obscurément confondu avec le reste du corps social, le concevrions-nous d'une manière distincte, et la vénération qu'il inspire naîtroit-elle dans nos cœurs?

Aux idées des pouvoirs sociaux représentés par les vêtemens, nous pourrions en ajouter d'autres qui en dérivent; ainsi la robe écarlate du criminel que l'on conduit au supplice, outre l'idée du crime qu'elle exprime, annonce encore le sang qui va couler en expiation de l'outrage fait à la société; ainsi les décorations diverses qui ornent le mérite manifestent les idées de services éminens rendus à la patrie, de dévouemens généreux, d'actions éclatantes ou utiles, et celles de vertu, d'héroïsme, etc., répandues dans la nation où ces signes sont en usage; de même les habits des prêtres, dans les cérémonies religieuses, ont chacun un sens mystique d'une grande clarté.

Outre leurs rapports moraux avec la vie sociale, les vêtemens en ont de très-intimes avec la vie individuelle, où ils concourent à la manifestation des sentimens. Ainsi les attitudes, les gestes, les expressions physionomiques vocales ou articulées de la tristesse, de l'affliction profonde, acquièrent une vivacité nouvelle par la couleur plus ou moins sombre, par la forme plus ou moins grave des vêtemens ; on est bien plus profondément affecté à la vue de la douleur qui joint la négligence de l'ajustement et des vêtemens lugubres à ses autres expressions, que lorsque celles-ci sont isolées ; quel est celui à qui de longs habits de deuil et un voile noir d'où sortoient des sanglots et des plaintes n'ont point déchiré le cœur?

Est-il nécessaire de faire remarquer les rapports qui existent entre la pudeur et le voile qui la couvre, entre la robe nuptiale et l'innocence dont elle est le doux emblême, entre les diverses manières de se vêtir et les penchans du cœur? Les considérations générales que nous venons d'exposer suffisent pour montrer quelle est l'influence des vêtemens, soit par leur nature, soit par leur forme, soit par leur couleur, sur la manifestation des sentimens et des idées.

A la vérité, ils varient, sous tous ces rapports, parmi les peuples ; mais ils n'en peignent pas moins et leurs idées sociales, et leurs affections.

les plumes qui ornent la tête des chefs des peuplades de l'Amérique du nord représentent avec autant de fidélité l'*autorité royale* que la couronne de Charles X ; et la couleur blanche, qui, chez certaines nations, est le signe du deuil, n'exprime pas avec moins d'énergie la douleur profonde que le noir parmi nous[1].

---

[1] Non seulement les vêtemens concourent à l'expression des affections morales, mais encore ils leur donnent plus de vivacité. Le souverain, le juge, sentent plus fortement, l'un sa puissance, l'autre sa dignité, sous les signes qui les revêtent, que lorsqu'ils s'en sont dépouillés. Le soldat sent accroître son courage sous l'habit qui le distingue. Enfin tout le monde sait combien les vêtemens de deuil ajoutent à la douleur, en rappelant vivement à la mémoire l'objet dont on pleure la mort.

Les couleurs des vêtemens, considérées comme expressions des affections morales, ne sont point indifférentes en elles-mêmes, et dépourvues de sens comme on pourroit se l'imaginer. Elles ont, au contraire, des significations très-étendues et se lient à des séries d'idées plus ou moins nombreuses, qui varient selon les divers peuples et leur manière de considérer les objets. Ainsi, par exemple, pour ce qui concerne les vêtemens de deuil, en Egypte la couleur *jaune* indique que l'individu que l'on pleure est tombé pour toujours comme la feuille d'automne ; en Ethiopie, le *gris* peint sa dernière demeure ; en Europe, le *noir* représente le repos de l'éternelle nuit ; en Chine, la couleur *blanche* exprime la pureté de l'âme, tandis qu'en Turquie, en Syrie et en Arménie, le *bleu-céleste* indique qu'elle a pris son vol vers les cieux.

CHAPITRE SIXIÈME.

DE L'ÉCRITURE.

—

Si le langage articulé manifeste la pensée par des *sons*, l'écriture la rend sensible par des *lignes;* et si dans l'un elle est transmise par le sens de l'ouie, elle est communiquée dans l'autre par celui de la vision. Ce mode mystérieux de manifestation, aussi incompréhensible que la parole, la remplace en la rendant visible, et sert comme elle à toutes nos expressions.

Considérée dans son mécanisme, l'écriture nous offre une suite de caractères correspondant chacun à un son vocal, et formant par leurs combinaisons infiniment variées, produites par la main qui les trace ou par l'instrument qui les *imprime*, autant de mots écrits qu'il y a de mots parlés. De telle sorte qu'elle représente avec fidélité toutes les idées et tous les sentimens que manifeste la parole. Aussi est-elle employée à communiquer ces sentimens et ces idées dans les cas où cette dernière ne peut se faire entendre, comme dans les relations à des distances éloignées, et surtout dans les circonstances où l'on a besoin de la conserver, comme dans la promulgation des lois, dans les conventions publiques ou privées, et dans tous les contrats sociaux.

Remarquons à cet égard que l'écriture transmet la pensée humaine d'âge en âge, et se montre ainsi l'heureux intermédiaire du passé, du présent et de l'avenir; qu'elle est la dépositaire de l'histoire des peuples, qu'elle conserve bien plus fidèlement que la tradition orale, des impressions du génie, qu'elle préserve de l'oubli, des institutions civiles, morales et religieuses, qu'elle maintient pures de toute altération, et dont elle consolide ainsi la puissance. Elle est donc, comme la parole, la source de l'intelligence; elle concourt donc avec elle au perfectionnement de l'espèce, en même temps qu'elle assure tous les rapports qui constituent la vie en société.

Il est un autre mode d'expression figurée qui sert aussi à la manifestation des sentimens et des idées; c'est l'*écriture emblématique.* Nous comprenons sous cette dénomination les caractères symboliques, les peintures d'êtres animés ou inanimés dont on applique les propriétés ou les formes aux idées ou aux sentimens que l'on veut exprimer. Ces caractères, qui formoient les hiéroglyphes des Egyptiens, se rencontrent chez

tous les peuples , chez ceux surtout dont la civilisation est peu avancée, et qui n'ont point l'écriture ; ce sont eux qui ont donné lieu aux armoi-
ries , qui ne sont que des emblêmes distinctifs
accordés à la vertu et à l'héroïsme, et rendus
héréditaires dans les familles pour en perpétuer
le souvenir. L'art du blason y a pris naissance.

L'écriture moderne présente peu de variétés
parmi les différens peuples qui la possèdent ;
les Anglais, les Italiens, les Espagnols , les Por-
tugais , les Allemands , etc., écrivent comme
nous. Mais il n'en étoit pas de même dans les
temps antiques , où les caractères écrits, quoique ayant des traits communs, offroient cependant entre eux des différences remarquables
dans les diverses langues. Ainsi les caractères
hébraïques n'étoient pas ceux des Grecs , et
ceux-ci différoient considérablement de ceux
des Romains. Faut-il conclure de cette diversité
que l'écriture est une expression conventionnelle , et une invention de l'esprit humain ? Cette
question nous paroît assez importante pour mé-
riter , comme celle de l'origine de la parole,
quelques momens de discussion.

Puisque l'écriture est *la parole figurée*, il est
évident que pour l'inventer, c'est-à-dire pour
exprimer chaque son vocal ou articulé par un
caractère, il auroit fallu analyser, décomposer la
parole, en séparer tous les sons qui la consti-

tuent, et leur assigner à chacun les signes par lesquels on auroit cherché à les représenter. Mais pour faire cette analyse, il n'est pas moins évident qu'il falloit avoir déjà des instrumens de décomposition, au moyen desquels l'esprit pût séparer les uns des autres les sons simples qui, par leur réunion, forment les sons composés. Ainsi, par exemple, si je veux analyser le son composé *BA* pour en former les sons simples *B*, *A*, et inventer les lettres qui les représentent, je ne le puis si je n'ai présent à l'esprit un signe qui les figure isolément, en un mot si je ne connois les lettres *B* et *A* ; ce qui démontre évidemment que, pour inventer une écriture, il faut nécessairement une écriture préexistante, et que par conséquent l'homme n'a pu créer les caractères écrits. Donnons un peu plus de développement à cette pensée.

Dans la prononciation d'un son composé, tous les sons élémentaires disparoissent pour ne former qu'un son unique, indivisible, et s'ils nous paroissent divisibles, si notre esprit les distingue, ce n'est qu'à l'aide de l'écriture déjà connue, et par les caractères propres à chacun de ces sons qu'elle lui fournit, et que nous séparons les uns des autres en parlant ; de telle sorte que nous prononçons les mots en les lisant au-dedans de nous-mêmes. Aussi celui qui ne sait pas lire les prononce sans en connoître les

élémens ou les lettres, n'y voit que les sons que
la tradition lui a appris, et ne pourroit jamais
en faire l'analyse. Il suit de là que la décomposition des mots d'une langue dans les lettres qui
les composent n'a pu se faire que par le secours
des lettres déjà connues de cette même langue,
et que, par conséquent, l'écriture étoit nécessaire
pour l'invention de l'écriture.

Remarquons encore que les consonnes, principaux élémens des langues, ne sonnent point
par elles-mêmes, ne peuvent être prononcées ;
qu'elles n'acquièrent un son, qu'elles ne deviennent sensibles que lorsqu'on les unit avec les
voyelles ; qu'isolées, elles n'existent point ; que
par conséquent l'analyse d'une syllabe formée
d'une voyelle et d'une consonne ne donne pour
résultat que la première , tandis que la consonne
s'évanouit, sans qu'on puisse la saisir et la rendre
sensible par aucun son. Si donc les consonnes ne
sont rien par elles-mêmes, si elles ne sont point,
par cela même, susceptibles d'être séparées des
voyelles , et d'être représentées par des signes,
il est évident que l'on n'a point pu les isoler[1].

Mais puisqu'on n'a pu séparer les consonnes

---

[1] Pour pouvoir représenter un objet par un signe particulier , il faut connoître cet objet; pour le connoître il faut
pouvoir le distinguer, le considérer isolément et en lui-même;
pour le considérer ainsi, il faut pouvoir le séparer des objets avec lesquels il se trouve confondu. Or, on ne peut sé-

des voyelles, on n'a pas pu non plus obtenir isolément celles-ci; et, avant l'écriture, il est incontestable qu'il n'existoit que des syllabes de
sons différens, mais toutes *simples*, et sans distinction des élémens articulés qui les formoient.
Ainsi a , e , i , o , u, existoient dans les langues
diverses mêlés avec ba, be, bi, bo, bu, etc.,
et sans qu'on pût distinguer ceux-ci des premiers
par aucun autre caractère que par leur son différent. Il ne pouvoit donc y avoir de voyelles par
cela seul qu'il n'existoit point de consonnes, et
toutes les langues se réduisoient à des sons simples que l'on ne pouvoit décomposer, et par conséquent figurer.

Il est donc évident, d'après ce que nous venons
de dire, que l'écriture, comme la parole, n'est
point un produit de l'esprit humain.

Vainement opposeroit-on que Palamède ajouta
à l'alphabet grec les quatre lettres θ, ξ, φ, χ, et
Simonide les quatre autres ζ, η, ψ, ω; cette addi-
tion n'est pas une invention, car ces lettres, dont
on pouvoit au reste se passer, et qui n'ont servi
qu'à augmenter le nombre des syllabes et multiplier ainsi les expressions, ne sont que des com-

---

parer les consonnes des voyelles, puisque sans celles-ci elles
n'existent point; donc on ne peut les considérer isolément,
donc on ne peut les connoître, donc on ne peut les représenter par des signes; donc enfin, l'écriture n'a pu être inventée.

posés formés de lettres déjà connues. Ainsi θ est
τ aspiré, ξ est κσ, φ est π aspiré, χ est κ aspiré. Il
en est de même des lettres de Simonide; ζ est δσ,
η n'est que ε prolongé dans la prononciation;
ψ est πσ et ω est ο rendu long. D'ailleurs, comme
nous le verrons bientôt, toutes ces lettres ont
une origine hébraïque[1].

Puisque les caractères écrits n'ont pu être inventés par l'homme, quelle en a donc été l'origine? à quelle époque ce précieux moyen de
manifestation des idées et des sentimens lui a-
t-il été donné, et de quelle main l'a-t-il reçu?

Si nous portons nos regards dans les siècles
les plus reculés, c'est en vain que nous y cher-
chons l'écriture. Les Égyptiens, ces descendans
de *Cham*, qui tenoient dans leurs mains le dé-
pôt de toutes les connoissances humaines, ne la
possédoient point, et ils n'avoient pu l'inventer
malgré toute leur science; ce qui est une nouvelle preuve qu'elle n'est point sortie de l'esprit
humain. Les caractères d'expression dont ils se
servoient étoient, comme ceux de tous les autres
peuples, *figuratifs*, n'avoient aucun rapport avec
la parole, ne constituoient point par conséquent

---

[1] Les premières lettres grecques furent apportées de Phé-
nicie par Cadmus, vers le temps des premiers juges d'Israel.
Deux cents cinquante ans après, Palamède y ajouta les siennes,
et Simonide les augmenta par la suite, environ six cents
cinquante ans après, du *zéta*, de l'*éta*, du *psi* et de l'*oméga*.

une véritable écriture, ou les élémens du discours exprimés par des caractères, mais re-
présentoient des objets entiers qui avoient chacun leur signe propre. Ils formoient ces hiéroglyphes que nous retrouvons encore sur ceux de
leurs monumens que la main du temps a épar-
gnés; expressions mystérieuses qui exercent tant
la sagacité de nos savans; et dont les prêtres
seuls et les initiés à leurs mystères avoient la
connoissance[1].

Dans l'Inde et les autres régions de l'Asie,
peuplées par les enfans de *Sem*, les adorateurs
de Brama n'avoient encore pour tracer leurs
idées et leurs sentimens, que des caractères symboliques, et nous les retrouvons chez les Chinois,
qui sont tels qu'ils étoient dans les temps primitifs, parce que leurs institutions politiques et
leur division en castes s'opposent à toute inno-
vation, à toute découverte, et les maintient sans
cesse dans le même état de civilisation. Chez
eux, comme cela avoit lieu chez les Égyptiens,
chaque idée, chaque objet est encore représenté
par une figure, avec la différence que ces fi-
gures sont de convention, et ont été substituées

---

[1] Ce qui rend le sens des hiéroglyphes si difficile à découvrir, c'est qu'ils ne forment point un système régulier d'expression écrite, que ces signes, arbitraires, ne sont soumis
à aucunes règles, et que l'on ne peut y trouver les élémens
d'un alphabet.

à celles des objets. Et le nombre de toutes ces expressions ne s'élève pas à moins de quatre-vingt mille, dont aucune n'a rapport aux élémens du discours[1].

Lors de la découverte du nouveau Monde, on ne trouva chez les Mongols, qui l'habitoient, que des nœuds de différentes formes et de diverses couleurs pour monumens historiques; et, malgré leurs progrès dans les sciences et dans les arts, attestés par des collections précieuses et d'admirables ouvrages d'architecture, de sculpture, de peinture, de ciselure, etc., les caractères écrits leur étoient entièrement inconnus.

Cependant, au milieu de cette privation générale de l'écriture, on vit tout à coup un peuple

---

[1] Cette multiplicité de caractères, la difficulté de les apprendre, par le défaut d'une méthode qui les lie entre eux par des rapports faciles à saisir, la diversité des accens et des inflexions de voix, qui varient selon les provinces et même les villes, et la multiplicité des homonymes, rendent la langue chinoise la plus difficile des langues et la moins propre au perfectionnement de l'esprit humain, soit par le temps infini qu'exige son étude, soit par le vague ou l'indétermination du sens des mots écrits ou parlés. Aussi les Chinois trouvent-ils dans leur langue même, que leur attachement religieux et inaltérable pour leurs institutions ne leur permet pas de modifier, le principal obstacle à leur avancement dans les connoissances humaines, et la source première de la stagnation intellectuelle où ils languissent depuis leur primitive civilisation.

montrer à l'univers étonné le premier livre qui eût paru sur la terre. Ce peuple, ce fut le peuple hébreu; ce livre, c'étoit le livre de Moïse. Jusque là obscur, ignoré, vivant en esclave sous un roi puissant qui appesantissoit sur lui un sceptre de fer, il n'avoit eu, comme la nation au sein de laquelle il vivoit, que les caractères symboliques pour exprimer ses idées; et son chef lui-même, élevé par les prêtres de Pharaon, ne connoissoit, comme moyen d'expression, rien au-delà des hiéroglyphes.

Mais voilà qu'après qu'il eut passé la mer Rouge et échappé miraculeusement à la fureur de ses tyrans; après qu'il eut erré pendant quelque temps dans les déserts de l'Arabie, dirigé par la colonne de feu et la nuée, tout-à-coup le *Mont-Sinaï* se montra tout étincelant de feux, et au milieu des éclairs et des foudres, on entendit une voix qui disoit : « Écoute, ô Israel, » c'est moi, Jéhova, qui suis ton Dieu, qui t'ai » tiré de la terre d'Égypte, de la maison de » l'esclavage : tu obéiras à mes commande- » mens [1]. »

Alors on vit descendre des hauteurs de la montagne, un homme tout resplendissant de lumière, tenant appuyées sur sa poitrine deux tables de pierre, où se trouvoit tracée la loi di-

----

[1] *Exode*, ch. XX, v. 1.

vinc en caractères jusqu'alors inconnus. Cet homme étoit Moïse, encore tout imprégné de la lumière surnaturelle dont il venoit d'être inondé. Lui seul avoit reçu l'intelligence de ces signes mystérieux tracés par la main même de l'Éternel[1] ; signes qu'il fit connoître ensuite au peuple qu'il gouvernoit, et qu'il propagea, en écrivant son Pentateuque, au reste de l'univers. De là sont nés tous les *caractères-écrits* en usage parmi les peuples qui possèdent l'écriture[2].

Plusieurs preuves évidentes attestent l'origine divine de la loi écrite : d'autres, non moins incontestables, démontrent que c'est de ses caractères que sont nés ceux qui sont en usage dans tout l'univers.

A l'époque de la délivrance miraculeuse des Hébreux, la tradition de la loi primitive étoit presque partout oubliée; l'idolâtrie couvroit la surface de la terre, et les descendans de Jacob, imbus des superstitions égyptiennes, avoient perdu la mémoire du *vrai Dieu*. Dans ce désordre général, la race d'Abraham étoit près de sa

---

[1] וֹהלחת מעשׂה אלהים וֹהמכתב מכתב אלהים
הוא תרוח על הלחת :

« Et ces tables étoient l'ouvrage de Dieu, et l'écriture étoit » l'écriture de Dieu qui l'avoit gravée sur ces tables. » *Exode*, ch. XXXII, v. 16.

[2] Voyez les *Recherches sur les premiers objets des connoissances humaines*, de M. de Bonald.

ruine; il falloit que la loi fût de nouveau transmise pour la sauver, et qu'elle le fût d'une manière fixe et durable. L'Éternel, ne se fiant plus au souvenir de son peuple à une tradition incertaine, voulut la rendre présente dans tous les temps, dans tous les lieux, et que, jusqu'à la fin des choses, l'homme pût y lire les devoirs qu'il avoit à remplir. Voilà pourquoi il la traça lui-même en signes sensibles, qui se répandirent bientôt sur toute la terre, et qui, de race en race, sont parvenus jusqu'à nous. C'est aux Hébreux qu'il fit ce présent salutaire, parce qu'il les avoit choisis, selon ses promesses, pour transmettre la *vraie lumière* à tous les peuples de l'univers.

Une autre preuve morale, non moins évidente, de l'origine céleste de la loi mosaïque, se déduit de la soumission avec laquelle les enfans d'Israel la reçurent et de leur profonde vénération pour le livre qui la renfermoit. Moïse écrivit et publia ce livre, à la face de deux millions de témoins, et de toute une nation ennemie; si donc les événemens qu'il y rapporte avoient été faux, n'est-il pas évident que le peuple hébreu tout entier se seroit levé pour démentir des faits dont Moïse le disoit avoir été témoin oculaire? N'est-il pas évident qu'au lieu d'observer exactement la loi qu'il lui avoit donnée, de se soumettre avec docilité aux pratiques si nombreuses, si pénibles, qu'elle lui prescrivoit, il s'en seroit moqué, et

que, bien loin de recevoir avec respect, de conserver religieusement le livre qui la renfermoit,
il l'auroit méprisé, et rejeté, comme une œuvre
d'imposture? D'un autre côté la nation égyptienne
auroit-elle manqué de réclamer contre les faits
qui la concernoient; elle, pour qui l'honneur
étoit d'un prix si considérable, et qui méprisoit
si fort le peuple hébreu? Et n'auroit-on pas
trouvé des preuves de sa réclamation dans ses
monumens historiques?

Enfin, puisqu'avant Moïse l'écriture n'existoit point, que son livre est le plus ancien livre
de l'univers, il est évident qu'il n'a pu lui-même
en inventer les caractères; car ce que n'avoient
pu faire les peuples les plus éclairés dans le long
intervalle de plusieurs siècles, un seul homme,
dans un instant, ne pouvoit l'accomplir. On est
donc forcé de reconnoître la main divine dans
cette œuvre merveilleuse.

Ces caractères, transmis par Moïse à tous les
peuples voisins, s'altérèrent dans leur forme,
dans la suite des âges. La première altération
qu'ils éprouvèrent fut celle que leur firent subir
les Chaldéens, dont les lettres proviennent manifestement des hébraïques, comme on le voit
dans leur ב (*b*) qui a la plus grande analogie
avec le ﬡ samaritain ou hébraïque ancien; dans
leur ג (*g*), qui est à peu près le même que le ﬢ
(*g*) des anciens Hébreux; dans leur ד (*d*) qui

ne diffère presque point du ꟼ (*d*) samaritain; etc.

Cette modification des caractères hébraïques, longtemps renfermée dans la Chaldée, fut adoptée ensuite par les enfans d'Israel; cela eut lieu après la Captivité de Babylone. Dès lors les caractères chaldéens devinrent l'écriture commune, et ce sont ces mêmes caractères qui ont donné naissance à l'écriture chez tous les peuples qui possèdent ce moyen d'expression.

L'aleph, א, a produit l'alpha A des Grecs, et l'*a* des Latins et des langues modernes de l'Europe.

Du beth, ב, sont provenus le bêta, B, des Grecs, et le *b* des autres langues.

Le gimel, ג, a donné naissance au gamma, Γ, des Grecs, et au G des Latins, etc.

Le daleth, ד, incliné et fermé, est le delta, Δ, des Grecs; tourné de gauche à droite et fermé par une ligne courbe, il constitue le D des Latins, des Français, etc.

L'heth, ח, a produit l'êta, η, ê long des Grecs, et l'he samaritain ou hébraïque ancien, ⧢ est leur ε bref, et l'e, E des Latins, etc.

Le teth, ט, est le thêta des grecs, ϑ, redressé et appuyé sur son côté gauche.

L'iod, י, avec hirec, grande motion, renversé et un peu alongé, est l'iôta ι des Grecs, et l'*i* de Latins et des autres langues de l'Europe.

Le caph, כ, tourné de gauche à droite, a

évidemment donné naissance au ς, sigma des
Grecs , au C des Latins , etc.

Le phé final, ף, est P et F des Latins , des
Français , etc. , tourné de droite à gauche : le
ק (couf) est leur Q.

Le resch, ר, tourné de gauche à droite , a
formé le re , *r*, de ces mêmes peuples.

Le xin, שׁ, répond au xi, ξ, des Grecs, qui
même est, sans aucun changement, le xin samaritain, ⴲⴲ, redressé.

Le τ, tau des Grecs, té des Latins , te des
Français , etc. , provient de l'ancien thau hébraïque , ✝ [1].

---

[1] Si nous ne craignions point de nous trop étendre sur
cet objet, nous démontrerions que chaque lettre hébraïque
correspond à une lettre analogue dans les différentes langues;
que, par exemple, ו , *u*, redoublé et renversé (וו) est υ,
upsilon des Grecs, υ des des Latins, des Francais, etc. ; que
le digamma *F* des Eoliens, qui a donné naissance aux *esprits
doux* et *rude* (ʽ ʼ) des Grecs, et à la lettre н des Latins, des
Français, etc., a été formé de deux gimels (ג) superposés et
tournés de gauche à droite (⸘); que ז, zaïn, se rapporte au
z des Latins, etc.; que ל , lamed, a une grande analogie de
forme avec le lambda λ des Grecs, et ʟ des Latins, des Français, etc.; que le psi, ψ, des Grecs tient beaucoup du psadé צ
hébraïque, qu'il entre même comme élément dans des mots qui
ont leurs analogues dans la langue des Hébreux, comme dans
psallo, ψαλλω , qui a la même signification que psalal, צלל ; etc.
Mais ces considérations suffisent pour démontrer évidemment que les lettres hébraïques ont donné naissance à toutes
les autres.

On voit, d'après ce court examen, que les lettres grecques, latines, et toutes celles des langues modernes, offrent, avec les hébraïques, une grande analogie de forme, de prononciation, et de rang dans ce que l'on appelle l'*alphabet*, mot qui, quoique grec, est d'origine hébraïque, et vient de בית אלף aleph beth, commencement de la série des lettres dont il exprime l'ensemble; et cette analogie, qui montre évidemment une origine commune et la source unique d'où elles proviennent, est une preuve matérielle qui confirme pleinement les démonstrations morales que nous avons données de la *primordialité* de l'écriture hébraïque.

Terminons ces considérations par une remarque qui nous semble importante. Toutes les lettres tirent leur dénomination de mots particuliers; ainsi א, aleph, vient de אלף, alaph, *duxit*, dont אלף, aleph, est le participe; il porte ce nom parce qu'il est en tête de toutes les autres lettres. ב, beth, vient de בית, Baith, maison, à cause de sa forme; ג, gimel, a pris son nom de גמל, gamal, chameau, à cause de la gibbosité qu'elle offre sur sa ligne verticale; etc. Il suit de là que les mots existoient avant la création des lettres, et que, par conséquent, le peuple hébreu a possédé, pendant une assez longue suite de siècles, une langue, et une langue parfaite, sans avoir l'écriture ; ce qui concourt à démontrer qu'il n'en a point inventé les élémens.

Il demeure évident, d'après les preuves morales, historiques et grammaticales que nous venons d'exposer, que l'écriture n'est point, ne peut être d'invention humaine ; qu'elle a été donnée aux hommes, comme la parole, par l'Intelligence suprême ; que ce sont les Hébreux qui la reçurent primitivement, et qui nous l'ont transmise ; que les peuples divers chez lesquels elle se propagea, lui firent subir dans la suite des temps diverses altérations dépendantes, comme celles de la parole, de traditions infidèles, et de plus du changement qu'ils introduisirent dans la direction des lettres (ce qui a nécessité une modification dans leur forme) pour qu'elles fussent plus facilement tracées[1]; mais que, dans toutes les langues, les lettres qui les composent ont avec les hébraïques une analogie évidente, qui atteste qu'elles en proviennent incontestablement.

---

[1] Les Hébreux écrivoient de droite à gauche, ce qu'exigeoit la forme de leurs lettres, qu'il fallût nécessairement modifier lorsque l'on adopta la manière d'écrire de gauche à droite; ainsi le beth ב fut converti en B, le gimel ג en gamma Γ, le caph, כ en C, etc.

CHAPITRE SEPTIÈME.

DES ARTS INDUSTRIELS ET DES BEAUX-ARTS, CON-
SIDÉRÉS COMME EXPRESSIONS DES IDÉES, ET DES
AFFECTIONS MORALES.

———

LES arts industriels représentent les idées ; les beaux-arts sont principalement destinés à la manifestation des sentimens.

Par les arts industriels, l'homme exprime toutes les connoissances qu'il a acquises sur les rapports réciproques des êtres, et sur ceux qu'ils présentent avec lui. Il n'est, en effet, aucun de leurs produits qui ne manifeste des idées conçues ; tous offrent des formes, des dimensions, des consistances, des couleurs, des saveurs, des odeurs, etc., qui sont des modifications artificielles des qualités des corps appropriées à nos besoins ; tous expriment nos idées acquises sur les propriétés des substances diverses, et représentent en caractères sensibles tout le domaine de l'esprit humain. C'est sous ce rapport que l'on peut dire que l'homme grave son intel-

II.   21

ligence sur tout ce qui l'entoure, et que la terre tout entière forme les annales de son pouvoir.

Les beaux-arts peuvent aussi servir à exprimer les idées des rapports des êtres ; on le voit dans l'architecture, qui représente des formes ; dans la musique, qui s'occupe de la sonoriété des corps ; dans la peinture, qui étudie les effets de la lumière, etc. Mais ils sont plus particulièrement employés à l'expression des sentimens.

On connoît toute l'influence de la poésie sur la manifestation de nos affections morales. On sait combien les plaintes de la douleur sont touchantes en vers harmonieux. Racine en offre de beaux exemples dans *Andromaque*, dans *Phèdre*, et Thomas Corneille dans son *Ariane*. On sait aussi combien elle donne d'énergie à l'expression de la jalousie, à celle de la fureur, dans les accens de *Roxane*, d'*Hermione* et d'*Oreste*.

L'influence de la musique, de la peinture et de la sculpture n'est pas moins évidente ; le beau *trio d'Œdipe*, la *Phèdre* de Guérin et le groupe du *Laocoon* en sont des preuves manifestes.

Nous terminons ici tout ce que nous avions à dire sur les expressions diverses de nos idées de rapports et de nos sentimens ; nous allons traiter dans le livre suivant des effets immédiats de ces sentimens et de ces idées, c'est-à-dire de la volonté, des déterminations et des mouvemens qui en sont la suite.

LIVRE TROISIÈME.

DE LA VOLONTÉ, DES DÉTERMINATIONS, ET DES MOUVEMENS.

APRÈS avoir pensé et senti, l'homme désire, *veut*, se *détermine* et se *meut*. Il désire d'atteindre, de posséder ce qui peut lui être utile, ou d'éviter ce qui peut lui nuire; il *veut* acquérir cette possession, ou se mettre à l'abri de toute crainte; il se *détermine* aux actes nécessaires pour que sa volonté soit pleinement satisfaite sous ce double rapport; enfin il se *livre aux mouvemens* qu'il a résolus.

CHAPITRE PREMIER.

DE LA VOLONTÉ.

———

LA faculté précieuse de *vouloir* est un des caractères qui distinguent le plus l'homme de la brute. Nous avons vu dans nos *Prolégomènes* que l'animal ne se détermine point de lui-même, qu'il ne reçoit, dans ses désirs du moment, que des impulsions instinctives qui naissent des sensations présentes qu'il éprouve ; et nous avons vu aussi combien cet état de servitude étoit en harmonie avec sa destinée, qui est de subir le joug que l'homme doit lui imposer.

Il n'en est pas de même de celui-ci, né pour commander à la nature entière, et qui doit faire tout fléchir sous son pouvoir. Aussi sa volonté, que rien ne limite, s'exerce au gré de ses désirs, et le *libre arbitre*, qui est dans sa nature, éclate dans tous ses actes.

Placé au milieu de l'univers pour contempler la magnificence, pour étudier les grandeurs de cette œuvre de la puissance divine, pour reconnoître la main qui l'a créé lui-même et qui a donné l'être à tout ce qui existe; devant vivre avec ses semblables, établir avec eux une infinité de rapports, et par conséquent être susceptible de mille affections diverses, il falloit nécessairement qu'il fût *libre,* autrement ses destinées n'auroient pu s'accomplir.

L'exercice de la pensée ne se peut concevoir sans liberté morale. Il exige des recherches, des choix d'objets d'observation, de méditation, incompatibles avec toute contrainte, et la perfectibilité humaine, qui est fondée sur ces recherches, sur ces choix, ne sauroit être sans cette liberté; car alors l'homme, assujetti, comme les animaux, à un certain nombre d'impulsions instinctives, se trouveroit resserré dans un cercle intellectuel qu'il ne pourroit jamais franchir. L'effet de cet assujettissement est remarquable dans les peuples dont les institutions politiques retiennent les facultés morales dans des limites fixes. Dans l'Inde, où la liberté de nature est presque éteinte par l'esclavage social, l'homme, enchaîné par une civilisation stationnaire, ne peut s'élever au-delà des connoissances qui lui ont été transmises, par cela seul que son intelligence manque de liberté.

Au reste, pourquoi l'homme auroit-il été créé *intelligent,* s'il n'avoit dû être *libre?* Quoi! il auroit été fait pour connoître , et il n'auroit pas eu la liberté d'agir!... Il auroit distingué le vice de la vertu, et il n'auroit pu librement éviter l'un , ni pratiquer l'autre!.. Mais alors à quoi bon cette noble prérogative dont l'auroit doué le Créateur?.. Pourquoi, d'ailleurs, délibère-t-il avant d'établir ses jugemens?... N'est-ce pas parce qu'il a la liberté du choix, et qu'il ne veut se laisser déterminer que par des raisons qui le convainquent?... Poursuivons.

Mis en rapport avec ses semblables, se trouvant, dans la vie sociale, en présence d'une foule d'objets qui excitent ses désirs, qui développpent et irritent ses passions, ayant des devoirs à remplir, des vices à éviter, des vertus à mettre en pratique, évidemment sans la liberté morale il ne sauroit exister. Le corps social, en effet, qui est la source de l'intelligence , et par conséquent de la vie de l'espèce et de celle de l'individu, ne tarderoit point à se dissoudre, si l'homme ne pouvoit se commander à lui-même, régler ses désirs et ses actions sur le bonheur commun, et si, ne connoissant ni vertu ni vice, il ne suivoit, comme la brute, que l'impulsion de ses propres besoins. Au reste, cette liberté est tellement dans sa nature, que l'individu qui ne sait point résister à ses penchans, qui s'y montre assujetti, est un objet de mépris ou d'horreur pour ses semblables.

Fait pour connoître les lois morales et l'Être suprême qui les lui dicta, comment le pourroit-il s'il n'étoit libre? Comment pourroit-il comprendre des devoirs qu'il ne pourroit remplir, et reconnoître une sagesse infinie, *Dieu* enfin dans celui qui seroit la cause de tous ses désordres, puisqu'il l'auroit privé du pouvoir de les éviter.

Considérée dans ses rapports avec l'expression des idées et des sentimens, la liberté morale se montre encore d'une nécessité rigoureuse : car la vie en société l'exige pour l'établissement des relations réciproques qui la constituent; et si la manifestation des passions violentes échappe quelquefois à l'empire de la volonté, le plus souvent l'expression d'une foule d'autres affections plus ou moins vives, et surtout des idées des rapports des êtres, s'y montre pleinement assujettie, et l'homme peut les retenir ou les répandre à son gré, selon les circonstances où il se trouve, selon ses nécessités individuelles, où les besoins du corps social.

Il n'étoit pas moins nécessaire qu'il pût se déterminer et agir librement; car à quoi bon une pensée et des désirs libres sans une détermination et des actes libres? Comment, dans toutes les circonstances si variées où il se trouve dans sa vie individuelle et sociale, et qui nécessitent une diversité de déterminations en rapport avec elles, pourroit-il exister sans la faculté de régler ces déterminations sur ses besoins; c'est-à-dire sans liberté? Enfin comment concevoir l'existence d'un être qui, dépourvu d'instinct pour se diriger, erreroit à l'aventure, sans dessein, sans but, mû par je ne sais quelle impulsion aveugle, qui ne se trouveroit que fortuitement en rapport avec ses besoins, et le livreroit sans cesse à la merci des circonstances?

Il faut, pour qu'il puisse *être*, qu'il modifie tout ce qui l'entoure, que par conséquent il discerne et choisisse les moyens les plus favorables à cette importante modification; mais comment pourroit-il y parvenir sans le libre arbitre? Enfin il est essentiel, pour l'établissement et la conservation de tous les rapports sociaux, qu'il se crée à lui-même des lois civiles, industrielles et politiques; mais comment pourroit-il reconnoître la nécessité de ces lois, les créer et s'y soumettre s'il ne jouissoit de la liberté?

Il faut donc nécessairement que l'homme soit *libre;* et il l'est en effet. Il perçoit, il compare, il juge, il se ressouvient, il imagine, en un mot il pense, et il le fait librement. Il choisit de lui-même les objets de ses pensées comme ses besoins l'exigent; et ce n'est que par cette liberté de choix qu'il se montre perfectible; bien différent en cela des animaux, qui, renfermés sans cesse dans le même cercle d'impulsions instinctives qu'ils ne peuvent dépasser, demeurent imperfectibles, et se montrent tels qu'ils ont toujours été.

Il sent, il éprouve des affections morales ; mais, maître de son cœur comme de son esprit, il nourrit librement les unes, et éteint à son gré les autres, selon la raison qui le lui conseille, les lois morales qui les lui commandent, et les intérêts du corps social qui l'exigent[1]; différent encore sur ce point de l'animal, qui, ne suivant que l'impulsion de ses besoins, parce qu'il vit isolé, et qu'il ne se soutient que par lui-même, ne voit que lui dans l'espèce à laquelle il appartient, et se trouve hors d'état de résister aux appétits qui le pressent.

Il communique à ses semblables ses idées et ses sentimens, ou bien il les retient à son gré dans son âme; et il jouit encore dans ces actes

---

[1] Bien que l'homme soit libre, il doit, pour son propre bonheur, pour la conservation même de son existence, vivre dans une dépendance continuelle; car, le corps social ne se soutenant que par les devoirs mutuels des individus, ils ne peuvent évidemment exister avec une liberté indéfinie dans chacun de ces membres.

Une autre dépendance non moins essentielle pour lui, c'est celle où il doit être à l'égard de son Créateur ; car ce n'est que là qu'il trouve une liberté véritable. N'est-ce pas, en effet, les passions de son âme qui sont ses plus impérieux tyrans? Et, en obéissant à l'Être souverain, ne s'affranchit-il pas de ce honteux esclavage? D'où il suit, chose admirable! qu'il est ici d'autant plus libre qu'il se montre plus soumis.

de toute sa liberté, tandis que la brute, dans ses relations avec les individus de son espèce ou avec nous, témoigne irrésistiblement ce qu'elle éprouve, parce que cette manifestation est moins une communication véritablement intellectuelle, qu'une expression instinctive arrachée par la douleur ou le plaisir.

Enfin il se détermine et agit librement aussi dans tout ce que ses nécessités exigent, alors que l'animal, dont toutes les déterminations sont invariables comme ses besoins, parcourt sans jamais en dévier, et à son insu, le cercle des actes que lui traça la main de la suprême Intelligence.

Toutefois, malgré les preuves si évidentes de la liberté morale de l'homme, liberté qui est dans sa nature, que ses destinées nécessitent, certains esprits, que la dignité de leur essence importune peut-être, et qui se plaisent à se rabaisser eux-mêmes au niveau de la brute, ont voulu le dépouiller de cette noble prérogative, et, au lieu d'admirer en lui ce sacré caractère qui le rapproche de son auteur, ils ont épuisé toutes les ressources de leur esprit à inventer des sophismes pour faire douter de son existence.

« Puisque l'encéphale, ont-ils dit, agit dans » la production de la pensée, qu'il la modifie se- » lon l'état où il se trouve, et que cet état, natif » ou accidentel, est indépendant de l'être intel-

» ligent, il faut nécessairement admettre que la
» pensée de cet être, et par conséquent ses dé-
» terminations, qu'elle produit, y sont subordon-
» nées, et que l'homme n'est pas libre. » Voilà
l'objection dans toute sa force ; montrons-en
toute la vanité.

D'abord, l'appareil encéphalique, simple instrument de transmission des impressions extérieures, et de manifestation des idées conçues
et des sentimens éprouvés, ne modifie nullement la pensée, acte qui lui est entièrement étranger. Il peut bien, par son influence
toute matérielle, transmettre plus ou moins
exactement les impressions reçues, manifester
plus ou moins vivement ou avec plus ou moins
de fidélité les affections morales, déterminer
une modification perceptible plus ou moins intense à la suite de ces affections, et les rendre
ainsi plus ou moins vives ; mais la pensée demeurera toujours la même, et, à part les circonstances d'un état pathologique, dont nous ne
devons point nous occuper ici, aucune de ces
influences ne peut ravir à l'homme sa pleine et
entière liberté, car cet attribut n'a aucun rapport
direct avec la matière encéphalique.

Mais ce qui démontre encore avec le dernier
degré d'évidence que cette matière n'influe nullement sur la pensée, c'est que tous les individus de l'espèce ont les mêmes idées morales et

se ressemblent tous sous ce rapport, bien qu'ils diffèrent entre eux par l'état organique de leur appareil nerveux intra-crânien[1]. Dans tous, en effet, on observe les sentimens primitifs dont nous avons parlé dans le livre précédent, et la connoissance suffisante de toutes les vérités nécessaires à l'existence de la vie sociale. Si donc l'encéphale influoit sur la pensée et sur la liberté de l'homme, ce qui seroit réputé juste par l'un seroit considéré comme injuste par l'autre, dont l'organisation cérébrale ne seroit point la même, et réciproquement. Il s'ensuivroit nécessairement qu'il n'y auroit aucun de ces principes fixes de devoir, de vertu, reconnus vrais dans l'espèce, aucune de ces grandes idées qui sont le principe de vie des sociétés. Chaque individu auroit son opinion particulière sur ces objets, comme il se livreroit aux actes qui seroient en rapport avec elles ; et dès lors le corps social, véritable chaos moral, monstruosité inconcevable, offriroit les plus épouvantables désordres, ou plutôt s'évanouiroit à l'instant.

Que les dispositions intellectuelles et les déterminations qui s'y lient, diffèrent dans les di-

---

[1] Différence que les matérialistes sont forcés d'admettre pour expliquer celles que présentent les facultés intellectuelles des divers individus.

vers individus, cela devoit être à cause de la nécessité des variétés de ces dispositions pour le bien général de l'espèce. Mais que des idées qui doivent être universelles, et dont l'uniformité est le principe de vie du corps social, varient dans les membres qui le composent, c'est ce qui n'est point et ne peut être, parce qu'une semblable diversité seroit funeste, en ce qu'elle se trouveroit diamétralement opposée à la nature de l'homme, comme aux destinées qu'il doit remplir; d'où l'on peut conclure que sa pensée, sous ce rapport, n'est nullement modifiée par l'appareil encéphalique.

Il existe donc dans l'homme une pensée générale, indépendante de l'influence de cet appareil; cette pensée, commune à tous les individus de l'espèce, et qui embrasse toutes les idées du *bien*, contrebalance dans son esprit toutes les idées du *mal* que ses passions y développent; et cette double connoissance, qui auroit été inutile à l'homme, s'il avoit été asservi à ses organes, démontre évidemment l'existence de sa liberté. Il se détermine donc *sciemment*, et non point comme la brute, qui n'a aucun devoir à remplir, pour qui il n'y a de *bien* que ce qui lui est individuellement utile, comme il n'y a de *mal* que ce qui lui est désavantageux, que l'instinct dirige sûrement dans ses actes, bornés à l'entretien de ses organes et à leur reproduction, et qui par conséquent n'avoit pas besoin du *libre arbitre*.

Qui ne sent, en effet, dans le fond de son âme, le pouvoir qu'il a de se maîtriser, de choisir à son gré et ses déterminations et ses actes? Qui ne sait qu'il peut résister à un sentiment qui tend à l'entraîner, agir électivement dans un sens plutôt que dans un autre, se diriger dans ses mouvemens selon ses désirs, mouvoir librement telle partie de son corps plutôt que telle autre, et se démontrer ainsi à lui-même l'existence de cette liberté complète dont il jouit? Combien de fois encore nos actions ne sont déterminées que par les obstacles que l'on veut nous opposer, montrant ainsi clairement que notre volonté ne souffre point de contrainte, et que rien ne sauroit nous assujettir malgré nous.

Que si, malgré toutes les raisons exposées dans ce chapitre, le fataliste, démentant sa propre conscience et le sentiment unanime du genre humain, persistoit dans son absurde système de dénégation de la liberté de l'homme, nous lui demanderions si, lorsqu'il l'a adopté, il n'a point réfléchi, mûri ses idées, et si enfin ce n'est pas après avoir pesé les raisons pour et contre qu'il a porté son jugement; il nous répondroit affirmativement sans doute, car il ne voudroit point passer pour un insensé. Mais alors il avoueroit qu'il a fait un choix réel, et il nous offriroit lui-même la plus évidente des démonstrations en faveur de cette liberté dont il nie l'existence.

Tout ce à quoi l'homme se montre soumis, tout ce qu'il ne lui est pas libre d'éviter, tout ce qui, en un mot, l'assujettit et le maîtrise, ce sont ses *nécessités*. Ainsi il faut qu'il éprouve des sensations, et il n'est pas le maître d'empê- cher ses organes de lui transmettre les impres- sions qui les font naître; il doit sur cette terre demeurer uni à son organisation, et il faut qu'il l'aime pour en conserver l'existence; cette même organisation a besoin de nourriture, et il faut qu'il sente l'aiguillon de la faim pour la lui procurer; le résidu de la digestion doit être ex- pulsé au-dehors, et il sent inévitablement la douleur qui provoque cette excrétion salutaire; l'air extérieur doit agir sur ses poumons pour la conservation de sa vie, et il éprouve, sans pouvoir s'y soustraire, le besoin de respirer; il doit reproduire sa substance matérielle, et il n'est pas le maître d'empêcher que ses organes de la génération lui fassent sentir les modifica- tions qu'ils éprouvent lorsque l'acte reproduc- teur doit s'accomplir; tout cela est inévitable pour lui par les liens intimes qui l'unissent à son organisme. Mais ce dont il peut s'affranchir, ce sont les déterminations et les actes que ces sensations diverses sollicitent, et que la suprême Intelligence a confiés à son choix en le créant *libre.* Ainsi, s'il éprouve des impressions par l'intermédiaire de ses sens , il peut en éloigner sa pensée et s'occuper d'un autre objet ; si *l'amour de soi-même* se fait sentir vivement au fond de son âme, il peut négliger ses propres intérêts, faire une abnégation complète de soi-même pour son semblable , et mourir même pour lui ; si son organisation réclame vivement l'alimentation qui lui est nécessaire, il peut souffrir la faim et la soif , lorsque les circonstances l'exigent; il peut, lorsque les convenances sociales le commandent , retarder à son gré l'expulsion de ses matières excrémentitielles, ralentir ou accélérer sa respiration ; enfin les désirs de la chair peuvent lui faire éprouver toute leur violence; mais il a lui-même le pouvoir, sinon de les éteindre , du moins de résister pleinement à toutes leurs impulsions.

Il n'y a donc que nos déterminations et nos actes qui se montrent soumis à notre volonté ; et c'est seulement sur ces objets que peut s'exercer notre libre arbitre. C'est qu'ils forment toute notre existence, et qu'il est dans notre nature de déterminer à notre gré notre manière d'*être*, et de pouvoir *exister* selon notre choix.

Remarquons, en terminant, que nos déterminations sont généralement libres dans ce qui est relatif à notre moral, et qu'elles ne le sont pas toujours pour ce qui a rapport à notre intel-

ligence. Ainsi nous pouvons tous pratiquer la
vertu, mais nous ne pouvons pas tous devenir
savans, peintres habiles, musiciens, poètes, etc.
Cela vient de ce que nous sommes tous nés pour
le bonheur, et que le bonheur ne consiste que
dans la régularité de nos déterminations morales.

CHAPITRE DEUXIÈME.

DES DÉTERMINATIONS.

LES déterminations de l'homme naissent de ses idées des rapports des êtres, de ses sentimens, et des besoins de ses organes. Aux premières se rattachent toutes les résolutions qu'il prend pour s'approcher ou s'éloigner des objets qui l'entourent; ses affections morales déterminent celles qu'il arrête pour obéir ou résister aux impulsions qu'il en reçoit; enfin ses besoins matériels provoquent toutes celles qui sont nécessaires à la conservation, à l'entretien, et à la reproduction de son organisme.

Le jugement préside à toutes ces déterminations; mais, dans celles qui sont relatives à nos affections morales, ce guide, souvent infidèle, auroit pu nous égarer, et la sagesse suprême nous en a donné de plus sûrs dans l'*instinct moral* et la *conscience*.

Le premier nous fait distinguer, pour ainsi dire sans le secours de la réflexion, le *bien* du *mal*, le *juste* de l'*injuste* [1]; et le sentiment impulsif ou répulsif qu'il développe au-dedans de nous, venant au secours de notre raison, nous éclaire, souvent bien plus que ses lumières, sur le choix de nos déterminations, et, en nous traçant ainsi nos devoirs, il forme un des plus puissans soutiens de la vie sociale [2].

La *conscience*, par le plaisir qu'elle nous fait éprouver après une action louable, ou le remords dont elle nous fait sentir l'aiguillon lorsque nous avons dévié du chemin de la vertu [3], nous fait connoître aussi, bien plus sûrement que notre intelligence, la route que nous devons éviter, et celle que nous devons prendre, dans les violentes impulsions du cœur.

---

[1] Le penchant au mal ne tient point à la nature primitive de l'homme; rien d'imparfait n'est sorti des mains du Créateur. C'est une maladie morale volontairement acquise, et qui pourtant n'a point entièrement éteint le penchant primordial pour le bien. C'est ce dernier qui agit au fond du cœur de l'homme au milieu des passions qui l'agitent, et qui, dès qu'il tend à s'écarter de la voie de l'équité, lui fait éprouver une sorte de tiraillement douloureux qui l'avertit du mal qu'il va commettre. C'est là l'*instinct moral*.

[2] Les devoirs sont à la vie sociale, ce que les fonctions organiques sont à la vie de notre organisation, et l'on ne peut pas davantage concevoir sans eux une société humaine, qu'un corps vivant sans fonctions.

[3] Le *remords* n'est pas, comme a voulu le dire Helvétius, une idée des peines physiques que l'on craint de subir, mais

Remarquons que ces deux régulateurs de la vie de l'homme n'ont rapport qu'à ses sentimens, parce que cet ordre d'idées est le plus puissant mobile de toutes ses actions, qu'il constitue la partie la plus importante de son existence, et que son intelligence, qu'elles obscurcissent si souvent, seroit insuffisante pour en diriger les effets.

Les déterminations relatives aux besoins de l'organisation, ne sont provoquées par le jugement que d'une manière secondaire; le Créateur n'a point voulu confier exclusivement à cet agent, si souvent sujet à l'erreur, l'existence de notre organisme, et il lui a donné pour guides des sensations plus ou moins vives qui ne peu-

---

bien un sentiment profond et pénible, produit par la conscience intime du *bien* que l'on auroit pu faire, et du *mal* que l'on a fait. Il se développe même dans ceux qui ne croient pas aux peines futures, et qui n'ont à redouter aucun châtiment humain.

Un phénomène digne de l'admiration du physiologiste, comme du moraliste, ce sont les rapports qui existent entre les modifications organiques qui donnent lieu aux sensations de plaisir et de douleur, et qui éclairent la conscience par l'intermédiaire de l'encephale, et les bonnes et mauvaises actions. On ne peut s'empêcher de voir ici un lien secret établi par la puissance divine pour unir intimement notre âme à notre substance matérielle, et l'avertir, par les perceptions forcées qui résultent de cette union, du *mal* qu'elle doit fuir, et du *bien* qu'elle doit mettre en pratique.

vent l'égarer. Ce sont celles qui proviennent des modifications organiques dont nous nous sommes occupé en traitant des perceptions (tom. II, p. 75.). Elles provoquent l'ingestion des alimens, dont les perceptions olfactives et gustatives déterminent le choix ; elles excitent aussi l'excrétion des matières excrémentitielles, les mouvemens mécaniques de la fonction respiratoire, ceux que la volonté dirige pour l'accomplissement de la reproduction, etc., et cela par une sorte d'impulsion instinctive.

Remarquons ici qu'aux fonctions organiques, comme aux fonctions morales, se trouvent liés le plaisir et la douleur ; que ces deux sensations forment, en quelque sorte, la *conscience* de l'organisme, et qu'elles sont destinées à nous faire distinguer ce que nous devons faire et ce que nous devons éviter pour le *bien* de notre vie matérielle, comme la *conscience* nous éclaire sur ce qui convient à notre état moral.

Les déterminations varient dans leur nature et dans leur promptitude, selon les âges, les sexes, les individus.

Dans les premiers jours de sa vie, l'enfant ne se détermine que relativement aux besoins organiques qui le pressent. Dépourvu d'idées sur ce qui l'entoure, et ne percevant que les modifications matérielles qui se développent au-dedans de lui, sa volonté ne peut s'exercer que sur elles. La sensation de la faim , et du besoin des excrétions extérieures, sont les seules impulsions qui l'excitent à se déterminer, et ses déterminations n'ont pour objet que l'ingestion du fluide alimentaire qui doit soutenir son existence , et l'expulsion du résidu de la digestion. Plus tard , à mesure que ses sens s'ouvrent aux impressions extérieures , qu'il perçoit, qu'il compare , qu'il juge , le besoin de connoître se développe, et des déterminations toujours vives, toujours rapides , pour atteindre et saisir les objets qui l'entourent en sont le résultat.

Dans la seconde enfance , les déterminations se multiplient avec les idées ; elles sont toujours promptes, à cause de la vivacité des sensations, et par cela même fautives, et il s'y en joint d'autres relatives aux affections morales , qui commencent à se développer.

Dans la jeunesse, ces deux ordres de déterminations s'agrandissent encore avec les sentimens et les idées ; mais elles sont souvent irréfléchies par l'influence des passions, toujours véhémentes à cet âge, et qui précipitent et égarent le jugement.

Dans les âges suivans , le cœur se calme , l'esprit acquiert toute sa rectitude, et les déterminations deviennent plus lentes. Dans la vieillesse, qui est l'âge de l'expérience , elles sont toujours tardives ; l'homme est alors *temporiseur*.

La femme se rapproche de l'enfant sous le rapport de la promptitude de ses déterminations. Mais c'est surtout dans ses affections morales, que cette rapidité est remarquable ; leur vivacité l'empêche de réfléchir sur les actes qu'elles sollicitent, et, se laissant entraîner par leur fougue, elle oublie souvent les conseils de la raison.

Les déterminations sont plus ou moins lentes ou plus ou moins rapides, chez les divers individus, selon que le jugement est plus ou moins exercé, et les passions plus ou moins vives. Un jugement facile, sûr, rend les résolutions promptes ; lorsqu'il est lent, pénible, incertain, elles sont tardives, vacillantes, et constituent le caractère que l'on nomme *irrésolu*. Une sensibilité peu prononcée, des affections morales peu intenses, produisent la lenteur des déterminations ; des passions véhémentes, au contraire, qui impriment à l'âme une forte impulsion, leur donnent toujours une rapidité remarquable.

Mais une autre influence bien puissante sur les déterminations, c'est celle de l'amour des devoirs, ou de la vertu: Elle peut seule entraîner rapidement l'homme vers le *bien*, et l'éloigner du *mal* avec la même promptitude. L'aidant à surmonter l'impression que produisent au dedans de nous les modifications organiques perceptibles qui constituent les passions, elle lui fait mépriser les douceurs trompeuses qu'elles lui promettent, braver les douleurs qu'elles lui causent, et ne suivre en tout que l'équité.

C'est ainsi qu'on le voit, guidé par elle, fuir une coupable volupté et s'astreindre à toutes les rigueurs de la morale la plus sévère, aimer ses semblables comme lui-même, éteindre dans son âme tout sentiment de haine et tendre même la main à son ennemi, immoler son propre bonheur lorsque le devoir l'exige, sacrifier ses plus chers intérêts à son pays, braver la mort et mourir même avec joie pour sa défense, enfin résister à tous les attraits du vice, surmonter tous les penchans déréglés, montrer tous les genres d'héroïsme, et prouver tout ce que peut l'amour du bien, du beau, du grand, du sublime, sur un être maître absolu de ses pensées, comme de ses déterminations.

CHAPITRE TROISIÈME.

DES MOUVEMENS.

———

L'HOMME, considéré dans ses rapports avec les objets qui l'environnent, a pour but, en se déterminant, de s'éloigner de ceux qui pourroient lui nuire, et d'atteindre, au contraire, ceux qui doivent lui être utiles, pour les saisir et les modifier ensuite selon ses besoins. Mais, dans ces deux circonstances, il faut qu'il se *meuve*, qu'il déplace, en totalité ou en partie, sa substance matérielle. Ce mouvement, ce déplacement, soit général, soit partiel, est donc alors, en dernière analyse, l'objet de ses déterminations.

L'appareil de ces deux sortes de locomotion est le même que celui des gestes et des attitudes ; les membres abdominaux et les membres thoraciques en sont les agens, et l'on observe, soit dans leur structure, soit dans leurs mouvemens, les mêmes harmonies que nous avons signalées en parlant de ces fonctions expressives. Ainsi, les membres abdominaux, qui sont destinés à supporter tout le reste de l'organisation dans les divers déplacemens d'ensemble , sont moins mobiles , et offrent plus de solidité dans leurs articulations que les membres thoraciques qui doivent saisir les corps , et qui , à cause de cela , peuvent exercer des mouvemens plus étendus.

Ainsi une foule d'agens musculaires concourent synergiquement à chaque mouvement particulier, et se trouvent en harmonie , soit entre eux , soit par leurs attaches , leur direction, leur structure , leur puissance , etc. , avec le mode d'articulation , la longueur, la forme , etc., des leviers osseux qu'ils doivent mouvoir.

Les mouvemens d'ensemble que l'homme provoque et dirige pour se déplacer sont de plusieurs sortes. Tantôt il s'éloigne ou s'approche avec plus ou moins de lenteur ou de rapidité des objets qu'il veut fuir ou atteindre, et il *marche* ou il *court*. Tantôt il rencontre dans sa marche ou dans sa course un obstacle qu'il peut franchir, et alors il *saute*. D'autres fois l'objet qu'il veut saisir se trouve à une hauteur inaccessible par les mouvemens ordinaires, ou bien celui qu'il veut éviter ne lui laisse d'autre refuge qu'un lieu plus ou moins élevé, et qu'il ne peut atteindre par ces mêmes mouvemens, et alors il *grimpe*. Dans d'autres cas, il a à pénétrer à travers des ouvertures qui peuvent à peine lui livrer passage, à se dérober, en se déplaçant, à des regards ennemis, à se mouvoir malgré de graves blessures qui rendent sa station verticale impossible, et il faut qu'il se traîne, qu'il *rampe*. Enfin il est des circonstances qui exigent qu'il traverse des eaux dont la profondeur l'emporte plus ou moins sur sa stature, et alors il est obligé de *nager*. Ainsi donc la *marche*, la *course*, le *saut*, le *grimper*, la *reptation*, la *nage*, forment les mouvemens généraux qu'exerce l'appareil locomoteur de l'homme.

Mais chacun de ces mouvemens est précédé par la *station verticale*, attitude qui en est, pour ainsi dire, le point de départ, et par conséquent dont nous devons d'abord exposer le mécanisme.

Lorsque l'homme est debout sur ses deux pieds, de manière que la surface plantaire appuie sur le sol qui le supporte, les deux *résultantes* représentant la ligne de gravité, qui passe entre le sacrum et le pubis, suivent l'axe des membres abdominaux, et aboutissent au point de la surface plantaire qui correspond au centre de l'articulation de la jambe avec le pied. Mais comme le corps tend toujours à se porter en avant, à cause de la situation de la tête, dont l'articulation est en arrière de son centre de gravité, et de celle des viscères thoraciques et abdominaux, qui pèsent sur le devant du tronc, cette surface plantaire se prolonge antérieurement, agrandit dans ce sens la base de sustentation, et forme une espèce d'arc-boutant qui s'oppose à la chute[1].

La station verticale est maintenue par un grand nombre de muscles. Ce sont les extenseurs de la tête et du tronc qui les empêchent de s'incliner en avant ; ceux des membres abdominaux qui forment de ces parties deux colonnes verticales inflexibles ; les muscles qui s'attachent d'une part sur les côtés du bassin, et de l'autre part sur les parties inférieures et latérales des parois thoraciques, et s'opposent à ce que la ligne de gravité tombe, de l'un ou de l'autre côté, au-delà de la base de sustentation ; ce sont enfin tous les muscles fléchisseurs des membres, dont l'action, combinée avec celle des extenseurs, rapproche les extrémités articulaires les unes des autres, et les maintient fortement réunies pour la solidité de la station.

La station verticale est favorisée par le peu de flexibilité de la colonne vertébrale, qui est par là moins susceptible de déviation ; par les courbures qu'elle offre en sens opposés et la largeur de sa base, qui fournissent à la ligne de gravité un plus grand espace à parcourir sans produire la chute ; par la saillie des apophyses épineuses des vertèbres, qui forment autant de leviers très-propres à augmenter la puissance des muscles

---

[1] La chute a lieu lorsque la ligne de gravité tombe au-delà de cette base.

extenseurs du tronc; par la largeur du bassin et l'écartement des fémurs, qui donnent à la base de sustentation une grande étendue; par la rotule, qui, en rendant oblique la direction des muscles de la partie antérieure de la cuisse, donne à leur action plus d'intensité dans l'extension de la jambe; par la saillie du calcanéum, qui rend plus puissante la contraction des muscles jumeaux et soléaires, destinés à s'opposer à la flexion de l'articulation tibio-astragalienne; par la longueur et la largeur du pied; enfin par le nombre des parties qui forment les colonnes osseuses destinées à soutenir le tronc, par les cavités dont elles sont creusées, et par la largeur de leurs surfaces articulaires; choses qui concourent à donner plus de force aux os dont elles sont composées, et plus de solidité à leurs articulations.

Cependant, malgré cette organisation, que l'homme possède seul parmi tous les êtres animés, et qui démontre évidemment que la station verticale lui est naturelle et est un de ses attributs, on a avancé qu'il étoit destiné à marcher à quatre pattes comme les brutes, et que ce n'étoit que par l'effet de l'éducation qu'il se redressoit, se soutenoit et se mouvoit sur ses deux pieds. Mais on n'a pas réfléchi qu'en supposant que l'éducation est le principe de la station verticale, il faut nécessairement admettre aussi que celui qui l'a donnée le premier n'a pu la recevoir, que par conséquent ce seroit de lui-même qu'il seroit parvenu à marcher debout, et qu'il auroit ainsi contrarié, changé sa propre nature, ce qui est impossible, car il auroit fallu pour cela qu'il modifiât aussi son organisation.

En effet, cette organisation prouve que l'homme ne pourroit se déplacer habituellement en s'appuyant sur ses quatre membres. D'abord il manque de ligament cervical postérieur, ligament qui existe dans tous les animaux vertébrés, et qui est destiné à soutenir le poids de la tête, ce que ne pourroient faire seuls les muscles extenseurs de cette région. En second lieu, dans cette situation, les yeux seroient dirigés vers la terre, et il ne pourroit, sans de grands efforts, voir les objets situés devant lui; les narines se trouveroient parallèles à l'axe du tronc, et par conséquent dans une direction peu favorable pour recevoir l'impression des émanations odorantes. En troisième lieu, les membres thoraciques, qui sont très-écartés l'un de l'autre, et dont les articulations ont une grande mobilité, rendroient la progression difficile et n'offriroient point au corps un solide appui. D'un autre côté, l'organe du toucher, épaissi, durci par un frottement continuel, seroit impropre à transmettre les impressions tactiles. Des inconvéniens non moins graves naîtroient des dimensions et de la structure des membres abdominaux. Beaucoup plus longs que les thoraciques, outre qu'ils s'opposeroient à la promptitude des mouvemens, l'axe du corps, dans la progression comme dans la station, se trouveroit inclinée en avant, le cerveau s'engorgeroit, et la locomotion deviendroit extrêmement pénible, sinon impossible ; cela est si vrai que, lorsque l'on veut marcher à quatre pattes, on est obligé, pour le faire avec facilité, de prendre ses points d'appui postérieurs sur les genoux, pour diminuer la longueur des membres abdominaux. De plus, le tarse n'ayant pas, à beaucoup près, la longueur qu'il a chez les animaux, s'articulant d'une part à angle droit avec le tibia, et d'une autre part se trouvant dans la même direction que le métatarse, il s'ensuivroit nécessairement que le pied n'appuieroit sur le sol que par son extrémité, et par conséquent d'une manière peu solide, et que, d'ailleurs, comme tout le corps reposeroit sur cette extrémité, composée d'os très-mobiles, la locomotion seroit excessivement pénible, douloureuse, et finiroit bientôt par ne plus pouvoir s'exercer.

Mais c'est trop insister à réfuter une opinion dont l'absurdité est si évidente. Considérons les variétés que présente la station verticale selon les âges, les sexes et les individus.

Dans le premier âge de la vie, cette station est impossible. Les muscles sont encore trop foibles pour contrebalancer le poids de la tête et des viscères abdominaux, qui, à cause de leur masse proportionnellement plus considérable que dans l'âge adulte, tendent fortement à entraîner le corps en avant; la colonne vertébrale est très-flexible, ses courbures n'existent point encore, ses apophyses épineuses sont à peine sensibles ; le bassin est étroit, coupé obliquement de haut en bas et d'avant en arrière, et ne peut soutenir les viscères digestifs, qui agissent de tout leur poids sur le devant du corps; les fémurs sont peu écartés l'un de l'autre, les rotules ont très-peu de saillie, et les dimensions des pieds ne sont point proportionnées à celles de la tête et du tronc. Aussi l'enfant, à cet âge, ne peut-il se tenir debout, et lorsqu'on le laisse livré à lui-même, et qu'il veut se mouvoir, il s'appuie toujours sur ses quatre membres.

Plus tard la station verticale peut avoir lieu, mais elle se montre encore pénible les causes qui la rendoient impossible auparavant n'ayant pas entièrement disparu. Aussi les chutes d'arrière en avant sont-elles fréquentes. Mais peu à peu le système musculaire se fortifie, la colonne vertébrale prend de la consistance, ses courbures se forment, les apophyses épineuses se développpent, le bassin acquiert de l'étendue et perd de son obliquité, les fémurs s'écartent, la rotule prend de l'épaisseur, le calcanéum de la proéminence, les pieds croissent en longueur et en largeur, et la station verticale devient facile.

Dans la vieillesse, où le système musculaire perd de son énergie, la colonne vertébrale se courbe en avant, tout le corps s'incline dans cette direction, et la station verticale seroit impossible si les cuisses ne se fléchissoient pour recevoir et transmettre la ligne de gravité dans l'espace que circonscrivent les pieds, ou même, lorsque la courbure vertébrale est très-considérable, si l'on n'empruntoit le secours d'un appui étranger, qui vient donner à la base de sustentation une plus grande étendue.

Dans la femme la station verticale est plus pénible et moins solide que dans l'homme par le peu de développement du calcanéum, de la rotule et des apophyses épineuses des vertèbres, et à cause de l'obliquité des fémurs, de la largeur moindre de la base de sustentation et de l'énergie moins considérable du système musculaire. De là vient qu'elle ne peut la soutenir aussi long-temps que l'homme, et que la chute a lieu chez elle plus fréquemment.

Dans les divers individus elle a plus ou moins de solidité selon la force des muscles, les courbures plus ou moins prononcées de la colonne vertébrale, la saillie plus ou moins grande de ses apophyses épineuses, les dimensions du bassin, l'écartement plus ou moins considérable des fémurs, le développement plus ou moins marqué du calcanéum et de la rotule, et enfin selon la longueur et la largeur des pieds. Ceux qui ont l'abdomen très volumineux sont plus exposés à faire des chutes en avant que les individus d'une organisation opposée, à cause du poids des viscères de cette cavité, qui tend sans cesse à les entraîner dans cette direction ; aussi sont-ils forcés de contracter fortement les muscles extenseurs du dos, ce qui rend leur corps plus ou moins courbé en arrière. La femme, dans l'état de grossesse, offre la même disposition.

Tels sont le mécanisme et les principales variétés de la station verticale[1]. Lorsqu'elle a lieu sur un seul pied, elle est toujours pénible, vacillante, à cause du peu de largeur de la base de sustentation et de la difficulté que l'on éprouve,

---

[1] Selon M. Girou de Buzareingue (*J. de phys.* de Magendie, t. 8, p. 309), le cervelet agit, dans la station, en transmettant l'impression de la résistance du sol, et en donnant lieu à la conscience des mouvemens que l'on exécute. C'est ainsi, selon lui, qu'il est l'agent d'équilibration dans les mouvemens. S'il est lésé, comme dans l'ivresse etc., il n'y a plus de transmission ; les mouvemens exécutés ne sont plus connus, il règne de l'indécision dans ceux à produire ; de là le chancellement du corps, de là, comme dans les animaux auxquels on l'enlève, l'irrégularité des mouvemens jusqu'à la rencontre du point d'appui.

par défaut d'habitude, à y amener la ligne de gravité, et de plus parce que les muscles, se contractant violemment pour conserver l'équilibre, s'é-
puisent bientôt, et n'exercent plus que des mouvemens foibles et fréquemment interrompus.
Mais elle acquiert une plus grande solidité par
l'écartement des pieds en avant ou sur les côtés,
selon que nous voulons résister à une puissance
motrice qui agit sur nous d'avant en arrière,
d'arrière en avant, ou dans une direction latérale.

La station verticale peut aussi s'effectuer sur
les genoux. Mais alors, comme la base de sustentation est nulle en avant, les muscles extenseurs du tronc se trouvent dans une contraction forcée et permanente pour l'empêcher de
tomber dans cette direction; ce qui rend cette
situation très-pénible. Aussi portons-nous de
temps en temps en arrière l'extrémité inférieure
du tronc, afin de diriger la ligne de gravité sur
le milieu des jambes, ou sommes-nous forcés
d'avoir recours à un appui étranger.

Dans la station verticale sur le bassin, comme
lorsque l'on est assis, la base de sustentation est
large, le levier sur lequel agissent la tête et les
viscères thoraciques et abdominaux se trouve
réduit à la colonne vertébrale, et a par conséquent perdu près de la moitié de sa longueur;
ce qui fait que les extenseurs du tronc ont peu
d'efforts à faire pour le maintenir dans sa recti-

tude ; efforts qui deviennent nuls si l'on donne au dos un point d'appui.

La station verticale entre comme élément dans plusieurs de nos mouvemens progressifs.

La *marche* n'est que cette station ayant lieu alternativement sur l'un et l'autre pied, en même temps que le corps se déplace par le mécanisme que nous allons exposer.

Dans ce mouvement de déplacement, le poids du corps est d'abord porté sur un des membres, le droit par exemple, ensuite la jambe du membre gauche se fléchit légèrement sur la cuisse, et celle-ci sur le bassin, pour rendre ce membre plus court, et éviter par là de rencontrer le sol dans sa projection en avant ; après quoi il est porté dans cette direction, et les extenseurs lui font reprendre sa longueur naturelle. En même temps les extenseurs du pied du membre droit agissent sur cette partie comme sur un levier du deuxième genre, dont le point d'appui est la pointe du pied, le point d'action de la puissance le calcanéum, et celui de la résistance l'articulation tibio-astragalienne. Le corps est ainsi soulevé et porté par un mouvement oblique, à cause de l'écartement des fémurs, sur le membre gauche, qui alors atteint le sol. Le droit se fléchit à son tour, se porte en avant, reçoit le poids du corps que lui transmet le gauche, et la marche s'effectue.

Lorsque la marche est rapide, les bras, qui se meuvent en sens inverse des membres inférieurs, font l'office de balanciers, corrigent les vacillations latérales et maintiennent le corps en équilibre.

La longueur de l'espace parcouru à chaque mouvement des membres, ou le *pas*, est proportionnée à leur degré d'écartement. La vitesse et la facilité de la marche dépendent de la rapidité des contractions musculaires qui la déterminent, et de la saillie plus ou moins considérable du calcanéum. Sa durée possible est subordonnée à la force contractile des muscles et à leur masse, qui les rendent capables d'agir pendant un temps plus ou moins long.

Un phénomène digne de remarque dans la marche, c'est son obliquité. En effet, nous ne marchons pas droit, et lorsque nous voulons nous déplacer en ligne droite, nous sommes forcés de ne point perdre de vue l'objet qui nous guide, pour régler sur lui nos mouvemens. Cette déviation a lieu ordinairement à gauche, et son mécanisme est facile à concevoir. Dans la marche, le tronc est, comme nous l'avons dit, porté alternativement sur l'un et l'autre membre, de telle sorte qu'il est mu selon des lignes obliques les unes aux autres, ou disposées en zigzags. Or les puissances musculaires du membre abdominal droit l'emportent ordinairement sur celles du membre gauche; il s'ensuit que les lignes que parcourt le tronc, transporté sur celui-ci par le premier, sont les plus longues, que le pas gauche est plus grand que le droit, et que par conséquent notre mouvement de progression se dirige involontairement à gauche.

Cela devient très-sensible lorsque, nous trouvant dans l'obscurité, nous marchons pour nous approcher d'un objet dont le lieu nous est connu, mais vers lequel rien ne nous guide. Lorsque nous avons parcouru l'intervalle qui nous en séparoit, nous nous trouvons toujours déviés à gauche, et à une distance plus ou moins éloignée de l'objet.

L'obliquité de la progression est d'autant plus considérable, et exige d'autant plus d'efforts pour être corrigée, qu'un des membres est plus foible que l'autre. C'est ce qui fait, en grande partie, que chez ceux qui boitent du membre gauche, la marche est si pénible, et si pleine d'agitation.

La marche varie selon les âges. Dans l'enfance, elle est foible, vacillante, par le peu d'énergie et l'irrégularité des contractions musculaires, et par toutes les causes qui rendent difficile la station verticale. Elle est souple dans l'adolescence, par la flexibilité des ligamens articulaires, et la mollesse des contractions des muscles. Elle est ferme dans la jeunesse et dans la virilité. Dans la vieillesse, elle est chancelante , et s'exerce avec lenteur , par la foiblesse musculaire, la roideur des articulations , la courbure de la colonne vertébrale en avant , qui exige le transport du bassin en arrière et la flexion des cuisses , ce qui s'oppose à la facilité des mouvemens.

Dans la femme , elle offre une allure particulière , à cause de la largeur du bassin. Cette largeur nécessite un plus grand mouvement pour la transmission du poids du corps au membre qui atteint le sol , d'où résulte un balancement analogue à celui des canes. De plus , la femme offre , dans sa marche , une souplesse , une mollesse de mouvemens, un air d'abandon qui sont en harmonie avec la douceur de sa physionomie et de sa voix , et concourent avec elle à faire naître en nous les sentimens que , dans l'ordre naturel, elle doit nous inspirer.

La marche varie dans les divers individus par sa durée possible , sa facilité, sa rapidité, l'étendue de l'espace parcouru à chaque pas, etc., selon que les forces musculaires sont plus ou moins énergiques, les conditions de la station verticale plus ou moins complètes , les articulations plus ou moins mobiles , et le bassin plus ou moins étendu ; selon la longueur plus ou moins considérable des leviers osseux , celle de la saillie du calcanéum , la vivacité plus ou moins grande du caractère , et l'énergie des sentimens pendant lesquels on se déplace , et qui exigent la progression.

La marche reçoit quelques modifications de la nature du plan sur lequel on l'exerce. Sur un plan horisontal , elle a lieu comme nous l'avons dit ci-dessus. Lorsque nous marchons sur un plan incliné ascendant , nous fléchissons beaucoup plus l'extrémité que nous portons en avant que dans la marche horisontale ; et tandis que le pied qui supporte le poids du corps s'étend pour l'élever verticalement, les muscles antérieurs de la cuisse se contractent , entraînent le tronc en avant , et portent le centre de gravité sur l'extrémité antérieure[1]. C'est pour faciliter ce mouvement et éviter de trop grands efforts musculaires , que nous inclinons le corps dans cette direction , comme aussi pour empêcher que la ligne de gravité ne tombe en arrière et au-delà du pied qui soutient le corps.

La marche descendante s'exécute par un mécanisme opposé : ici , le membre que l'on porte en avant , au lieu d'être fléchi est étendu ; celui qui soutient le poids du corps se trouve au contraire dans la flexion , et ne le transmet au premier qu'en s'étendant d'une manière incomplète,

---

[1] C'est ce qui fait que lorsque la montée est trop rude, ou la marche trop prolongée , nous éprouvons un sentiment de fatigue dans les genoux, qui sont le point fixe de ces muscles.

afin que la ligne de gravité ne tombe point, par une impulsion trop considérable, au-delà de la base de sustentation. C'est encore pour cela que les muscles extenseurs du tronc se contractent; ils maintiennent cette ligne dans la direction verticale; et voilà pourquoi, lorsque la descente est rapide et prolongée, on ressent de la fatigue dans les reins.

La *course* n'est qu'une marche précipitée, et dans laquelle le poids du corps est transmis d'un membre à l'autre, par l'extension rapide de leurs articulations. Ces membres peuvent être considérés chacun comme une suite d'arcs, dont l'inférieur appui sur le sol, tandis que le supérieur se trouve comprimé par la partie inférieure du tronc. Or, ces arcs, qui sont dans un état de flexion, s'étendent brusquement; et comme l'arc inférieur trouve dans le sol un point d'appui immobile, tout le mouvement se porte à l'extrémité de l'arc supérieur, et, par celle-ci, au tronc, qui est porté, comme par un mouvement de projection, sur le membre qui s'avance pour atteindre le sol.

Il est à remarquer que, dans la course, surtout lorsqu'elle s'exerce rapidement, le corps n'appuie que sur la pointe des pieds, afin que leur extension soit plus prompte. En même temps, la tête et le haut du tronc sont un peu portés en arrière, pour que la ligne de gravité ne tombe pas au-delà de la base de sustentation , et que les muscles inspirateurs , qui agissent vivement afin de faciliter dans les poumons la circulation du sang qu'y précipitent les contractions musculaires des membres, ayent un point d'appui solide dans leurs mouvemens; enfin , les membres thoraciques font l'office de balanciers , maintiennent l'équilibre , et préviennent les chutes.

Dans l'enfance, la course ne peut être ni rapide, ni long-temps prolongée, et les chutes en avant sont très-fréquentes. Le peu de proéminence du calcanéum s'oppose à ce que les muscles jumeaux et soléaires puissent agir fortement dans l'extention du pied; les muscles des membres inférieurs n'ont point encore acquis tout le développement que la locomotion exige, et leurs contractions ne peuvent être de longue durée; enfin toutes les causes qui font que le corps a une tendance à s'incliner en avant, et que nous avons exposées en parlant de la station verticale, concourent à porter la ligne de gravité au-delà de la surface du sol circonscrite par les pieds, dont d'ailleurs les dimensions ne sont pas encore proportionnées à celles des parties supérieures. Dans l'âge adulte, tout concourt à donner à la course la rapidité , la durée , et la solidité qui lui sont nécessaires. Le calcanéum, très-développé en arrière, forme un bras de levier qui favorise singulièrement l'action des muscles du mollet, dans l'extension du pied. Ces mêmes muscles, et les extenseurs de la jambe et de la cuisse, ont une grande force contractile, et la tendance du corps à se porter en avant est puissamment contrebalancée par les extenseurs du tronc. Mais il n'en est plus de même dans la vieillesse, où, comme nous l'avons déjà dit, le corps se courbe, où les cuisses sont fléchies sur le bassin, où les articulations ont perdu leur souplesse, les muscles une grande partie de leur contractilité ; aussi la course est-elle ordinairement étrangère à cet âge.

Dans la femme ce mode de locomotion est pénible, à cause des grands mouvemens que nécessite la largeur du bassin dans la projection du tronc sur le membre qui se porte en avant. Elle ne peut être rapide, par le peu de développement du calcanéum, et la foiblesse du système musculaire ; et toutes ces causes réunies font qu'elle ne peut s'exercer pendant long-temps.

Enfin, la course varie dans les individus, selon que les conditions qui la favorisent existent d'une manière plus ou moins complète, c'est-à-dire, selon que le calcanéum est plus ou moins proéminent, que les leviers osseux des membres abdominaux sont plus ou moins longs, que le système musculaire est plus ou moins développé, que l'abdomen a plus ou moins de volume, etc. Lorsque le ventre est très-volumineux, le corps tend fortement à se porter en avant dans la course, ce qui nécessite de grands efforts de la part des muscles extenseurs du tronc, et rend ce mode de progression très-pénible, très-fatiguant, et même impossible.

Le mécanisme du *saut* est analogue à celui de la course. Il consiste dans l'extension subite et simultanée de toutes les articulations d'un ou des deux membres inférieurs, selon qu'il s'exerce sur un seul pied ou sur tous les deux à la fois, préalablement fléchies, afin de produire une forte réaction du sol sur lequel ils agissent, et de déterminer un grand mouvement de projection.

Le saut peut être vertical ou oblique. Dans le premier cas, le corps ne fait que s'élever, et il retombe sur la même partie du sol, qui lui servoit auparavant de point d'appui. Dans le second cas, il est projeté en avant, et l'espace qu'il parcourt est d'autant plus considérable, que les articulations ont été fléchies davantage avant leur extension, que le point d'appui est plus solide [1], le calcanéum plus développé, la force musculaire plus intense, et qu'une course préliminaire a communiqué au corps une plus ou moins grande quantité de mouvement.

---

[1] Lorsque le point d'appui est peu solide, qu'il est mouvant, comme le sable, par exemple, il cède à l'action de la partie inférieure de l'arc que représente le pied, et sa réaction est foible, ce qui rend le saut peu étendu.

L'homme est quelquefois obligé de *grimper* ; et, quoique ses membres ne soient pas organisés d'une manière favorable à ce mode de progression, il l'exerce pourtant avec assez de facilité lorsque les circonstances l'exigent. C'est en saisissant avec ses mains le corps sur lequel il veut s'élever, et en contractant fortement les muscles fléchisseurs des avant-bras, les pectoraux et le grand dorsal, qu'il exerce ce mouvement. Il prend ensuite, sur ce même corps, un point d'appui avec ses membres abdominaux mis dans l'état de flexion ; et, en les étendant, il soulève le tronc, et atteint ainsi un point d'appui plus élevé, qu'il saisit de nouveau pour se mouvoir de même.

Quelquefois aussi il a besoin de *ramper* sur un plan horisontal. Il exerce ce mouvement en s'accrochant au sol au moyen de ses mains, ou en y prenant un point d'appui avec ses avant-bras portés en avant, et en contractant ensuite les muscles qui s'attachent d'une part à l'humérus, et de l'autre aux parois thoraciques, et qui entraînent le corps dans cette direction.

La *nage*, qui est une sorte de reptation, forme une locomotion beaucoup plus compliquée et bien moins facile que la précédente ; aussi a-t-on besoin pour l'exercer d'une plus ou moins longue éducation. Les muscles qui portent la tête en arrière se contractent fortement pour l'empêcher de plonger; les inspirateurs agissent pour remplir d'air les poumons; les constricteurs de la glotte ferment cette ouverture, afin que ces organes ne puissent se vider, et qu'ils diminuent ainsi la pesanteur spécifique du corps, qui est horisontalement étendu dans le liquide qui le supporte. En même temps, les membres thoraciques, fléchis, s'étendent dans la même direction, et les doigts rapprochés les uns des autres impriment une impulsion verticale à l'eau, dont la réaction empêche le corps de s'enfoncer; tandis que celle qui reçoit la surface plantaire des membres abdominaux, qui s'étendent vivement comme dans le saut et la course, détermine la progression.

Tels sont les mouvemens généraux que l'homme exerce pour fuir les objets qu'il veut éviter, ou s'approcher de ceux qu'il désire d'atteindre. Mais il en est une foule d'autres, partiels, au moyen desquels il les saisit, et les modifie selon ses besoins. C'est aux membres thoraciques qu'ils appartiennent.

Ce sont ces mouvemens qui font toute la puissance de l'homme, qui manifestent son intelligence en exécutant tout ce qu'elle a conçu, et qui assurent son empire sur tout ce qui existe dans la nature. La force physique, en effet, n'est point son apanage, et il n'existe et ne se soutient réellement que par ses moyens intellectuels.

Aussi le corps social, qui connoît sans doute l'utilité de la puissance musculaire, mais qui sait aussi que l'esprit seul peut le diriger et entretenir son existence, qu'il est, en un mot, son principe de vie, apprécie-t-il bien plus ce noble attribut que la force matérielle, qui ne peut par elle-même le soutenir ; et les professions qui l'exigent au plus haut degré, et qui, par conséquent, lui sont le plus utiles, y sont le plus en honneur.

Les mouvemens partiels des membres supérieurs employés dans les modifications diverses que nous faisons éprouver aux corps qui nous entourent, sont l'action de *saisir*, de *pousser*, de *tirer*, de *comprimer*, de *déchirer*, de *rompre*, de *soulever*, etc.

La main est merveilleusement organisée pour la préhension des corps ; la mobilité de son articulation avec le radius, le mouvement de rotation que ce dernier exerce sur le cubitus, ceux des os du carpe les uns sur les autres, le nombre des phalanges, leur mobilité, la faculté que possède le pouce de pouvoir être opposé à tous les autres doigts, font de cette partie du membre thoracique un instrument précieux qui favorise singulièrement le développment des produits de l'intelligence humaine. Aussi est-ce de sa structure que dépendent toutes les professions diverses, et, par conséquent, l'existence du corps social ; non point, comme on l'a dit, qu'elle en soit la source première, et que l'homme lui doive son entendement, mais uniquement parce qu'elle est un instrument de son intelligence, un moyen de manifestation des idées qu'il a conçues, et que sans elle il ne pourroit représenter.

Dans l'action de *saisir*, de *comprimer*, les articulations des doigts se fléchissent. Dans celle de *pousser*, le membre thoracique, fléchi en forme d'arc, tend à se développer ; et comme son extrémité du côté du corps, est fixe par la résistance de celui-ci, dont toutes les articulations mobiles s'étendent et concourent à l'effort, l'obstacle est obligé de céder. Dans l'action de *tirer*, ce sont les fléchisseurs qui agissent, et qui entraînent dans leur mouvement le corps que la main a saisi. Lorsque ce corps tend à s'éloigner, nous concevons l'idée de l'*intensité du mouvement* qui l'anime. On le *distend*, on le *déchire*, en le tirant en sens contraire, soit par l'action des extenseurs de deux membres, soit en combinant l'extension de l'un avec la flexion de l'autre, et l'on se forme l'idée de l'*extensibilité*, de la *ténacité*. On le *rompt*, par deux mouvemens simultanés de supination ; ce qui fait concevoir son degré de *dureté*, par sa résistance plus ou moins grande aux contractions musculaires. Dans l'action de *soulever* au moyen des mains, ce sont les fléchisseurs des avant-bras qui agissent. Les extenseurs du tronc entrent en contraction, lorsque nous employons le dos ou les épaules. Cette action nous donne l'idée du *poids* du corps soulevé, que nous déterminons ensuite par des types métriques, et celle plus générale de *pesanteur*.

Nous ne croyons pas devoir pousser plus loin l'analyse des mouvemens de la locomotion partielle. Il faudroit, pour la rendre complète, exposer tous ceux qui s'exercent dans les professions diverses, et l'on sent qu'un travail de ce genre formeroit un véritable hors-d'œuvre dans ce traité.

Les mouvemens partiels varient, comme les généraux, selon l'âge, le sexe, et les individus.

Dans l'enfance, la force musculaire est peu intense, les mains sont inhabiles, et leurs mouvemens foibles et incertains. Dans la vieillesse, elles sont tremblantes, et leurs mouvemens irréguliers [1].

Dans la femme, elles ont une dextérité que l'on n'observe point chez l'homme, qui l'emporte

---

[1] Le tremblement des mains, et, en général, l'affoiblissement de tous les mouvemens locomoteurs, chez le vieillard, dépendroient-ils de la diminution du fluide séreux cérébro-spinal découvert par M. Magendie?

II. 24

sur elle par l'intensité des contractions musculaires.

Dans les divers individus, on observe, sous ces rapports, des variétés infinies, qui proviennent de l'exercice plus ou moins fréquent du corps en général, et de la main, partie la plus importante du membre thoracique, en particulier, et souvent aussi de dispositions innées en harmonie, comme les facultés intellectuelles auxquelles elles sont liées, avec les besoins du corps social.

Un phénomène remarquable dans les mouvemens partiels, c'est que la plupart des hommes sont *droitiers*. Cela s'explique aisément par les considérations suivantes : la tête étant la partie la plus pesante du corps du fœtus, il s'ensuit qu'elle occupe, pendant toute la durée de la gestation, la partie inférieure de la matrice. Mais, comme, d'une part, l'obliquité latérale droite de cet organe est la plus fréquente, et que, de l'autre, la surface antérieure du corps du fœtus est dirigée en bas par le poids des viscères abdominaux et thoraciques, il en résulte nécessairement que l'occiput correspond à la cavité cotyloïde gauche du bassin de la mère. Dans cet état, le membre pectoral gauche, et toutes les parties latérales du tronc du même côté, sont comprimés par les points résistans de la moitié postérieure de la circonférence interne du bassin, et

par la colonne lombaire ; et il résulte nécessairement de cette pression , un rétrécissement des
vaisseaux, une nutrition moins active, et par
suite une contractilité musculaire moins intense
dans le membre pectoral gauche que dans le droit.
Cette foiblesse relative engage l'enfant, après la
naissance, à se servir plutôt de ce dernier que du
membre gauche; ce qui devient ensuite habituel.
Si l'enfant a une position inverse dans la matrice , on peut affirmer qu'il sera *gaucher*. Si l'on
compare ces deux positions l'une à l'autre relativement à leur fréquence , on trouve que cette
comparaison donne exactement les rapports
des droitiers aux gauchers[1]; preuve évidente que
c'est à ces deux influences qu'il faut rapporter
ces deux modes des mouvemens partiels[2].

Remarquez que l'homme étant destiné à vivre
en société, et, par conséquent, à partager dans
mille circonstances les travaux de ses semblables,
il devoit être propre à exécuter des mouvemens
d'ensemble. Or, ces mouvemens ne pourroient
avoir lieu s'il n'y avoit une sorte de régularité
parmi les individus, dans la détermination des

[1] Dans 20539 accouchemens, la 1re position a eu lieu dix-
sept mille deux cent vingt-six fois, et la 2e deux mille cent
cinquante-trois fois ; la présentation d'autres parties mille cent
soixante fois.

[2] Voyez le Mémoire d'Achille Comte, *Journ. de physiol.*,
janvier 1828.

forces de l'un et l'autre membre thoraciques ;
d'où il suit que les rapports des droitiers aux
gauchers, qui semblent ne tenir qu'à une position organique, sont évidemment établis par une
intelligence providentielle qui veille sur le corps
social.

D'autres influences modifient sensiblement la
fonction locomotrice, dans ses mouvemens soit
partiels, soit généraux.

Plus les contractions musculaires sont intenses et fréquemment répétées, plus elles acquièrent de l'énergie. Voilà pourquoi les individus dont les professions exigent de grands
mouvemens locomoteurs, sont aussi les plus vi-
goureux [1].

Les climats chauds affoiblissent les contractions musculaires, en concentrant dans le système cutané la puissance vitale qui les produit.
Les climats froids, au contraire, les rendent plus
énergiques. Aussi est-ce dans les régions septen-
trionales que se rencontrent les hommes les plus
forts.

Les saisons agissent d'une manière analogue
sur la fonction locomotrice. Tout le monde sait
que l'on est bien plus dispos en hiver qu'en été.

---

[1] Ceux dont le système musculaire est très-développé, possèdent ce que les physiologistes appellent *tempérament mus-*
culaire ou *athlétique*.

Enfin les affections morales modifient les forces musculaires, par l'influence qu'elles exercent sur le système nerveux. Toutes les passions tristes les abattent; la frayeur, et surtout la terreur, les paralysent. La colère, le désespoir les affoiblissent; souvent aussi, comme le courage et les déterminations fortes, ils leur donnent une nouvelle activité.

CHAPITRE QUATRIÈME.

DU SOMMEIL.

Nos organes tendent naturellement au repos ; le mouvement les importune, un exercice un peu prolongé les affoiblit, les épuise ; aussi ne pouvons-nous les employer que pendant un certain temps, qui même se trouve renfermé dans de très-étroites limites.

A peine, en effet, quelques heures se sont écoulées dans l'exercice de la pensée, dans l'expression des idées, et dans la production des mouvemens, que nos appareils sensitifs perdent leur faculté transmissive, et nos muscles leur contractilité. Il se développe alors dans notre organisation des modifications vitales perceptibles, qui nous font sentir qu'ils ont besoin de repos. D'abord la tête devient lourde, une douce langueur se répand dans tout l'organisme, des bâillemens fréquens annoncent que l'influence de l'encéphale sur le système pulmonaire a perdu de son activité [1]. Des pandiculations cherchent vainement à dissiper l'engourdissement du système musculaire ; la station verticale devient impossible, le corps ne peut plus se soutenir, il chancelle, il plie, il a besoin de reposer sur le bassin ; et même, dans cette situation, un appui étranger qui s'oppose à sa chute lui devient nécessaire, ou, ce qui est le plus ordinaire, il faut qu'il soit étendu sur un plan horisontal, position qui est la plus favorable au repos des muscles. Bientôt les yeux s'appesantissent, se troublent, la lumière n'est plus perçue, ils se ferment ; les instrumens du tact et du toucher, ceux de l'odorat et du goût, suspendent leurs fonctions ; ensuite le sens de l'ouie, qui est le dernier à devenir inactif, cesse de transmettre les vibrations sonores. Nous ne pouvons alors le plus ordinairement, ni recevoir les impressions extérieures, ni exprimer nos idées, ni nous mouvoir ; et cet état, où nos instrumens refusent de nous servir, où tous nos rapports avec les objets qui nous environnent se trouvent interrompus, où notre substance matérielle n'exerce plus que les fonctions internes relatives à l'entretien

---

[1] Les phénomènes chimiques de la respiration, que cet appareil nerveux détermine par l'intermédiaire des divisions pulmonaires du grand sympathique, languissent ; il faut qu'une inspiration profonde et une lente expiration viennent les ranimer, et le *bâillement* s'exerce.

des organes, constitue ce que l'on appelle le *sommeil*.

Toutefois, bien que le sommeil soit l'effet inévitable de l'action des organes sensitifs et locomoteurs, qui s'épuisent dans les fonctions qu'ils exercent, il demeure cependant soumis, jusqu'à un certain point, à l'empire de la volonté. Ainsi, alors même que, par un trop long exercice, nos sens tendent fortement à se fermer, et que nos muscles se relâchent à la suite de contractions trop violentes ou trop long-temps soutenues, nous pouvons, pendant un certain temps du moins, vaincre cette tendance, quelque intense qu'elle soit, et ce relâchement, ramener ces organes à leurs actions accoutumées, et montrer ainsi que l'être qui *veut* agir n'est pas celui qui *tend* au repos, qu'ils sont, par cela seul, opposés de nature, puisque l'un commande impérieusement la veille, tandis que l'autre réclame vivement le sommeil.

Ces différences de nature se montrent encore d'une manière évidente dans ce repos de l'organisation. L'homme, en effet, ne participe nullement à l'inaction de ses organes ; il *veille*, tandis que ses instrumens l'abandonnent, et que tout *dort* autour de lui : et cela, parce que, n'étant point *matière*, le repos n'est point dans son essence, et que, pour lui, *être* c'est agir selon sa nature, c'est à dire, *penser*[1]. Aussi tandis que les parties de sa substance matérielle qui le servent, affoiblies, épuisées par des mouvemens trop prolongés, le laissent livré à lui-même, il ne cesse point d'exercer ses facultés intellectuelles, et ne perd rien de son activité.

Mais il ne peut penser sur rien de ce qui l'entoure; le *présent* lui est ravi, tous ses sens sont fermés. Il n'a donc plus à sa disposition que le *passé* et l'*avenir*, et il ne peut mettre en action que l'imagination et la mémoire. On appelle *rêves* les produits divers de ces deux fonctions.

La mémoire rappelle le plus souvent les idées récentes, ou celles, plus anciennes, qui ont fait une vive impression. L'imagination reproduit, dans ses combinaisons diverses, celles qui se rattachent à des projets fortement conçus, à des espérances vivement senties, à des sentimens profondément éprouvés, à des accidens que l'on redoute, à des événemens que l'on désire, à des succès que l'on attend. De là ces rêves où le passé se retrace avec la plus grande exactitude, ces questions obscures qui s'éclaircissent, ces problêmes difficiles que l'on résout avec tant

---

[1] L'homme n'est pas le maître de ne pas *penser*; la pensée est sa *vie*, comme les fonctions constituent celle de la matière organisée. Il n'y a que le choix de ses idées et de ses actes qui soit à sa disposition.

de facilité, ces pressentimens, ces espèces de prédictions que l'on voit s'accomplir d'une manière si étonnante, parce que, dans tous ces cas, l'être intelligent, tout entier à l'objet dont il s'occupe, n'étant distrait par rien du dehors, s'en pénètre profondément, le considère sous toutes ses faces, ne laisse échapper aucun de ses rapports, juge des événemens futurs avec une sagacité extrême, en calcule toutes les chances, en apprécie toutes les difficultés, et lit dans l'avenir, pendant le repos de ses organes, avec plus de clarté que lorsqu'il les a à sa disposition. De là aussi ces compositions du génie qui étonnent, lorsque le sommeil a cessé, qui brillent du plus vif éclat, étant nées d'un esprit libre de toute gêne, tout entier à lui-même, qui a conçu vivement toutes les convenances des objets ; ou bien ces productions bizarres, ces monstres horribles, ces accidens fâcheux, ces espérances réalisées, enfantés dans le délire des passions violentes, illusions qui ne se dissipent pas toujours au moment du réveil. De là, enfin, cette agitation, ces soubresauts, ces tressaillemens, ces mouvemens produits par la frayeur, ces soupirs, ces gémissemens, ou bien ces éclats de rire, ces cris de joie, et quelquefois ces expressions articulées, ces discours suivis, et même ces mouvemens locomoteurs dirigés par la mémoire dans un but fixe (le somnambulisme);

car les instrumens de l'homme ne sont pas dans une inaction générale, et souvent ses appareils sensitifs seuls lui sont ravis. Il est même digne de remarque que celui de l'ouïe, qui est le dernier à cesser d'agir, continue quelquefois d'exercer ses fonctions pendant que tous les autres se reposent; ainsi il n'est pas rare de voir des individus endormis, surtout des somnambules, répondre exactement aux questions qu'on leur adresse, et montrer la même rectitude de jugement que s'ils étoient éveillés.

Toutefois, le plus souvent, dans le somnambulisme, tous les sens sont fermés aux impressions extérieures; le somnambule n'entend rien, ne voit rien de ce qui se passe autour de lui. Ses appareils même du toucher et du tact sont insensibles. C'est ainsi qu'on le voit heurter sans s'éveiller, contre les corps que l'on place sur ses pas, allumer, sans la voir, une lampe pour se conduire, quoique une autre, qu'il ne voit pas davantage, éclaire le lieu où il se trouve. Cependant, par le seul secours de la mémoire, il parcourt, sans s'égarer et sans faire de chute, les chemins les plus tortueux, les plus scabreux, les plus difficiles, et il exécute avec la plus grande précision des actes qu'il n'accompliroit pas aussi bien s'il étoit dirigé par ses sens. On peut donc dire que le somnambulisme est une abstraction, une rêverie profonde pendant le sommeil, qui, aidée par une volonté ferme et une mémoire fidèle , l'emporte sur l'épuisement des organes , et met sous l'empire de l'intelligence tous les instrumens de la locomotion [1].

Tous ces phénomènes, ainsi que ceux que nous venons d'exposer relativement aux rêves, démontrent évidemment que l'homme n'est point son organisation, et confirment pleinement tout ce que nous avons dit de son immatérialité dans nos Prolégomènes. En effet, puisque l'encéphale ne reçoit plus rien par les sens, que, par conséquent, aucune impression matérielle ne s'exerce sur lui, et que, d'une autre part, la matière est inerte, passive, et ne peut agir et se mouvoir d'une manière spontanée, il est évident que ce n'est pas lui qui pense, qui sent, qui se meut, dans les rêves, qui conçoit des idées, qui éprouve des affections , qui les exprime, qui provoque et dirige des mouvemens; c'est donc un autre être, un être qui n'est point *matière*, pour qui même la matérialité seroit

---

[1] Au réveil, le somnambule a oublié tous ses actes , parce qu'ils n'avoient pour objet que des sensations passées plus ou moins éloignées , ou des idées conçues depuis un temps plus ou moins long. Il en est de même après les rêveries auxquelles nous nous livrons pendant la veille ; lorsque nous revenons à ce qui nous entoure , nous ne pouvons rappeler à notre mémoire les objets dont notre esprit s'est occupé.

un obstacle insurmontable aux fonctions qu'il exerce, et cet être, c'est l'*être intelligent*.

Avouons toutefois que certaines conditions organiques sont nécessaires pour la production des songes. Dans l'ivresse, la mémoire ne peut les rappeler; lorsque le vin n'a produit que de la gaîté, les rêves sont prompts et continuels, et on en conserve, au réveil, un parfait souvenir. Enfin dans le sommeil produit par l'opium, les rêves sont très-animés, très-brillans, très-variés (*Journ. de physiologie* de Magendie, t. VIII, p. 312 et 313); et comme, dans le premier cas, le cervelet est, dit-on, profondément affecté, et qu'il l'est peu ou point dans les autres, on en a conclu que cet organe produisoit les songes, comme étant l'aboutissant de presque tous les nerfs sensitifs. Mais nous ferons remarquer à ce sujet, que les nerfs de la vue, de l'ouie, de l'odorat, et du goût, ne s'y rendent point, et que, par conséquent, le mésocéphale et le cerveau pourroient à bon droit réclamer la même prérogative.

Quoi qu'il en soit, faut-il conclure de ces faits, qui semblent prouver que le cervelet influe sur les songes, que c'est cet organe qui les produit immédiatement? En un mot que c'est lui qui rêve? Mais comment une substance matérielle pourroit-elle se ressouvenir et imaginer? Nous avons démontré (*Prolégomènes*, ch. III, art. 4,

5.) que ces actes intellectuels n'étoient point dans sa nature. Si donc la mémoire ne lui appartient point et si l'imagination lui est étrangère, il demeure évident qu'elle ne sauroit rêver. Tout ce que l'on peut attribuer au cervelet, dans certaines circonstances, comme à tout le reste de l'appareil encéphalique, quels que soient les élémens de cet appareil qui influent sur la production des songes, c'est l'état organique qui y donne lieu. On peut concevoir qu'il se développe, dans l'encéphale, certaines influences matérielles, ou, si l'on veut, des mouvemens analogues à ceux que produisent des impressions antérieures, ou que cet appareil conserve pendant un certain temps les impressions transmises, et que ces mouvemens et ces impressions donnent lieu, pendant le sommeil, à des perceptions imaginaires, et, par suite, à la chaîne des idées dont les rêves sont composés. Mais ces mouvemens et ces impressions qui ne sont que des déplacemens matériels, ne peuvent constituer des idées, que le jugement seul peut produire ; d'où il faut nécessairement conclure que les rêves ne peuvent appartenir à l'encéphale, et qu'ils sont l'attribut d'un être immatériel.

Mais qui pourroit dire quels sont les rapports qui lient entre eux, dans ces cas, les songes et l'état de la matière encéphalique ? Ils ne sont pas moins obscurs que ceux qui existent entre les impressions extérieures et la perception, et notre foible intelligence doit s'abaisser devant de si profonds mystères. Nous savons seulement que dans les songes, l'homme *pense*, tantôt à la suite d'impressions récemment éprouvées, et d'autres fois indépendamment de toute excitation extérieure, montrant ainsi que, dans cet acte, il ne conserve plus de rapports sensibles avec son organisation.

Au reste, cet isolement de l'homme, relativement à son organisation, est bien manifeste même dans la veille, et nous montre la véritable nature des rêves. Combien de fois, en effet, n'abandonnons-nous pas nos organes pour nous replier au-dedans de nous-mêmes, pour nous reporter vers le passé, ou pour nous élancer dans l'avenir? Combien de fois, dans ces méditations profondes, ne voyons-nous pas se dérouler devant nos yeux tout le tableau de nos jours écoulés, tous les événemens de notre vie, ou bien se présenter à nos regards l'exécution de nos projets, tous les succès dont l'espérance nous berce, ou tous les fâcheux accidens que nous redoutons? Ne sommes-nous pas alors en tout semblables à celui que le sommeil retient sous son empire, et faisons-nous autre chose que *rêver*? Ne *rêvons*-nous pas surtout lorsque nous nous abandonnons à nos rêveries, et que mille

idées, quelquefois sans liaisons intimes, se succèdent, se croisent, se mêlent dans notre esprit,
naissent d'abord d'une idée première, puis se
confondent avec une foule d'idées accessoires,
qui même souvent n'y ont aucun rapport ?

Voyez aussi ce qui a lieu dans les affections
extatiques, voyez encore ce qui se passe dans ce
délire nerveux qui survient après les grandes opérations chirurgicales, et que M. Dupuytren a fait
connoître dans l'*Annuaire médico-chirurgical
des hôpitaux* (1819). Dans le premier cas, l'organisation est pour le malade comme si elle
n'existoit point ; l'être intelligent exerce seul,
isolément, par lui-même et sans le secours de la
matière, toutes ses facultés, preuve évidente
qu'il forme un être à part, et entièrement différent de ses organes. Dans le second, ces mêmes
organes ne sont que des instrumens passifs dont
il se sert pour exercer les actes qu'une imagination exaltée provoque ; mais dans l'un et dans
l'autre, comme dans le somnambulisme, les
malades ne perçoivent aucune impression extérieure, quelque vive qu'elle soit, et toutes
les fonctions intellectuelles s'exercent indépendamment de l'influence de l'appareil encéphalique ; considérations importantes qui ra-
menèrent Georget à la doctrine du spiritualisme,
et qui lui firent déposer si généreusement sa

nouvelle profession de foi dans le testament qu'il écrivit peu de temps avant sa mort[1].

Les rêves de l'imagination ont leur source non-seulement dans des idées déjà conçues, mais encore dans des perceptions présentes; ainsi un bruit que l'on entend en rêvant se mêle au rêve par les idées qu'il fait naître, et en change la nature; l'abondance de la liqueur prolifique dans les vésicules séminales, produit une impression dont la perception donne lieu à des rêves lascifs; l'action des urines sur les parois de la vessie fait sentir pendant le sommeil le besoin d'uriner, et produit des rêves qui s'y rapportent. Des illusions analogues naissent de cer-

---

[1] Voici cette déclaration d'un écrivain qui n'a point rougi de répudier l'erreur, et de revenir à la vérité qu'il avoit abandonnée.

« En 1821, dans mon ouvrage sur la physiologie du système nerveux, j'ai hautement professé le *matérialisme*. L'année précédente j'avois publié un traité sur la folie, dans lequel sont émis des principes contraires ou du moins en rapport avec les croyances reçues généralement (p. 48, 51, 52 et 114); et à peine avois-je mis au jour la Physiologie du système nerveux, que de nouvelles méditations sur un phénomène bien extraordinaire, le somnambulisme, ne me permirent plus de douter de l'existence en nous et hors de nous, *d'un principe intelligent, tout-à-fait différent des existences matérielles.* Il y a chez moi, à cet égard, *une conviction profonde, fondée sur des faits que je crois incontestables...* 1ᵉʳ mars 1826. »

tains états maladifs ; une digestion laborieuse par excès d'alimens, dans laquelle l'abaissement du diaphragme est gêné, et la respiration pénible, fait rêver la présence d'un poids qui oppresse, ou d'un être animé, de forme variée, bizarre ou effrayante, qui comprime le thorax, phéno-mène auquel on a donné le nom d'*incube;* des affections organiques du cœur causent des rêves suffocans, et qui produisent ce réveil en sursaut si fréquent dans ces maladies ; les hydropisies diverses, l'ascite surtout, en font naître qui ont pour objet des eaux s'écoulant en torrent, tom-bant en cascades ou inondant les lieux où l'on se trouve placé, etc. Tous ces rêves proviennent des impressions variées que les causes qui les déterminent font sur les prolongemens encépha-liques internes, et que notre âme, libre de ses rapports extérieurs, et par conséquent de toute distraction, perçoit avec la plus grande exacti-tude.

Mais une chose digne de remarque dans la pensée des rêves, c'est sa *fugacité.* En effet, bien que l'homme rêve toujours pendant la sus-pension des fonctions de ses organes (car il est une intelligence, et l'on ne peut le concevoir un instant sans pensée, puisque la pensée est sa vie, comme celle de la matière organisée con-siste dans ses fonctions), toutefois ordinaire-ment au réveil les rêves se dissipent, l'esprit

demeure entièrement vide de ces conceptions,
la mémoire ne peut rien rappeler de ce qu'elle a
retracé pendant le sommeil, ni de tout ce que
l'imagination a pu produire. Et cela ne doit pas
nous surprendre; l'homme n'agissant alors que
sur des sensations ou des idées qu'il ne fait,
pour ainsi dire, qu'effleurer, qu'il parcourt avec
une rapidité extrême, et seulement de souvenir,
n'en peut recevoir une impression profonde, et
cette impression est promptement effacée au
réveil par des réalités. Le même phénomène
a lieu pendant la veille; combien de fois des
sensations, des idées ou des produits de l'imagination ne s'échappent-ils pas de notre mémoire au moment où ils viennent de naître, de
telle sorte que nous ne pouvons les ressaisir
qu'avec une grande difficulté? Au reste, si souvent les rêves s'évanouissent avec tant de promptitude, cela n'a lieu que lorsqu'ils ont pour objet
des idées qui nous frappent foiblement, et il n'est
pas rare que nous puissions, à notre réveil, et
même après un assez long intervalle, en rappeler
tous les détails avec la plus grande exactitude.
On peut même, lorsqu'un rêve a été interrompu,
en provoquer et en déterminer volontairement
la suite, en fixant fortement notre pensée sur
ce qui en étoit l'objet, et en nous livrant de
nouveau au sommeil; nouvelle preuve qu'il ne
sauroit être un produit de la matière.

Tout ce que nous avons dit jusqu'ici démontre pleinement que le sommeil n'appartient point à l'homme, qu'il lui est étranger, qu'il n'est que le repos de ses organes, qui, fatigués, affoiblis, épuisés par leur exercice, ont perdu la faculté de le servir.

Mais quelle est la cause immédiate de cet état organique? Consiste-t-elle dans un engorgement du cerveau?... Une compression cérébrale, les narcotiques, tout ce qui produit dans cet organe un afflux considérable du fluide sanguin, le développe; et, d'après cela, il sembleroit évident qu'il n'est dû qu'à l'excès de plénitude des vaisseaux cérébraux. Toutefois le sommeil est volontaire; il suffit de se dérober à la lumière et au bruit, de suspendre tous ses mouvemens, et de *vouloir* dormir, pour le produire, tant la matière vivante a de tendance vers le repos! tant elle ne se soutient en action que par des excitations plus ou moins vives! Seroit-il donc en notre pouvoir d'engorger à volonté notre cerveau, dont les mouvemens vitaux, comme ceux de tous les autres organes, échappent à notre empire[1]? Avouons que la cause immédiate du

---

[1] Le désengorgeons-nous lorsque nous résistons au sommeil, que nous le combattons efficacement, que nous le dissipons, lors surtout que nous nous éveillons à notre gré, à l'heure que notre volonté prescrit, qu'elle a déterminée d'a-

sommeil nous est inconnue, et contentons-nous de dire qu'il dépend de la diminution ou de l'affoiblissement du principe matériel , quel qu'il soit , qui détermine les transmissions sensitives, les manifestations diverses, les mouvemens de la locomotion, et que la volonté dirige , et qu'il a été établi par l'Intelligence suprême, afin que ce principe pût se réparer par l'inaction suffisamment prolongée des instrumens de nos relations. Voilà pourquoi tout accès se ferme aux impressions extérieures , et tout mouvement est soustrait à l'empire de la volonté par l'engourdissement de l'encéphale.

Mais dès que le principe des fonctions sensitives et locomotrices a repris toute son énergie, dès que les appareils sensitifs et locomoteurs ont retrouvé dans le repos l'activité qu'ils avoient perdue, les premiers s'ouvrent aux impressions extérieures , qu'ils peuvent de nouveau transmettre , et les seconds offrent à l'homme leur force locomotrice qu'ils peuvent alors exercer; en un mot les uns et les autres *s'éveillent*, car l'*éveil* ne peut appartenir qu'à la matière , qui seule a besoin de se reposer et dont les fonctions sont nécessairement intermittentes, et

---

vance? On ne peut pas dire non plus que ce soit le cerveau qui s'engorge et se désengorge volontairement lui-même, car *la matière ne peut vouloir.* Qu'est-ce donc que le sommeil...? *O altitudo!*

ne peut être exercé par un être immatériel, intelligent, dont l'activité constitue la vie, et qui ne *dort* jamais. Aussi, bien que nos instrumens fatigués réclament vivement un repos encore nécessaire, dans plusieurs circonstances nous les forçons de s'*éveiller*, et même nous en limitons le sommeil, et nous lui donnons une régularité de durée très-remarquable; nouvelle preuve évidente de l'existence d'un être intelligent essentiellement libre au milieu de nos organes, et par conséquent immatériel. Cela s'observe dans les cas où une idée prédominante occupe fortement l'esprit, et où un projet conçu, des occupations forcées, fixent le temps du repos des organes.

Dans d'autres cas, ce repos est troublé, non point directement par l'homme lui-même, mais par des causes venues du dehors; nos instrumens alors sont *réveillés*. Un bruit plus ou moins intense, une lumière plus ou moins vive, une impression plus ou moins sensible sur le système cutané, une odeur plus ou moins pénétrante, des impressions internes telles que celles produites par les matières fécales ou les urines sur les parois des intestins ou de la vessie, produisent ce phénomène. Les appareils qui reçoivent ces impressions, et qui en sont plus ou moins vivement excités, les transmettent tantôt foiblement, et tantôt avec une intensité plus ou moins con-

sidérable. Dans le premier cas, l'homme les perçoit obscurément, et il ne réveille ses organes
que d'une manière lente, et pour ainsi dire avec
réflexion, ou même il les laisse en repos, ju-
geant que leur réveil n'est pas nécessaire. Lorsque, au contraire, la transmission est vive, le
réveil est rapide, et l'homme alors ouvre tous
ses appareils aux impressions extérieures, se
meut même si les circonstances l'exigent, bien
que ses organes soient plus ou moins engourdis
(nouvelle preuve qu'il n'a aucun rapport de nature avec la matière, qui ici tend évidemment
au repos), ou bien il les abandonne à eux-
mêmes, si leur action est inutile, et ils reprennent leur sommeil.

Un phénomène non moins remarquable
est le réveil déterminé par un bruit léger, insolite, ou qui se lie à quelque idée précédemment conçue, tandis que le sommeil n'est pas
troublé par un bruit beaucoup plus fort, mais
que l'on a l'habitude d'entendre et qui n'offre
aucun intérêt. Dans ces deux cas, l'appareil auditif restant le même, il est évident que la matière organique n'y est pour rien, et que la cause
en est intellectuelle. Dans le premier, l'être intelligent éprouve une sensation qui lui est inconnue, il veut en voir la cause; ou qui l'inté-
resse, et il veut la juger; il réveille alors ses
organes. Dans le second cas, le bruit qu'il entend

est le même qui l'a long-temps frappé, il le sait; rien alors ne l'excite, et il laisse dormir ses appareils. Si ces phénomènes étoient purement matériels, le contraire devroit arriver. Ils dépendent donc d'une autre cause, et cette cause, c'est l'*attention*, portée vivement, dans l'un, sur une perception inconnue ou qui attire, détournée, dans l'autre, d'un bruit accoutumé, et démontrant ainsi que le sommeil est étranger à l'intelligence.

Enfin il est des circonstances où les rêves eux-mêmes déterminent le réveil. C'est lorsqu'une émotion vive, brusque, nous agite, comme dans ceux où nous croyons tomber dans un précipice, où un ennemi nous poursuit et est près de nous atteindre, ou bien lorsque nous y éprouvons les douceurs d'un bonheur inespéré, les angoisses du désespoir ou l'agitation d'une joie excessive. Dans tous ces cas, une modification organique perceptible se développe, comme dans la veille, au-dedans de nous, et nous la percevons, ce qui démontre encore que c'est un être spirituel qui pense et qui sent dans les rêves; cette perception le fait réagir sur ses instrumens, soit pour fuir le mal dans lequel l'imagination l'avoit plongé, soit pour posséder plus pleinement le bien dont elle le faisoit jouir, et, par cette réaction, tous ses sens excités, réveillés, s'ouvrent aux impressions extérieures, et le ramènent à la réalité [1].

Le sommeil ou le repos des organes, qui est, terme moyen, d'une durée de six heures, présente des variétés remarquables dans les âges, les sexes, les individus, les professions, la manière de vivre, les climats, les saisons.

Dans l'enfance, où les appareils sensitifs et locomoteurs s'exercent continuellement et avec beaucoup de vivacité, leur épuisement est très-rapide; aussi leur sommeil est-il fréquent et profond; il est court, léger, interrompu dans la vieillesse par une raison contraire; et, dans la jeunesse et la virilité, il présente une infinité de nuances entre ces deux extrêmes, dépendantes de l'exercice plus ou moins actif des sens et des organes locomoteurs.

La femme se rapproche de l'enfant par la rapidité de l'épuisement de ses organes, et un long sommeil est pour eux d'une rigoureuse nécessité.

Cela se remarque aussi dans les individus dont l'organisation est analogue à la sienne, ou dont

---

[1] Nous ignorons, au réveil, l'époque à laquelle nous nous sommes endormis, et la durée qu'a eue notre sommeil. Cela provient de ce que, le temps ne se mesurant que par des mouvemens, et aucun mouvement extérieur n'étant perçu au moment du sommeil et pendant sa durée, nous ne pouvons apprécier ni cette durée, ni le moment où il a commencé.

les professions exigent un exercice violent et prolongé des sens et de l'appareil locomoteur. Toutefois, si cet exercice laisse des impressions douloureuses dans les membres, leur perception trouble, empêche ou du moins retarde le sommeil, qui n'a lieu que lorsqu'elles sont entièrement dissipées, parce que, dans l'inquiétude qu'il éprouve, l'être intelligent qui les perçoit réagit sur ses appareils sensitifs et locomoteurs, et les force à rester dans l'état de veille.

C'est par la même raison que la douleur, qu'une idée prédominante, qu'une affection morale vive, empêchent de dormir.

Il est des individus qui dorment profondément au milieu du bruit le plus éclatant ; il en est d'autres que le moindre souffle, pour ainsi dire, réveille. Les sens des premiers s'épuisent profondément ; ceux des seconds conservent toujours de leur faculté transmissive.

L'habitude influe encore sur ces phénomènes. Un bruit empêche de dormir celui-ci, pour qui il est insolite ; son attention portée sur l'objet qui le produit en est la cause. Celui-là, au contraire, qui y est accoutumé, pour qui il n'a plus rien qui frappe, qui s'en détourne aisément, qui l'oublie, dort paisiblement au milieu de tout son éclat. Cette faculté que nous possédons de fixer notre attention sur une impression reçue ou de l'en éloigner à notre gré, démontre évidemment l'immatérialité de notre être. Elle explique aussi pourquoi le sommeil du *pusilla-nime* est toujours léger, agité, dans la frayeur qu'un danger même éloigné lui inspire, et pourquoi celui du *courageux* est paisible au milieu du péril le plus imminent.

Un régime très substantiel, l'usage des liqueurs spiritueuses, rendent le repos des organes long et profond ; ils engourdissent les sens et affoiblissent leur faculté transmissive.

Enfin les climats extrêmes, l'équatorial et l'hyperboréen, influent aussi sur le sommeil, et en augmentent la profondeur et la durée, l'un en épuisant rapidement les appareils des sens et de la fonction locomotrice, et l'autre en les engourdissant. Les deux saisons qui s'y rapportent exercent des influences analogues.

Ici se termine l'histoire des fonctions de l'homme, et des instrumens que l'*Intelligence suprême* a mis à sa disposition. Nous allons nous occuper maintenant d'une autre étude, de celle des organes qui servent à l'entretien de ces mêmes instrumens et à leur reproduction.

FIN DU DEUXIÈME VOLUME.

TABLE DES MATIÈRES

DU TOME DEUXIÈME.

—

PREMIÈRE PARTIE.

DES FONCTIONS DE L'HOMME.

CHAPITRE TROISIÈME.

CHAPITRE QUATRIÈME.

CHAPITRE CINQUIÈME.

LIVRE DEUXIÈME.

CHAPITRE PREMIER.

CHAPITRE DEUXIÈME.

CHAPITRE TROISIÈME.

CHAPITRE QUATRIÈME.

CHAPITRE CINQUIÈME.

CHAPITRE SIXIÈME.

CHAPITRE SEPTIÈME.

LIVRE TROISIÈME.

CHAPITRE PREMIER.

CHAPITRE DEUXIÈME.

CHAPITRE TROISIÈME.

CHAPITRE QUATRIÈME

FIN DE LA TABLE DU DEUXIÈME VOLUME.

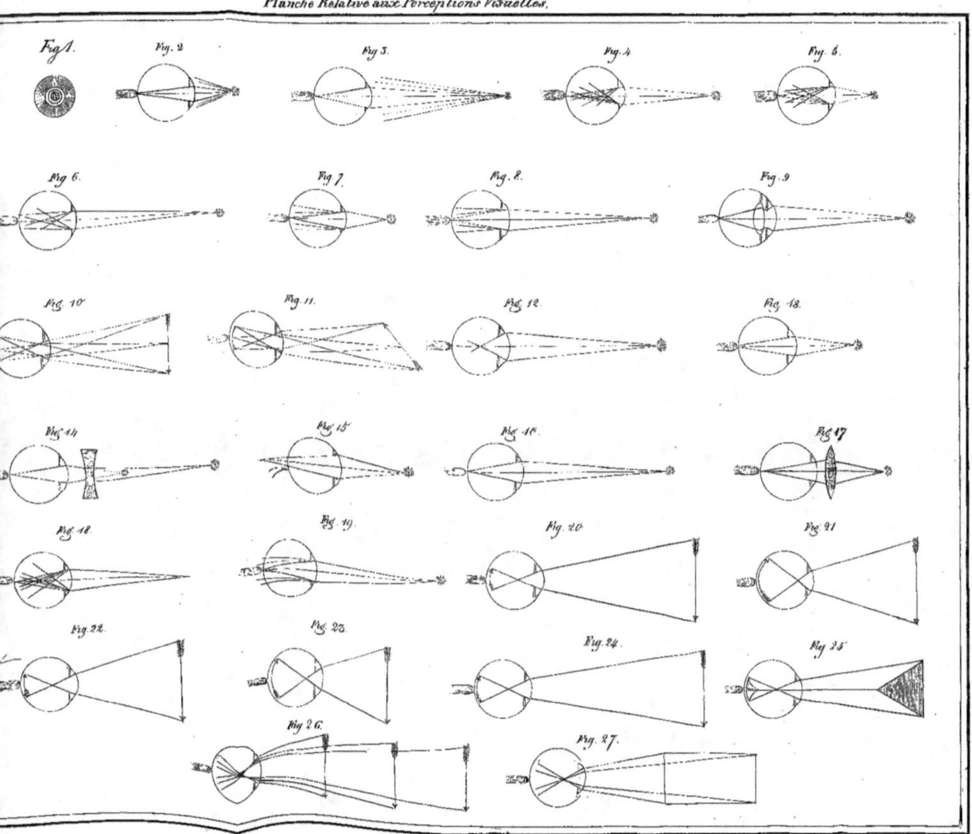